U0290249

教育部人文社科重点研究基地
中国海洋大学海洋发展研究院资助

近代以来
中国海洋灾害应对研究

蔡勤禹 景菲菲 等 著

创于1897　商务印书馆
The Commercial Press

图书在版编目(CIP)数据

近代以来中国海洋灾害应对研究 / 蔡勤禹等著 . — 北京：商务印书馆，2023
ISBN 978-7-100-22633-2

I. ①近… II. ①蔡… III. ①海洋 — 自然灾害 — 灾害防治 — 研究 — 中国 — 近代 IV. ① P73

中国国家版本馆 CIP 数据核字（2023）第116916号

国家社会科学基金项目

"中国近代海洋灾害资料的收集、整理
与研究"（20BZS109）阶段性成果

近代以来中国海洋灾害应对研究
蔡勤禹　景菲菲　等　著

商　务　印　书　馆　出　版
（北京王府井大街36号　邮政编码 100710）
商　务　印　书　馆　发　行
三河市尚艺印装有限公司印刷
ISBN 978-7-100-22633-2

2023年10月第1版　　开本 889×1194 1/32
2023年10月第1次印刷　印张 9 3/8

定价：56.00元

目　录

绪　论

建设海洋强国是实现中华民族伟大复兴的重大战略任务。在这一重大战略任务建设过程中，社会科学工作者主动发挥学科专长，承担起一份社会责任。由于研究的旨趣，我们选取海洋灾害作为研究对象，从历史维度出发，运用历史学、社会学等不同的社会科学方法，探讨近代以来180余年，中国在不同时期应对海洋灾害的体制、机制上的方法与实践，总结哪些经验值得学习和传承，哪些教训需要汲取和避免。希望本书的研究，一方面能够有助于深化中国海洋灾害史研究内容，拓宽中国灾害史研究视野；另一方面，能够总结近代以来中国应对海洋灾害的成绩与不足，为当今提高海洋防灾减灾能力提供参考，为建设海洋强国提供借鉴。

需要说明的是，本书所称的近代和现代是一个时间性概念，近代是指1840—1949年，现代是指1949年至今。

一、学术史回顾

长期以来，受重陆轻海思维影响，我国海洋灾害研究未受到重视。20世纪80年代以来，随着改革开放和"向海发展"战略实施，海洋灾害研究开始增多，特别是社会科学工作者加入海洋灾害研究，使海洋灾害研究从以自然科学为主变为多学科协同进行，海洋灾害研究进入兴盛阶段。以下从几个方面回顾近年来海洋灾害研究的相关成果。

第一，历史上风暴潮灾害特点和规律研究。风暴潮是头号海洋灾害，对沿海地区破坏最大，一些学者特别是自然科学研究者利用数据分析手段，整理和分析文献资料，总结了历史上风暴潮灾害的特点和规律。高建国通过对潮灾资料的分析，总结了我国近五百年风暴潮发生的总体规律，发现有准60年周期。[①] 刘安国发表了系列风暴潮研究文章，对我国历史上山东沿岸，东海、南海和环渤海的风暴潮灾发生机理、时空分布进行研究。他根据我国丰富的地方史志资料分析，证实在我国东海、南海沿岸的历史风暴潮是由台风引起的，这与冬半年出现在我国北方沿岸的风暴潮不同。北方的环渤海沿岸风暴潮存在发生在夏季的台风潮和发生在春秋两季的风潮两种类型。[②] 陈宗镛、万振文《不容忽视的海洋负面效应》，论述了青岛地区历史上海洋灾害的灾情和灾种，并对防灾、减灾提出若干建议和对策。[③] 张树祥、周森对渤海海冰进行研究，结合2001年冬季海冰给海上航运带来的灾害，从非结构和结构抗冰减灾两方面提出了防冰减灾的对策和构思。[④] 宋正海提倡对潮灾进行综合研究，并就潮灾的起因、类别、预报以及观潮文化与潮灾文化的关系、潮灾史与潮灾学史的关系等问题

---

① 高建国：《中国潮灾近五百年来活动图象的研究》，《海洋通报》1984年第2期。

② 刘安国：《山东沿岸历史风暴潮探讨》，《青岛海洋大学学报（自然科学版）》1989年第3期；《我国东海和南海沿岸的历史风暴潮探讨》，《青岛海洋大学学报（自然科学版）》1990年第3期；《环渤海的历史风暴潮探讨》，《青岛海洋大学学报（自然科学版）》1991年第3期。

③ 陈宗镛、万振文：《不容忽视的海洋负面效应——略论青岛的海洋灾害的防灾、减灾对策》，《海岸工程》2000年第3期。

④ 张树祥、周森：《渤海航运中的海冰危害和防冰减灾对策》，《冰川冻土》2003年第S2期。

进行了辨析。[①] 孔冬艳、李钢、王会娟描述了1368年至1911年中国沿海地区海潮灾害的时空分布特征，解析了潮灾发生原因，并论及其社会影响和应对措施。[②] 李康、蔡勤禹总结了近代海潮灾害的时空分布特征，概括了不同海域海潮灾害的区域差异，并将海潮灾害划分为一般、重大、特大三个等级。[③] 上述研究，主要以定量分析为主探讨了历史上不同区域海洋灾害频次、等级、成因等内容，初步分析了规避灾害的技术对策。

第二，近代海洋灾害应对机制研究。近代以来海洋灾害应对随着社会变迁，在应对体制和机制方面相比于传统社会有较大变革，学者结合不同时期和地方案例，对此进行了深入研究。陈春声以广东潮汕地区的樟林为例，分析了1922年"八·二风灾"灾后地方社会如何应灾、减灾、赈灾，揭示了各乡村社会内部宗族、士绅、商人、华侨等群体在救灾中发挥的不同功用，透视出侨乡的特色及华侨在灾后地方社会重建中发挥的重要作用。[④] 于运全探讨了明清之际海洋灾害对沿海社会经济影响及民间社会规避与适应灾害的历史过程。[⑤] 李冰研究了具有地方特色的仓储备荒制度，并从官方的救灾应对措施、民间对风暴潮灾自救与海难

---

① 宋正海：《中国古代潮灾综合研究中的几点思考》，《北京林业大学学报（社会科学版）》2006年第S1期。

② 孔冬艳、李钢、王会娟：《明清时期中国沿海地区海潮灾害研究》，《自然灾害学报》2016年第5期。

③ 李康、蔡勤禹：《近代我国海潮灾害的时空特征与等级》，《防灾科技学院学报》2013年第2期。

④ 陈春声：《"八二风灾"所见之民国初年潮汕侨乡——以樟林为例》，《潮学研究》第6辑，汕头大学出版社，1997年。

⑤ 于运全：《海洋天灾——中国历史时期的海洋灾害与沿海社会经济》，江西高校出版社，2005年。

救助三个方面对社会不同层面海洋灾害应对展开研究论述。[①] 王笛认为，晚清时期，社会力量参与海洋灾害救济推动了灾害应对体制的近代转型，而科技的发展和灾害治理模式的创新弥补了传统救灾方式的不足，提高了海洋灾害的应对能力。[②] 她还以江浙地区为例，考察了近代海洋灾害救灾和防灾机制的近代化及其与社会变迁的关联。[③] 占小飞重点考察了宁波应对海洋灾害的体制机制及其近代转型。[④]

第三，应对海洋灾害思想观念研究。除了关注特定事件与城市之外，对海洋灾害应对的整体研究也有所推进。海洋灾害往往难以抗拒，会带来破坏和苦难，人们似乎只能被动地做出反应，而事实上，这种破坏和苦难以及人们为减少损失、消除苦难进行的各种活动未尝不是一种创造性力量。近年来出现的一些新作就启示我们摆脱思维定式，换个角度重新思考海洋灾害的影响和人们应对海洋灾害的各种努力。王楠以技术进步和产业转型时期的胶东渔场为例，着重考察了官方和渔民应对海洋风暴之观念与行为模式的变化，认为社会观念及行为的重建是海洋灾害的后续效应之一，海洋灾害在造成破坏的同时，对社会经济制度、生活方式等的自我更新具有重要推动作用，因而也是推动社会变革的一

[①] 李冰：《明清海洋灾害与社会应对》，杨国桢主编：《中国海洋文明专题研究》（第七卷），人民出版社，2016年。

[②] 王笛：《晚清江浙地区海洋灾害及其社会应对》，《防灾科技学院学报》2018年第2期。

[③] 王笛：《社会近代化视野下江浙地区海洋灾害应对机制的转变》，《防灾科技学院学报》2018年第3期。

[④] 占小飞：《近代宁波海洋灾害及其应对》，《浙江万里学院学报》2017年第6期。

种力量。① 蔡勤禹、赵珍新指出学界十分注重探究技术减灾，而相对忽视文化减灾，认为不管技术如何进步，人们在面对海洋灾害时总是有寻求海神庇佑、减轻心理压力的诉求，因此，在强调工具理性的重要性的同时，不可忽视价值理性在应对灾害中的作用。② 这种对精神和观念的研究，在海洋灾害研究中是一个不可忽视的内容，它有助于我们从更深层次认识灾害中的人的思想状况。

第四，现代海洋灾害应对制度研究。新中国成立后，政府在应对海洋灾害的体制和机制方面进行了许多变革，学界围绕着新中国成立后不同时期在海洋灾害应对上的制度和实践进行研究。曲晓雷以"1959年福建台风"为例，认为新中国成立初期海洋防灾减灾形成完善的灾害应对机制，具体包括：以"政府各部门、军队、民众"为主要力量的社会动员机制，"上下级间、受灾区和未受灾区间、面向民众"的信息沟通机制，以"灾民安置、灾后重建、社会秩序恢复"为主要内容的重建机制。③ 孙舟萍认为新中国成立后至改革开放前，我国在与海洋灾害开展斗争过程中，不仅形成了"防重于救"的海洋防灾减灾指导思想，更形成了注重监测预警、加强工程建设、发动群众救灾、开展政府救济等海洋防灾减灾的宝贵实践经验。④

---

① 王楠：《海洋风暴、应灾模式与社会变迁——以1950年代的胶东渔场为中心》，《中国历史地理论丛》2017年第4期。
② 蔡勤禹、赵珍新：《海神信仰类型及其禳灾功能探析》，《中国海洋大学学报（社会科学版）》2015年第3期。
③ 曲晓雷：《新中国初期基层政府灾害应对机制研究——以1959年登陆福建台风灾害为例》，《学术探索》2010年第1期。
④ 孙舟萍：《新中国成立至改革开放前我国应对海洋灾害的实践及启示》，《防灾科技学院学报》2015年第2期。

改革开放以来特别是进入新世纪，国家对海洋事业日益重视，建设海洋强国纳入国家重大战略，学者在海洋灾害研究方面成果也日渐增多。孙绍骋利用公共政策的分析框架对我国救灾制度进行考察，通过对救灾主题和资源流动过程的研究，结合救灾制度面临的宏观环境和相应约束，分析存在的问题及其原因，并提出改进的建议。① 孙云潭总结自2003年后海洋灾害应急管理的变化与进步，分析海洋灾害领域"一案三制"（体制、机制、法制、预案）建设的现状，认为应该进一步完善以"领导机构、指挥体系、救援体系"为主要内容的应急体制，畅通以"预防、预警、处置、管控、恢复"为主要内容的运行机制，加强专项法律与预案的制定工作，以完善我国应急管理体系。② 张瞳认为改革开放以来我国海洋防灾减灾体制变迁围绕建设灾害分级管理体制、成立专业海洋减灾机构、推动海洋防灾减灾的法制化进程三个方面开展，他指出改革开放后海洋防灾减灾体制呈现了社会化的特点，突出表现在"社会力量增长、捐赠社会化发展、经常化捐助的开展"等方面。③ 徐阳以青岛市2011年胶州湾海冰灾害为个案，总结分析了我国海洋灾害应急处置过程中存在的诸多问题，并提出了应有针对性地提升我国海洋灾害应急处置能力的建议，要求完善海洋灾害应急预案，改进海洋灾害应急管理组织架构和加强海洋灾害信息公开工作。④ 周圆、赵明辉聚焦于广东海

① 孙绍骋：《中国救灾制度研究》，商务印书馆，2004年。
② 孙云潭：《中国海洋灾害应急管理研究》，中国海洋大学出版社，2010年。
③ 张瞳：《改革开放以来我国应对海洋灾害的体制变迁》，《海洋信息》2014年第4期。
④ 徐阳：《我国海洋灾害应急处置能力提升研究——基于青岛市的案例分析》，《华东理工大学学报（社会科学版）》2017年第6期。

洋灾害应急管理，指出新一轮国务院机构改革后，广东海洋灾害应急管理形成了"总体与专项相结合、从国家到地方"的预案体系，建成了以"应急管理领导议事机构、综合调度机构、专业管理机构、辅助管理机构"为主要内容的体制，畅通了以"应急响应机制、信息发布机制、救灾物资储备机制、灾情预警会商和信息共享机制"为主要内容的运行机制，构建了以"法律、行政法规、部门规章、地方性法规、标准规范"为主要内容的法制体系。①

第五，现代海洋防灾减灾救灾国际合作研究。改革开放以来中国海洋灾害研究和应对的国际合作日益密切，体现出了中国新的时代特点。学者围绕着海洋防灾减灾救灾的国际合作，从不同方面进行了深入研究。马英杰、姚嘉瑞认为，在人类命运共同体理念下，国际合作是海洋防灾减灾的新思路，然而目前海洋防灾减灾国际合作面临三大问题，即合作体制尚未建立、合作仍停留于倡议层面、合作的相关协议缺乏强制力，尚需加强构建合作机制、注重信息共享、秉持人类命运共同体理念，以推动海洋防灾减灾国际合作。② 李彦艳研究福建省与"海上丝绸之路"沿线国家的防灾减灾国际合作，认为福建省与包括印度尼西亚在内的"海上丝绸之路"沿线国家具有合作的区位优势、科技优势、互补优势、人文优势，可以通过注重信息化平台共建共享、加强人员与项目交流合作、推进管理领域合作、探索区域巨灾保险模式

---

① 周圆、赵明辉：《机构改革背景下的广东省海洋灾害应急管理》，《海洋开发与管理》2019年第8期。
② 马英杰、姚嘉瑞：《基于人类命运共同体的我国海洋防灾减灾体系建设》，《海洋科学》2019年第3期。

等行之有效的具体措施深化合作。[①] 王辉、刘娜、张蕴斐等在"21世纪海上丝绸之路"沿线国家海洋与气象灾害的国际合作研究中，认为必须要建设沿岸地区海洋灾害数据库与风险评估系统，构建联合监测、预警体系及联合预警中心，才能真正强化沿线地区国家海洋防灾减灾国际合作。[②]

总体而言，海洋灾害研究，从单一的自然学科向自然学科、人文社会科学等多学科研究转向；研究内容上基本厘清了近代以来海洋灾害类型和致灾原因，提出规避海洋灾害技术对策，对时段性海洋灾害做了专题研究。已有的研究成果为进一步研究提供了基础，不可否认，尚有许多开拓的空间：（1）研究视角较单一，多从政府角度来研究，较少从社会史的角度自下而上地去关注社会中的人、社会组织在应对海洋灾害中的反应、表现和作用；（2）在研究时段上，对近代以来将近两个世纪的整体性研究少，特别是缺乏体制和机制的长时段研究，难于把握应对海洋灾害机制变迁的规律；（3）在研究内容上，多侧重于赈灾研究，而对应对海洋灾害机制的转型、机制变迁轨迹和促动机制演进的原因等研究明显不足，不能深刻把握应对机制变迁发展的逻辑，建立有诠释力的理论框架。因此，本书将力图弥补已有研究之不足，推动海洋灾害史研究向深入方面发展。

[①] 李彦艳：《福建省在我国与"海丝"沿线国家海洋防灾减灾合作中的作用研究——以印度尼西亚为例》，厦门大学硕士学位论文，2018年。

[②] 王辉、刘娜、张蕴斐等：《"21世纪海上丝绸之路"海洋与气象灾害预警报现状和风险防范对策建议》，《科学通报》2020年第6期。

二、研究思路、框架、意义

（一）研究思路与框架

本书从近代以来中国海洋灾害应对体制和机制的变迁入手，在纵向上根据海洋灾害应对体制机制变迁及其实践，以1949年新中国成立为节点，分近代和现代两个时间段进行分析和论述；在横向上结合每个阶段经济和社会特点，围绕着体制变化、机制变革、社会化动员及法制化建设、国际合作等，来分别考察在近代和现代这些内容变化，并结合具体实践案例进一步深入分析应对海洋灾害的政策体系、运行体制和运作机制，最后总结近代以来中国海洋灾害应对体制机制变迁特点和影响。

本书研究内容共分为五章：

第一章和第二章主要研究近代海洋灾害应对体制机制和实践，分别研究近代海洋灾害特点、应对灾害体制机制和应对灾害的社会动员，并考察了江浙海塘修建、天津大沽口海冰灾害应对和青岛救济台风风暴潮过程。

第三章和第四章在分析了现代中国的海洋灾害演变和特点后，着重研究现代中国海洋灾害应对制度变革，分别从应对海洋灾害体制的演变、社会化动员变化、法制化建设进程、海洋灾害教育的开展和海洋防灾减灾救灾的国际合作等方面，对新中国成立以来中国海洋灾害应对体制机制变迁进行了专题性考察。

第五章是从实践案例出发，以50年代、60年代和新世纪里发生的三次严重的海洋灾害为例，探讨了在不同时期应对海洋灾害的体制、措施和办法，以便进一步认识现代中国应对海洋灾害体制和机制变迁的历史逻辑和实践逻辑。

（二）研究意义

在理论意义层面，海洋灾害史研究在我国历史学界尚属新兴研究领域，有分量的研究成果不多。本书通过研究近代以来中国海洋灾害应对，梳理中国在应对海洋灾害过程中政府体制、政策体系和运行机制的演变轨迹和趋势，总结在不同体制下影响中国海洋灾害应对的基本要素，为建立动态视角的海洋灾害应对体制和机制提供思路。同时，本书的研究对于深化中国海洋灾害史研究内容，拓展中国灾害史研究领域，也具有重要价值。

众所周知，近年来灾荒史研究成果丰硕、学者众多，相比而言，海洋灾害史研究显得冷清。在中国从海洋大国走向海洋强国的过程中，加强海洋灾害史研究十分必要而迫切，不仅可以发挥历史学科在建设海洋强国过程中的独特作用，而且对于构建海洋史学研究体系，为历史学注入新的研究活力，都是值得期待的。

在实践意义层面，面海而兴，背海而衰，这是世界强国发展的经验。中国在走向民族复兴过程中，将"保护海洋生态环境，加快建设海洋强国"作为国家今后发展战略目标，这为涉海研究提供了更大空间和机会。在建设海洋强国过程中，需要各学科协同合作，共同研究解决所面临的难题，其中我们不能回避的是海洋灾害对建设海洋强国的消极影响。因此，本书通过对近代以来我国应对海洋灾害体制机制变迁进行研究，总结历史上应对海洋灾害的成绩和不足，可以为今天海洋灾害的科学应急、理性干预和及时预测预警提供历史参照。同时，本书的研究有助于提高海洋工作者和各级政府应对海洋灾害工作水平，为提高应对海洋灾害能力提供参考，为建设海洋强国提供借鉴。

第一章　近代海洋灾害
应对体制与机制变迁

近代中国处于一个从传统社会向现代社会转变的过渡阶段，新旧观念交错，新旧体制更替，在海洋灾害应对中，体现了体制转换和机制更新的这种新陈代谢。本章将在研究近代中国海洋灾害时空分布与灾害等级基础上，探讨应对灾害体制变化、社会动员方式的变革以及应对手段和方式的改进，以期能够比较深入地了解中国近代社会变迁在灾害应对方面的具体体现，认识中国应对海洋灾害从传统向近代过渡的历程。

第一节　近代海潮灾害时空特征与灾害等级

我国海岸线纵长，南北跨越纬度大，沿海海区每年都会遭受不同类型和不同程度的海洋灾害侵袭。其中海潮[①]灾害危害最大，覆盖我国整个沿海地区，从渤海湾沿岸、苏北沿岸到杭州湾附近和华南沿岸都会发生。[②] 下面，就海潮灾害的时空分布、灾害等级进行初步考察，以便对海洋灾害危害性有所认识。

---

① 海潮，又名"风暴潮"，本书根据历史语境有时用海潮一词，有时用风暴潮一词，所指对象是一样的。

② 李康、蔡勤禹：《近代我国海潮灾害的时空特征与等级》，《防灾科技学院学报》2013年第2期。

海潮灾害，也被称为"灾害性海潮"，通常指由天文引力或气象因素等引起的不正常的海洋潮汐和波浪，导致在海上或海岸发生灾害。在历代文献中，对它们的称谓有海溢、海啸、海决、风潮、海翻、海沸、海涌等。巨大的海潮冲击沿海地区，给沿海地区的经济和社会发展造成严重危害。

一、近代海潮灾害的时空分布

（一）年际分布变化

通过相关资料的不完全梳理[①]，我们统计出近代发生海潮灾害计147次，平均每10年约发生13.37次。统计数据虽不全面，有许多潮灾遗漏，但重要灾年均有记载。我们以统计出来的这些潮灾为例，以10年为一个时间单位，将近代110余年分成11个时间段，各时间段海潮灾害分布如图1-1所示，可以看出：1850—1859年、1880—1899年为海潮灾害的高发期，年均在1.8—2.3次之间。1930—1949年为海潮灾害的低发期，年均在0.1—0.3次之间。其中1850—1859年发生海潮灾害23次，居最高点，年均2.3次。依次，1890—1899年发生海潮灾害19次，年均1.9次；1880—1889年发生海潮灾害18次，年均1.8次；1840—1849年、1870—1879年、1910—1919年各发生海潮灾害15次，年均1.5次；1860—1869年，发生海潮灾害13次，年均1.3次；1900—1909年、

---

① 于运全：《海洋天灾——中国历史时期的海洋灾害与沿海社会经济》；陆人骥编：《中国历代灾害性海潮史料》，海洋出版社，1984年；朱凤祥：《中国灾害通史（清代卷）》，郑州大学出版社，2009年；宋正海、高建国等：《中国古代自然灾异·动态分析》，安徽教育出版社，2002年；宋正海、高建国等：《中国古代自然灾异·相关性年表总汇》，安徽教育出版社，2002年。

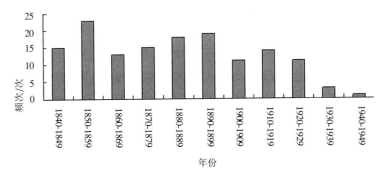

图 1-1　海潮灾害年际频次变化图

1920—1929 年，发生海潮灾害 11 次，年均 1.1 次；1930—1939 年发生海潮灾害 3 次，年均 0.3 次；1940—1949 年发生海潮灾害 1 次，年均 0.1 次。除此之外，近代我国海潮灾害平均一年内发生约 1.34 次，从其距平值图就可以很清楚地看出这一变化（图 1-2）。1860—1869 年、1900—1909 年和 1920 年以后的距平值都小于 1.34 次 / 年，说明 1860—1869 年、1900—1909 年和 1920 年后的海潮灾害较少发生甚至不发生。1840—1859 年、1870—1899 年、1910—1919 年的距平值都高于 1.34 次 / 年，灾害较多。1850—1859 年高出平均值近两倍，属于灾害的最频发期。

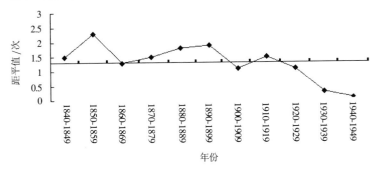

图 1-2　海潮灾害距平值变化图

在统计过程中，海潮灾害连续出现的情况时有发生，比如：1843—1859（连续17年，下同）、1861—1869（9年）、1872—1877（6年）、1881—1883（3年）、1885—1888（4年）、1890—1892（3年）、1894—1906（13年）、1908—1909（2年）、1913—1915（3年）、1921—1923（3年）、1927—1928（2年）。由此可见，前期连续的年数较多，其中连续17年、13年、9年、6年、4年发生海潮灾害各1次；连续3年发生海潮灾害共4次；连续2年发生海潮灾害共2次。连续发生海潮灾害占总次数的82.99%，而且它们集中在1840—1929年的90年中，与多发期基本吻合，并且具有相对集中的特性。

（二）月份和季节分布变化

在我们统计出的海潮灾害147次中，有确切月份和季节记载的计140次，无月份和季节记载的计7次。（见表1-1）

表1-1　海潮灾害月份和季节分布表

春			夏			秋			冬			未详
6次 （记载为春季，但月份不详）			3次 （记载为夏季，但月份不详）			5次 （记载为秋季，但月份不详）			1次 （记载为冬季，但月份不详）			7次 （月份不详）
一月	二月	三月	四月	五月	六月	七月	八月	九月	十月	十一月	十二月	
1	3	0	5	7	24	28	35	6	3	1	12	
10次			39次			74次			17次			

可见，近代中国海潮灾害发生具有明显的季节高发期和低发期。这是因为，我国沿海潮灾主要由于热带气旋、温带天气系统、海上飑线等风暴过境所伴随的强风和气压骤变而引起的局部海面震荡，或非周期性异常海面升高或降低现象，它们如果与天

文潮叠加会形成强大的破坏力。中国是典型季风气候地区，也是台风的多发地区，受其影响，沿海地区夏秋季节降雨多，海潮灾害频繁。夏季风引起大浪，同时还夹带大量降雨，对相关海域和沿海居民造成重大损失。春冬季节降雨少，海潮灾害相对较少。因此，我国的海潮灾害具有明显的季节性变化特征（图1-3、图1-4）。首先，从季节分布看，每个季节都有可能发生海潮灾害，且秋季是明显的高发期，发生率达50.34%；接着是夏季、冬季，发生率分别为26.53%、11.56%；春季最少，发生率为6.8%。其中秋季海潮灾害的发生次数是春季的7.4倍。其次，从月份分布看，我国海潮灾害主要发生在夏季的六月和秋季的七、八月间，接着

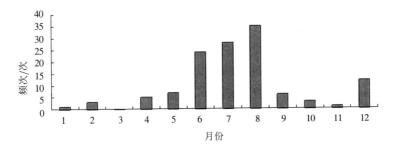

图1-3　海潮灾害月份变化图

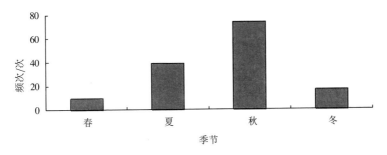

图1-4　海潮灾害季节分布图

是冬季的十二月。

（三）空间分布

近代中国的海潮灾害在空间分布上存在明显区域差异。东海区域，包括江浙闽台地区，是我国海洋灾害猛烈、频繁区域，受灾占全国海洋灾害的54.6%，其中台风、灾害性海潮是最大威胁，每年遭受强台风袭击近7次。[①] 民国时期著名气象专家蒋丙然指出："每年七八月间，太平洋飓风，多侵入中国海岸，为言中国沿海风信者所共知。但就其经常轨道言，则其登陆之点多在福建、浙江、广东等地，至高达江苏海岸，而入扬子江流域。因过纬度三十四五度以上，多折向东而入日本海，其侵犯山东海岸者，殊为罕见。"[②] 这是飓风在我国的发生和移动规律，台风引起的巨大海潮成为东海区域的灾害之一。从图1-5海潮灾害海域分布图来看，东海是海潮灾害暴发最为密集的海域，多达88次，占总次数的59.86%，其中杭州湾岸段共34次，是灾害最为集中的海域。在黄渤海区域，飓风每年光顾的次数相对较少，只占全国的14%—15%，但由暴风引起的巨浪（又称为潮灾、海溢、海侵、海啸、大海潮）在历史文献中多有记载，占全国的22%。[③] 从图1-5海潮灾害海域分布图来看，环黄渤海地区海潮灾害约为42次，黄海北部岸段及江苏南部岸段灾害较多。再次是南海，约17次，集中在珠江口岸段。在南海区域，包括广东、海南、广西，受灾占全国海洋灾害的27.8%，主要灾害以台风引起的海潮为主，我

---

① 张家诚等:《中国气象洪涝海洋灾害》，湖南人民出版社，1998年，第259页。
② 蒋丙然:《山东半岛飓风记》，《中国气象学会会刊》1925年第1期，第9页。
③ 张家诚等:《中国气象洪涝海洋灾害》，第258页。

国最大的台风风暴潮 5.94 米就发生在广东省雷州半岛。①

上述统计显示东海海域海潮灾害较多，这与该地区地形、气候、降水等有关。侵袭我国的台风的三个路径，都与东海海域密切联系，因此带来的风暴潮对东海影响也最大。其次，东海具有我国最典型的大陆架，地势自西向东逐渐降低，特别是杭州湾的喇叭形入海口，海底洋流侵入时，会随着地势抬升而陡涨；该地区降雨也较为集中，并与海潮暴发期基本一致。此外，东海大部分海域沿岸都属于基岩港湾海岸，水下岸坡很陡，波能很高。南海海域海潮成因与东海相似，但受季风影响较小。黄渤海海域除了受台风影响外，还受到冬季寒流的影响，易造成咸潮等灾害；并且由于黄河屡次改道等原因，海岸侵蚀严重，易受波浪和潮汐影响。

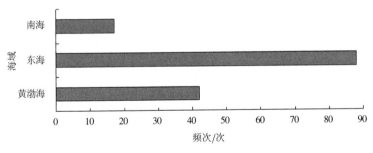

图1-5　海潮灾害海域分布图

二、近代海潮灾害的等级划分

以灾害的破坏程度、影响范围、持续时间、伤亡人数等因子，按学界常用的级别划分，海潮灾害分为一般海潮灾害、重大

---

① 张家诚等：《中国气象洪涝海洋灾害》，第261页。

海潮灾害和特大海潮灾害三类（见图1-6）：

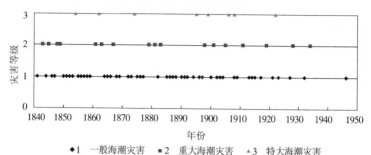

图1-6 海潮灾害等级分布图

一般海潮灾害（图中表示为1），文献中只记录成灾，间有冲毁海堤、房屋、庄稼等，影响范围较小，持续时间较短，人员伤亡较小（一般在百人以下）。如：宁海州，清道光二十三年（1843）七月十六日，"暴风雨，海溢，禾稼减"①。崇明县，"清咸丰元年（1851）五月八日，大风雨，海溢，拔木圮屋"②。昌邑县，"光绪十八年（1892）十月，海水漫溢沿海，坏庐舍，田成卤"③。"民国二年（1913）四月初二日，奉天省安东海啸，大东沟尽成泽国，冲倒房间无数。太平司官房坍塌十四间。""民国二年六月九日，县属小寺、八棵树、二牌海水暴涨，淹没升科地共一千零三十八亩八分，悉成咸卤，不堪耕种。"④寿光于"民国三年，海水溢，羊角沟损商船百余艘"⑤。福建平潭在"民国八

① 山东省地方史志编纂委员会：《山东省志·气象志》，山东人民出版社，1994年，第334页。
② 上海市地方志办公室、上海市崇明县档案局：《上海府县旧志丛书·崇明县卷》（下），上海古籍出版社，2011年，第1996页。
③ 文山诗书社编校：《昌邑古县志集》，潍坊新闻出版局，1996年，第586页。
④ 民国二十年《安东县志》卷八，第70页。
⑤ 民国二十五年《寿光县志》卷十五，第26页。

年八月二十五日午后三时，飓风挟猛雨至，海潮怒涨，雨水壅积，平地水深数尺，田园淹没，发屋沉舟无算，逾日始息"①。利津在"民国十年，面条沟一带被海水，潮碱地亩甚多"②。1948年7月6日，青岛沿海被海啸袭击，贵州路、团岛二路一带沙滩上第二十七、二十八两保棚户遭受侵袭，海浪淹没、冲毁木板、纸板房达三百余户之多，被灾贫民达千余众，家具衣物被冲入海潮中，损失惨重者105户，损失较重者66户，轻微损害者76户，所幸居民并无伤亡。此次海啸还导致沿海庄稼大量淹没，夏庄区、李村区、崂东区、崂西区、浮山区共淹没农田1770亩。③

重大海潮灾害（图中表示为2），造成的损失较为严重，文献描述沿岸地区大面积受灾，影响几个（3—6个）县，持续时间较长，人员伤亡在数百至一千之间。如：武定县，"道光二十五年春，海丰（今山东滨州）、利津、霑化海潮漫溢，淹稼"④。1923年8月，浙江温岭"飓风暴雨，平地水深数尺，民房衙署倒坍更多，沿海洪潮，淹毙人口无算"⑤。在广西钦州，"民国二十三年六月十八日夜，海溢，趁大东风力，沙坡青草坪村淹没庐舍，死者以数百计。金鸡塘筑塘未用之士敏土亦浸坏数百桶，钦防路不通车"⑥。1931年，江苏沿海遭遇大风潮袭击，据史料记载："宝山

① 民国十二年《平潭县志》卷三《大事记》，第36页。
② 民国二十四年《利津县续志》卷九，第2页。
③ 青岛市政府应急管理办公室、青岛市档案局编著：《青岛建置以来重大突发事件与应对》，青岛出版社，2011年，第80页。
④ 山东省水利史志编辑室：《山东水利志稿》，河海大学出版社，1993年，第89页。
⑤ 《杭州短简》，《时报》1923年8月20日，第3版。
⑥ 《钦州地区历史灾害文献记载摘编及台风暴潮灾害实地调查记录》附录六，第83页，见陆人骥编：《中国历代灾害性海潮史料》，第294页。

方面塘面冲毁一千余丈，决口一百五十余丈，桩木冲断数千根。太仓方面塘面冲坏五百余丈，决口约百丈，桩木冲断一千余根。常熟方面，损失较轻。松江方面，第一、二、三、四段，冲坏桩木三四千根。"①

特大海潮灾害（图中表示为3），人口及财产损失特别严重，死亡人数达一千以上，受灾的县超过6个。如：沧县，"光绪二十一年四月初三至初五日，大风急雨，城内坏民房数万间……海啸，海防各营死者二千余人"②。台州、黄岩，"咸丰四年七月初五日，台州、黄岩大风雨，黄岩水如山立，倏忽之间陆地成海，淹死男女以万计，积尸遍野"③。广东潮汕地区1922年8月2日发生一次特大台风引起巨大海潮。史载："傍晚愈急，九时许风力益厉，震山撼岳，拔木发屋，加以潮汐骤至，暴雨倾盆，平地水深丈余，沿海低下者且数丈，乡村多被卷入海涛中。已而飓风回南，庐舍倾塌者尤不可胜数。灾区淹及澄海、饶平、潮阳、揭阳、南澳、惠来、汕头等县市，田园淹没，堤围溃决，人畜漂流，船筏荡折……受灾尤烈者，如澄海之外砂竟有全村人命财产化为乌有。计澄海死者二万六千九百九十六人，饶平近三千人，潮阳千余人，揭阳六百余人，汕头两千余人，统共三万四千五百余人。庐舍为墟，尸骸遍野，逾月而山陬海澨，积秽犹未能清。"④ 据我国气象学家竺可桢先生考证，本次巨灾及后产生的

①　吴钊：《江南海塘之回顾与展望》，《复兴月刊》1933年第2卷第1期，第5—6页。
②　于运全：《海洋天灾——中国历史时期的海洋灾害与沿海社会经济》，第71页。
③　王毓玳、吕瑾：《浙江灾政史》，杭州出版社，2013年，第140页。尹兆唐：《浙江本年秋季飓风记》，《浙江省农会报》1922年第2卷第4期，第5—6页。
④　饶宗颐：《潮州志·大事志》，潮州修志馆，1949年，第5页。

疫病流行共致7万余人丧生。[①]1939年农历七月十五日，台风袭击江苏，巨大海潮导致滨海县的海堤决口，淹死13000人。[②]

根据上述等级，将近代中国147次海潮灾害划分统计，一般海潮灾害122次，占海潮灾害总次数的82.99%，约0.9年一次；重大海潮灾害16次，占海潮灾害总次数的10.88%，约6.88年一次；特大海潮灾害8次，占海潮灾害总次数的5.44%，约18.38年一次。由此可见，近代海潮灾害以一般海潮灾害为主，重大海潮灾害次之，特大海潮灾害约18年一遇。

综上所述，近代中国平均一年至少发生1.34次海潮灾害，发生海潮灾害的年份占总年份的75.51%。其中，第一频段在19世纪中期和该世纪最后20年，为海潮灾害的频发期；第二频段在19世纪60年代和20世纪初，为海潮灾害的相对高发期；其余年份均为第三频段，为海潮灾害的低发期。海潮灾害的发生具有明显的季节性特征，秋季最多，夏冬次之，春季最少；主要发生在6、7、8月份，其次是冬季的12月份。在空间分布上，主要发生并集中危害于渤海湾沿岸、苏北沿岸、杭州湾附近和华南沿岸。多种因素促成东海海域特别是其中的长三角海域为海潮灾害频发区，黄渤海次之，南海相对较少。从灾害等级来看：一般海潮灾害122次，占海潮灾害总次数的82.99%；重大海潮灾害16次，占10.88%；特大海潮灾害8次，占5.44%。从上述也可以看到，近代以海潮为代表的海洋灾害，每年都会对沿海地区构成破坏，为了应对，近代中国在继承传统有效应对措施的同时，在应对体制和应对机制上吸收来自西方的先进方法，使我国应对海洋灾害走

---

① 张家诚等：《中国气象洪涝海洋灾害》，第269页。
② 同上书，第278页。

上从传统向近代的转换之路。

第二节　近代应对海洋灾害救济体制的演变

近代以降，救灾体制随着社会变化也随之调整，从晚清到民国的一百年时间里，经历了晚清时期、民国北京政府时期和南京国民政府时期，防灾救灾体制在政权演变过程中与政府整个的社会救济体制是交融在一起的，是政府社会救济体制的一个部分。因此，结合近代不同历史时期灾害救济体制进行考察，可以更全面地认识包括海洋灾害在内的灾害救济体制在社会救济体制中的地位和作用。

一、晚清时期救灾救济体制改革

进入近代，清代延续下来的荒政体制开始出现调整与变化，主要由内外两个方面的原因促动。从外部来看，西方的救灾救济思想传入中国，使古老的帝国从"以救为主"的养民之政向"建设与救济并举"的教民之政转变，促进晚清政府改变原来的荒政体制。从内部来看，从洋务运动开始到清末新政的变革触动了原有的救灾管理体制，清政府通过救灾体制变革来顺应时代要求。

首先，晚清政府机构进行调整。清朝自建立以来，一直实行皇帝—户部—总督巡抚—府州县的一线管理体制，地方官是行政、司法与军事合一的官员，没有专职官员来管理救灾救济，更没有常设救灾救济机构。每遇灾荒，由官员逐级上报，皇帝将上报奏折进行批阅，奏折制度因而成为地方督抚等高级官员与皇帝沟通救灾事宜的主要通道。[①] 清代地方还设布政使，与巡抚为同品，但因督抚为地方最高长官，致使布政使退居为巡抚下属，主管一省户籍、田赋和钱粮等。工部负责国家工程等方面事务，主管全国水利、河道和海塘工程。清朝末期，受到西方政治制度特别是行政管理制度影响，行政部门分工趋向专业化，分工越来越细。清末"新政"期间，清政府在政治改革中开始对政府机构进行改革。1906年间工部并入商部，改称农工商部。同时设立民政部，职责包括救灾救济事务，"以巡警部改设，并以步军统领衙门所掌事务及户部所兼掌之疆理、户口、保息、拯救，礼部所兼掌之臣民仪制、风教、方伎，工部所掌之城垣、公廨、仓廒、桥道等工程，及各项工程报告等事并入"[②]。其下设五司：民治司、警政司、疆里司、营缮司、卫生司。民治司与救灾事务有关，其职掌事务包括地方行政、地方自治、编查户口、保息、拯救、整饬风俗礼教、移民侨民等事项。[③] 另外，营缮司职掌仓廒等土木工程修建，卫生司职掌各种传染病预防及一切公共卫生事项，也与救灾和灾后防疫有直接关系。不过，晚清政府尚无设立专门防灾救灾机构，所以灾害救济皆由皇帝统一协调，各部和地方督抚来负责。

其次，从政府包揽救灾向政府与民间共同救灾转变。清代义仓在清初就已经出现，属于民捐民办性质。雍正四年（1726）首

---

① 〔法〕魏丕信：《十八世纪中国的官僚制度与荒政》，徐建青译，江苏人民出版社，2003年，第68页。

② 《民政部官制草案》，《东方杂志》1906年（临时增刊），第14—15页。

③ 《军机大臣等奏拟定民政部官制章程折》，《时报》1907年3月15日，第9版。

先成立于扬州的两淮盐义仓，"谷本三十万两，系两淮众商所公捐"。乾隆七年（1742）推行于章丘等山东行销票盐地方。乾隆十二年（1747），山西省设立义仓，与两淮和山东由盐商出资办理者不同，其由一般民众捐资而成。① 晚清以来，政府内忧外患，财力日益不堪重负，皇权式微，政府包揽已经力不从心。1851年江苏兴办义仓，两江总督陆建瀛奏报情况，咸丰皇帝予以肯定，谕令各省督抚仿照江苏做法，"各就地方情形，详细体察，妥为办理"②，体现了其对义仓的重视。太平天国运动期间，许多仓废废弃。同治和光绪时期，皇帝饬令修复义仓。同治年间，河南巡抚钟鼎铭"仿照常平、社仓之意，取富岁之盈，济歉岁之乏，而皆民捐民办"③。安徽、陕西、湖南等地官府都开始鼓励兴办义仓。光绪十年（1884），又整饬流弊，以收积谷备荒之效。

除此之外，最能体现晚清救灾体制变化的是善堂的涌现和义赈的大规模兴起。在地方动乱和清政府权力弱化背景下，民间救灾呈现出组织化和规模化的趋势。以上海为中心的善堂善会发展显著。据学者不完全统计，在1855年之前上海的善堂善会有20个，像育婴堂和同善堂在康乾时期就已经出现。1855年之后到清朝灭亡，上海有善堂善会80个，加上分会达上百个。④ 这还不包括同乡会、救火会及一些慈善医院。可见，晚清时期善堂善会

---

① 冯柳堂：《中国历代民食政策史》，商务印书馆，1998年，第211—212页。
② 戴逸、李文海主编：《清通鉴（14）宣宗道光二十二年起、文宗咸丰四年止》，山西人民出版社，1999年，第6176页。
③ 周执前：《国家与社会：清代城市管理机构与法律制度变迁研究》，巴蜀书社，2009年，第365页。
④ 阮清华：《慈航难普度——慈善与近代上海都市社会》，复旦大学出版社，2020年，第27—60页。

获得快速发展，数量增多，规模扩大，活动区域从一地拓展到一个区域乃至全国。而且，民间义赈逐渐成为晚清救灾的一支生力军，在晚清历次大灾中都活跃着慈善组织和士绅的身影，表明了中国从传统的以政府为主的救灾向政府为主、民间为辅的转变，中国从封闭型社会体系向开放型社会体系的转变。

二、北京政府时期救灾体制调整

1912年，中华民国临时政府成立时，中央设内务部，省设民政厅。内务部民治司和卫生局兼管社会救济事务，其中民治司负责抚恤、移民及慈善团体的管理等事宜；卫生局负责预防和治疗传染病和地方病等事宜。至于地方，由于局势不定，社会救济职掌一般由各都督兼管。1912年8月，北京政府内务部颁布《内务部官制》，规定内务总长管理赈恤、救济、慈善及卫生等事务，并"监督所辖各官署及地方长官"；民政司执掌贫民赈恤、罹灾救济、贫民习艺所、盲哑收容所、疯癫收容所、育婴、恤嫠、慈善及移民等事项；卫生司执掌传染病、地方病的防止、种痘及车船检疫等事项。① 由此可见，内务部的民政司具体管理社会救济工作。同年12月22日公布的《修正各部官制通则》将民政司改为民治司，并将卫生司的职掌归并到警政司，因而有关社会救济事务皆由民治司管理。②1914年7月10日颁布《修正内务部官制》规定"内务部直隶于大总统"，并将原属总长的职权改为部的职权。这样，内务总长的实际权力削弱了很多。上述变化表明，袁

① 《公布内务部官制》，《东方杂志》1912年第9卷第3期，第13—15页。
② 《修正各部官制通则案》，《东方杂志》1914年第10卷第8期，第7页。

世凯主政时开始重视社会保障机关的统治职能。

地方社会救济行政管理机构随着中央管理机构的变化而不断调整。1913年民国北京政府颁布法令规定：省行政机关称行政公署，由其内务司兼管社会救济事务。1914年袁世凯复辟帝制，恢复清制称谓，将省行政机关称巡按使署，下设政务厅和财政厅，由政务厅之内务科兼管社会救济工作。袁世凯称帝失败后，机构名称复旧，大总统黎元洪复将巡按使改为省长制，由省长公署下设的政务厅兼管社会救济。而在道一级行政机关则由下设的内务科来管理，直到1924年道作为一级行政机构撤销为止。相应地，县一级的社会救济工作也由内务科来负责。

民国时期灾荒依然严重，迫于形势，北京政府逐步重视社会救济机构对社会稳定的重要作用。1920年10月，直、鲁、豫、晋、陕各省旱灾严重，北京政府除派员办理赈粜外，还设置赈务处，组织"国际统一救灾总会"。1923年5月23日公布的《赈务处暂行章程》规定，赈务处附设于内务部，处长由内务部处长兼充，副处长由司长兼充，内分置总务、赈粜、工赈、赈务、运输五股办事。后来，为了统一全国赈务事宜，赈务处的权限和规格有所提升。1924年10月17日公布的《督办赈务公署组织条例》和《附设赈务委员会章程》规定，督办赈务公署主办全国官赈，凡海关附加收入的全部均由其支配，署内分置总务、赈务、稽查三处办事，其中督办直属总统，由大总统特派，会办由大总统简派，赈务各官署得随时向大总统报告灾区赈济事宜。民国北京政府提升赈务机构地位，反映了灾荒问题的严重性。

由上述可知，北京政府的社会救济管理体制实行中央、省（道）、县三级管理，除常设机构外，尚有非常设机构来负责大灾大难的救济管理。但从机构沿革来看，主要是沿袭晚清的有关法令而逐步完善起来的。救灾机构的增添表明北京政府比较关注社会救济问题，但其实施效果如何，需靠实践来检验。

与此同时，我们不能忽视此时期慈善组织的发展壮大。晚清时期，慈善组织已经逐步发展起来。民国成立后，慈善组织在数量上增多。各县市慈善组织都次第建立，全国性慈善组织也纷纷涌现，形成了以城市为中心的慈善圈。上海、天津、广州及青岛、宁波、福州等城市成为沿海地区慈善事业活跃的都市。[1] 同时，形成了几个以全国性慈善组织为核心的组织圈。如中国华洋义赈救灾总会，1922年创会时只有7个省市级团体会员，1925年发展到13个，1928年增加到15个。[2] 中国红十字会在1912年召开第一次会员大会时有65处全国分会，会员近2000人[3]，1919年分会增至148处，1922年第二次会员大会时分会达217处，到1924年全国有分会286处[4]。世界红卍字会中华总会于1922年正式在民国北京政府内务部立案，此后在全国发展迅速，总会设在北京，在全国设有四个主会，东北主会在奉天，西北主会在张家口，东南主会在南京，西南主会在汉口。至1928年底，各地红卍

---

① 相关研究可以参见阮清华：《慈航难普度——慈善与近代上海都市社会》；任云兰：《近代天津的慈善与社会救济》，天津人民出版社，2007年；蔡勤禹、张家惠：《青岛慈善史》，中国社会科学出版社，2014年；孙善根：《民国时期宁波慈善事业研究》，人民出版社，2007年；徐文彬：《明清以来福建区域社会史研究》，人民出版社，2019年。

② 蔡勤禹：《民间组织与灾荒救治——民国华洋义赈会研究》，商务印书馆，2005年，第92页。

③ 孙柏秋主编：《百年红十字》，安徽人民出版社，2003年，第57页。

④ 中国红十字会总会编：《中国红十字会历史资料选编（1904—1949）》，南京大学出版社，1993年，第115、473、480、487、494页。

字会达200余处。[①] 这些慈善组织成为全国救灾的重要力量。另外，同乡会、同业公会、商会等民间组织也在重大灾害发生后，积极投入抗灾救灾，与慈善组织一道成为应对灾害的重要社会力量。政府引导民间善堂善会参与救灾救济，弥补了政府救济能力的不足。

比如，1922年潮汕"八·二风灾"发生后，巨大风暴潮灾和引起的疫灾使7万人丧生。中央赈务处拨5万银元，潮汕受灾各县赈务处则限于财力无力担责，而来自民间的善堂、会馆、公所、红十字会、商会等在救灾过程中发挥了不可替代的作用，成为赈灾活动中的主导力量。[②] 可以说，民国北京政府时期虽然救灾体制上比清朝健全，专业化程度也提高了，但是受到政治环境动荡影响，政府救灾能力弱化，民间力量在相当程度上弥补了政府在民生问题上的不足。

三、南京国民政府时期救灾体制的变革

1927年南京国民政府成立后，对之前的社会行政机构做了适当的变革。1928年4月，内务部改为内政部。一直到抗日战争全面爆发前，社会救济常设机关主要为内政部，其中内政部的民政司掌管赈灾救贫及其他慈善事项。根据1928年6月内政部颁布的《内政部各司分科规则》规定，民政司第4科掌理社会救济和其他

---

① 高鹏程：《近代红十字会与红卍字会比较研究》，合肥工业大学出版社，2015年，第56页。

② 孙钦梅：《潮汕"八·二风灾"（1922）之救助问题研究》，华中师范大学硕士学位论文，2008年，第93页。

社会福利事项，具体包括贫民救济、残废老弱救济、勘报灾歉及蠲缓田赋审核、地方罹灾调查赈济、防灾备荒、慈善团体考核、慈善事业奖励、地方筹募赈捐审核及游民教养事项。[1]

（一）1927—1937 年

北京政府时期设立的赈务处这一临时救灾救济机构被国民政府继承。1928 年赈务处重新成立，直隶于国民政府，主管各灾区赈济及慈善事宜。赈务处处长由内政部长兼任，副处长由国民政府委员兼任。可见，赈务处是一个层级很高的部门，与各部地位平列。

1931 年以前，为救济严重灾荒，国民政府设立一些临时救灾机构。如 1928 年 3 月成立直鲁赈灾委员会，1928 年底成立豫陕甘赈灾委员会和两粤赈灾委员会。这些赈灾机构是针对重大灾荒而设，灾荒结束后即行解散。为解决这种非常设机构的短暂性缺陷，将灾荒应对常态化，1929 年 3 月，国民政府成立全国赈灾委员会，隶属于行政院，统筹全国救灾事宜，从而使救灾机构常态化设置，避免了救灾机构设置的临时性缺点，有力地促进了赈灾工作的开展。然而，国民政府下辖的两个赈灾机关——赈务处和赈灾委员会，在救灾方面存在着职能重叠。1930 年 1 月，两个机构合并成一个新的机构——振（赈[2]）务委员会。赈务委员会主要负责因自然灾害造成的灾民救济以及国内战争所造成的难民救济。根据《赈务委员会组织条例》规定，赈务委员会以内政、外交、财政、交通、铁道、实业各部部长为当然委员，下设 3 科，即总

---

[1] 《中华民国法规大全》（一），商务印书馆，1936 年，第 506 页。

[2] 因"振"是"赈"的本字，有救济、（精神）奋起之意，国民政府内政部在 30 年代规定，各级赈务（济）委员会之"赈"字一律用"振"代替。

务科、筹赈科、审核科。总务科负责筹划会务、编辑刊物、购置物品；筹赈科负责筹募赈品赈款、赈品的运输、免税及免费各项护照的办理；审核科审核赈款、赈品的出纳等。赈务委员会在各省、市设有分级机构。根据《赈务委员会组织章程》规定，凡被灾省份为办理本省赈务得设省赈务会，由省政府聘任省政府委员、省党部委员、人民团体成员各数人组成，内设总务组、筹赈组、审核组。各市、县因办理赈务，可以设立市、县赈务分会。[①]

1931年特大水灾发生后，国民政府特设救济水灾委员会，直隶于国民政府，专司临时赈恤、事后补救及防灾等事务，以宋子文为委员长，许世英、孔祥熙等人为委员。该会应办事项与行政院所属之内政部赈务委员会、财政部、实业部等机关密切联系，并规定所有救济水灾委员会与各省市、各团体有关事项，可由该会直接以文电办理。可见，救济水灾委员会事权极大，地位颇高。这反映了民国灾荒的严重及国民政府对灾荒救济的重视。

（二）1937—1945年

抗日战争全面爆发前后，负责全国救济事务的主要是两大机构：社会部和赈济委员会。社会部原系国民党党部所辖机构，成立于1938年3月，主管民众组训和社会运动，目的在于"指导党员在自治、慈善、开垦、保育等社会团体中之工作，协助社会团体之组织"[②]。至于一般社会行政则仍由内政、经济和赈济委员会分别负责。[③] 但随着抗日战争全面爆发，为统筹全局，提高行政

① 《中华民国法规大全》（一），第799页。
② 《中国国民党历次代表大会及中央全会资料》（下），光明日报出版社，1985年，第450页。
③ 秦孝仪主编：《革命文献》（第96辑），台北"中央"文物供应社，1973年，第18页。

效率起见，国民政府决定将社会行政进行统一规划。1939年11月，蒋介石在国民党五届六中全会上指示："合作事业宜划归社会部主管，社会部可改隶行政院。"① 根据这一指示，国民政府乃于1940年10月公布《社会部组织法》，11月16日社会部正式成立，谷正纲为首任部长。社会部除继续办理前中央社会部主管业务外，并接办各有关机关业务。其中社会救济事项由社会福利司负责办理，其工作范围是：失业救济、残疾老弱救济、贫民救济、无正当职业者之收容教养、贫病医疗护产之倡导推行、救济经费之规划及审核稽查、救济设施之设置指导监督、慈善团体之指导监督、国际救济之联系推行、社会救济制度及社会救济业务之规划指导改进、社会救济工作人员之甄用考核奖惩、其他有关社会救济事项。②

抗战之初，难民云起。为救济难民，1937年9月7日行政院通过《非常时期救济难民办法大纲》，决定成立"非常时期难民救济委员会"，总会设在南京，在省及院辖市设立分会，在县市设立支会。总会由行政院、内政部、军政部、财政部、实业部、交通部、铁道部、卫生署、赈务委员会各派高级职员一人为委员，以行政院所派之委员为主任委员，从而建立起一套上下有序、分级负责的难民救济体制，专办难民收容、运输、给养、救护、管理等事项。③ 然而，随着战争进一步扩大，难民数目成倍增加，非常时期难民救济委员会的缺陷也显露出来：一是协调

① 《中央决议社会部改隶行政院之经过》，秦孝仪主编：《革命文献》第97辑，台北"中央"文物供应社，1983年，第1页。
② 同上书，第25—27页。
③ 魏宏运主编：《民国史纪事本末》（五），辽宁人民出版社，2000年，第318页。

各部、委、署，力量有余而事权不专，无法确实负责，提高效率；二是在职守上与赈务委员会有许多重复之处。赈务委员会权力较小，位列各部之下，委员长不得列席行政院会议，权轻使其无力统筹全局。因此，此时已有的救济机关无法适应抗战救济难民的需要。于是，国民政府决定统一难民救济机构，提高赈济行政的权力和效率，以执行政府的战时赈济政策。经国防最高会议交办、行政院审议结果，于1938年3月成立"振济委员会"，将原设之赈务委员会、行政院非常时期难民救济委员会总会合并改组，并将内政部民政司所职掌的救灾济贫及其他慈善事务，亦划归振济委员会掌管。[①] 从此，内政部民政司的职掌大为缩小。该年公布的《内政部组织法》规定，民政司负责的社会救济工作仅为"赈灾救贫及其他慈善事项"。

振济委员会虽为一临时性机构，但其权力较重，委员长为特任，并出席行政院会议。行政院副院长孔祥熙兼任委员长，原赈务委员会委员长许世英代理委员长，屈映光任副委员长。振济委员会主要是为救济难民、灾民设置，其具体职掌为：救济灾难机关及团体之指导监督；赈款之募集、保管、分配；灾民难民之救护、运送、收容、给养；灾民难民之组织训练、移殖配置及职业介绍；灾民难民生产事业之举办及补助；急赈、工赈、平粜之举办或补助；勘报灾歉之审核；防灾备荒之设计；捐款助赈及办赈出力之奖励；慈善团体之指导监督；残废老弱之救济；孤苦及被灾儿童之教养；贫民生活之扶助；游民技能之训练；贫病医疗之

---

① 《归并设立专管机关定名为振济委员会一案经国防最高会议通过饬转饬知照等因令仰知照》，《贵州省政府公报》1938年第12期，第36页。

补助；等等。①

振济委员会为办理各省区难民救济事宜，除了将各省、县赈务会、难民救济分会等即行改组为省振济会、县振济会，还在全国设立6个救济区，在难民转徙路线上设立26个难民运送总站、132个分站和166个招待所，皆派员指导管理，以提高工作效率，减轻难民痛苦，增强难民对抗战胜利的信心。振济委员会作为战时办理全国救济事宜的临时性机构，随着战争结束，其使命也宣告完成。1945年11月，振济委员会撤销，其业务归并到行政院善后救济总署。

（三）1945—1947年

第二次世界大战使世界多国人民颠沛流离，家园被毁，财产损失严重。解决因战争所导致的灾难和痛苦，绝非一个国家的力量所能担负。基此共识，1943年11月9日，44个国家代表在美国签订了《联合国救济善后公约》，决定成立"联合国善后救济总署"（以下简称"联总"）作为执行机构。中国是联总发起国，于1945年1月成立联总中国分署，直隶行政院，称为"行政院善后救济总署"（以下简称"行总"），地位与各部平级。

行总实行署长负责制，蒋廷黻为署长。根据1945年1月23日国民政府公布的《善后救济总署组织法》，下设4厅4处：储运厅、分配厅、财务厅、赈恤厅、调查处、编译处、总务处和会计处。其中有关社会救济业务由赈恤厅和调查处负责。行总的工作是办理善后救济，使因日本侵略而遭破坏的城市、乡村民众能够在战后得到衣食住行等最低生活条件，使农、工、矿、交通等生产事

---

① 秦孝仪主编：《革命文献》（第96辑），第439—440页。

业可以早日恢复正常。具体而言则包括：难民输送及复业；难民福利；难民工业；流离人民之调查；工商业损害调查；泛滥区域之灾情调查；其他有关善后救济之调查。[①]

行总根据收复区特点和灾难情况，在全国设立15个分署，分别是：东北分署、冀热平津分署、晋绥察分署、鲁青分署、河南分署、苏宁分署、安徽分署、湖北分署、湖南分署、广西分署、广东分署、江西分署、浙闽分署、台湾分署、上海分署。在滇西、福建和中共抗日根据地设立5个直辖办事处。为了接转联总分拨给中国的物资，在上海、天津、青岛、九龙、广州、大连设储运局。行总在两年存续期间，协助150万人返归故里，施放粮食90万吨，衣着28000吨，受惠者6000万人，另赈济湘桂一带因饥荒而处于死亡边缘的饥民500万人。[②]

社会部在这一阶段，业务范围有所调整。先是社会福利司的设立，管理社会保险、社会服务、职业介绍、贫苦老弱残废收容教养等等事项，使民国社会福利与传统社会救济之间划了一条明确的界限。然而，社会福利司的职掌范围过广，不利于管理，且不利于社会福利事业的发展。1947年行总被裁撤时，社会救济业务划归社会部，使其职掌陡增。另外，国民政府为进一步推进社会保险事业发展，筹划成立社会保险局。这样，社会保险业务就从社会福利司划拨出来，使社会福利司的职掌专门化。调整后的社会福利司下设4科，第1科负责农工福利及国际劳工事项，第2科掌理国民就业，第3科执掌社会救济，第4科主办儿童福利。

---

① 《善后救济总署组织法》，《行政院公报》1945年第8卷第2期。
② 行政院善后救济总署编：《行政院善后救济总署工作报告》，1948年，第5—6页。

至此，"国民政府专一的社会福利机构才建立起来，同时，传统的社会救济机构在政府的组织系统中不复存在"①。

通过以上分析，不难看出，民国社会救济行政初步建立起了以总统制为核心的中央一级专职救济机构，明确了救济工作为一项重要的政府行为。民国社会救济行政向着系统化、专门化的方向发展，并成为社会保障机构的组成部分，表明民国社会事业的进步。

第三节　近代应对海洋灾害的社会动员机制

社会动员机制是指"在社会动员的过程中，社会主体协调社会动员的各种要素，通过合理化的组合将其形成稳定的联系并转化为一种稳定的活动模式"，通过这一活动模式把政府与社会力量整合起来，以促使政府、社会组织、社会成员共同参与其中，承担起相应的责任和义务。② 社会动员是具有明确动员类型、动员过程、动员方式的重要救灾活动模式。每当海洋灾害发生时，近代政府从不自觉到自觉地进行社会动员，为应对灾害发挥社会力量作用。

一、社会动员的主体

近代中国，社会动员的社会力量主要是一些同乡会馆、善

① 龚书铎主编：《中国社会通史·民国卷》，山西教育出版社，1996年，第534页。
② 朱力、谭贤楚：《我国救灾的社会动员机制探讨》，《东岳论丛》2011年第6期。

堂、商会、红十字会等组织机构，他们本身聚集了大量经济实力雄厚、社会地位高的实业家，为及时救灾进行社会动员发挥了重要作用，有效地调动了社会积极性，形成了应对海洋灾害的合力，一定程度上保障了人民的生命财产安全。

（一）同乡会馆

在全国各大城市中被称为"会馆"的这些以同乡为基础的行会，本身就聚集了大量的人力、物力资源网络，当得知家乡发生海洋灾害时，会马上动员起来，组织筹赈会，纷纷捐款、捐物，帮助家乡赈灾。同时，他们还进行一些宣传，在城市中奔走相告，号召人们行动起来，支援灾区。

"1915年秋季，浙江省沿海受风灾、水灾，镇海、定海、绍兴、萧山等各县被灾人口数十万"，绍兴旅沪同乡会立即进行社会动员，赈济灾区。同乡会先行筹垫款银10000元，由本会会员担任筹募，进行募捐。①

1922年，当潮州地区发生风灾时，上海的潮州会馆积极行动，呼吁社会募捐，救助家乡的灾害。"先汇汕五千元，交汕头总商会，赶办急赈"②，旋即成立了筹赈会，而且在《申报》上刊登了消息："根据潮汕救灾处来电，八月二日晚，飓风侵袭潮州……本会于八月十日在法租界潮州会馆组织募赈办事处。中外善士闺阁名媛慷解仁囊，大德多多益善，倘赐捐款即交募赈处取回收条，如数速解灾区。"③此次呼吁得到了上海各界人士的热烈

---

① 上海市图书馆藏：《绍兴七县旅沪同乡会通告（自甲寅冬季起至乙卯秋季止）》，转引自郭绪印：《老上海的同乡团体》，文汇出版社，2003年，第583页。
② 《汕头风灾之筹款声》，《申报》1922年8月11日，第15版。
③ 《广东潮汕风灾筹赈处乞赈启事》，《申报》1922年9月1日，第4版。

响应，人们纷纷捐款、捐物，支援潮汕的救灾行动。上海潮州会馆是此次赈灾活动的主要组织者，他们在赈灾中积极奔走，筹到了大量善款，有力地援助了家乡的救灾行动。

1922年，绍属七县发生数十年未遇的风灾，上海绍属同乡会立即行动，召开绍属筹赈大会，积极进行社会动员，筹得赈款55万元[①]，有力地应对了灾害。

乡土情结是中国传统文化的重要部分。这些同乡会馆心系家乡，本身实力雄厚，有着广泛的人力、物力资源网络及社会影响力，当家乡发生海洋灾害时便立刻进行社会动员，及时地给予家乡援助，发挥了重要作用。

（二）慈善组织

善堂、商会在平时实行的一些救助活动，可以使当时的人们了解其机构的性质、救助措施、救助对象等基本信息。

以上海为例，上海的慈善组织主要以善堂为主，其先后成立的数十家善堂，大部分从事收容乞丐或残废、养老、育婴、义学、施医药等善举，还有修路、造桥等活动。如1862年，席裕宽、张斯藏等成立的同仁保安堂，主要实行施棺、掩埋、赡老、施衣等善举。再如1867年，陈凝峰、张学堂等设立的仁济善堂，以施诊给药、施材、掩埋、育婴、救灾等为主要善举。[②] 当海洋灾害发生后，这些善堂积极地进行救助活动，发挥了积极作用。

在广东，1856年谭骏声等设立同善社，募集善款专办水灾赈济；1870年钟平等开创了南海爱育堂，主要救灾患，赠医药；

---

① 郭绪印：《老上海的同乡团体》，第583页。
② 李国林：《民国时期上海慈善组织研究（1912—1937）》，华东师范大学博士学位论文，2003年，第35页。

1885年赖子鸿等建立筹赈总局，专司救助灾情；1890年陈明湛等设立名善堂，实行灾后赠袄、赠药、施药诸事；1919年清源县麦涂徽等创立仁爱善堂，实行赠医施药及筹办赈济等事务。①

类似的这些善堂，各有其施救的方向、侧重点。因此，当海洋灾害发生后，人们由于事先了解各个善堂的救助重点，便会及时、准确地求助，以得到相应的帮助。同时，这些商会、善堂自身也会积极地实行救助，应对海洋灾害。

1917年天津发生了由台风带来的水灾，天津总商会立即行动，展开救助活动。商团成员奔赴水灾现场，"驾一叶之扁舟随波逐流，披星戴月详细调查"②，救出被困屋顶的灾民。随着天津水灾情况越来越严重，商团的商人往灾区发放了达一月之久的玉米、面条等食物。③同时，天津总商会号召天津商人积极捐款捐物，救助灾民。通过他们动员，天津总商会共筹集了玉米、白面18000斤，饼干8000斤等④，有力地帮助了灾民。

1922年当潮州地区发生风灾时，存心善堂不但"助直银一千九百元，又米一百包"，而且"派多人，沿向各处施救，死者殓之，伤者医之"。⑤8月13日《申报》刊登消息称：存心善堂"已收埋及查悉之死尸，已有二千七百余具"。同济善堂也于8月13日开始"受医伤民，约有三十余人"。⑥

---

① 莫昌龙：《近代广东地方赈灾活动研究》，山东大学博士学位论文，2009年，第29页。

② 《函颂商团冒险赈灾》，《益世报》1917年12月11日，第3版。

③ 《商会关于赈济之公布》，《益世报》1917年9月4日，第5版。

④ 《绅商热心公益》，《益世报》1918年10月30日，第7版。

⑤ 《汕头飓风为灾情形详志》，《大公报》1922年9月6日，第6版。

⑥ 《汕头风灾之大惨剧》，《申报》1922年8月13日，第11版。

当海洋灾害发生时，善堂、商会等机构，不仅积极实行救助，而且有着各自的施救方向、侧重点，利用他们的优势，使得灾民能够及时、准确地求助，这或许就是原始的"救灾预案"。

（三）中国红十字会

中国红十字会是 1904 年成立的，源自国外先进的经验和专业技能，不分种族、民族，积极参与人道主义救助工作，为国家和社会做出了突出贡献。

1922 年当潮州地区发生风灾时，中国红十字会总会总办事处迅速行动，在《申报》上刊登了《中国红十字会总办事处拯救潮汕风灾乞赈启事》："此次潮汕风灾，情形至为惨酷，本会派出医队驰往灾区。惟祈捐款施，盖多得一金，即可多活一命，早施一月，即可早救一人，所望薄海内外仁人君子，抚海谷之疮痍，拯斯民于水火。"[1] 中国红十字会积极动员社会，进行募捐，为灾区提供帮助。

同时，中国红十字会致电中央政府："汕头飓风为灾，全埠房屋倒塌，伤毙人口三千有奇；潮属沿海乡村被水漂没，淹毙乡民约及十万。灾区广大，灾情严重，为历来所未有。……核实赈济以救沉灾，谨为灾民九顿首以请。"[2] 此次请求得到了内务部税务处核准，拨 10 万元为汕头赈灾。[3] 不仅如此，中国红十字会还派出了由医生郁廷襄、沈嗣贤，看护钱宝珍、张一鸣、张永清等 9

---

[1]　《申报》1922 年 8 月 16 日，第 2 版。

[2]　中国红十字会总办事处：《慈善近录——中国红十字会上海总办事处出发两次救护队救疗潮汕巨灾》，1924 年，转引自池子华：《民国北京政府时期中国红十字会的赈灾行动述略》，《中国社会历史评论》（第六卷），天津古籍出版社，2005 年，第 72 页。

[3]　《国内专电》，《新闻报》1922 年 9 月 16 日，第 4 版。

人组成的医疗队，前往灾区。后又因灾情严重，红十字会加派第二支医疗队，携带数箱药物，增援灾区。①

另一方面，中国红十字会南海分会、汕头分会、澄海分会、番禺分会，都积极参与救灾行动，尽最大努力进行救助，其中澄海分会"协助尤力"。澄海分会自风灾发生之时起，"爰督役冒险，就本分会附近铺屋倒塌露天浸水之男女，极力救护，即将本分会看症房开辟，吸纳安藏达旦。翌早，即由理事黄作卿、医务长吴济民率医队，巡行全埠救伤，医治无数，三四五等日继之"②。而且，共分七次派遣医疗队前往不同的灾区，救治了大量伤员。③

当海洋灾害发生时，都会出现红十字会的身影。他们一方面积极募捐，动员社会力量进行捐款，尽力支援救灾工作；另一方面派遣医疗队伍深入灾区，提供救助、医疗和卫生服务。中国红十字会的种种善举，有力地支援了救灾工作，为国家和社会做出了重要贡献。

除上述同乡会馆、善堂善会、中国红十字会等社会团体外，还有同业公会等社会团体也参与救灾。它们作为社会动员的主体，拥有大量的人力、物力资源，加之强大的社会影响力，可以充分调动社会积极性，共同应对海洋灾害，积极地实行灾害救助。

---

① 池子华：《民国北京政府时期中国红十字会的赈灾行动述略》，《中国社会历史评论》（第六卷），第51—76页。
② 中国红十字会总会办事处编：《慈善近录——八二风灾本分会救护之情形》，转引自池子华：《民国北京政府时期中国红十字会的赈灾行动述略》，《中国社会历史评论》（第六卷），第72页。
③ 同上书，第83—85页。

二、社会动员的途径

近代西方先进的科学技术传入和中国一些开明之士的"开眼看世界"，对中国产生了重要影响。中国开始修建铁路、架设电线、设立邮电局，新兴设施不断出现，随之而来的是中国的交通及通讯条件大为改善。同时报纸、电台等新兴媒体形式的蓬勃发展，有力地促进了社会信息的交流与传播。因此，当面对海洋灾害进行社会动员时，近代的社会力量就充分利用了新兴的通讯设施和媒体形式，使灾情得到了广泛传播，消息得到了及时传递，为救灾工作提供了极大便利。

（一）报刊等新兴媒体

报刊等新兴传媒以新闻报道的形式将灾害信息传播开来，形成舆论强势，引起社会关注，唤起社会各界帮助报道对象渡过难关。尽管大众传媒的消息来源主要是政府，但是社会团体及有影响力的领袖人物，借助大众传媒这一形式，可以迅速调动包括人力、物力、财力、精神支持、技术支持、舆论支持等在内的各种社会资源，提高社会群众参与应对的责任感和积极性，增进社会的凝聚力，实现有效的社会协作，使得社会潜能得到充分释放，共同应对海洋灾害。

上海社会团体在为1922年潮州地区发生风灾进行募捐宣传时，就利用了《申报》这一新兴媒体，起到了巨大的作用。

一是通过《申报》宣传灾情的严重。上海潮州会馆在《申报》上刊登消息："根据潮汕救灾处来电，八月二日晚，飓风侵袭潮州……"，"风起于星期三夜十时，至次晨四时始已，在此数时内，狂风怒号，其势极猛，海水淹过堤岸六七尺，居民皆拥至屋之顶避水，全城房屋几乎无一不受损失，有吹去层面者，有倒墙壁者，电杆吹断树木连根拔起……"。[①] 通过这样的报道，使人们了解到灾情的严重。

二是通过《申报》进行动员，发起募捐。上海潮州会馆在《申报》上刊登消息："本会于八月十日在法租界潮州会馆组织募赈办事处。中外善士闺阁名媛慷解仁囊，大德多多益善，倘赐捐款即交募赈处取回收条，如数速解灾区。"[②] 在上海潮州会馆的动员下，上海各界纷纷捐款捐物，积极支援灾区。

三是通过《申报》对善人表示感谢，吸引更多的社会力量参与救灾。上海筹赈处先后多次于《申报》刊登诸多善人的名字，一方面表示感谢，另一方面为吸引更多的社会力量参与救灾。如刊登的集体捐款有《广东潮汕风灾筹赈处敬谢南洋兄弟烟草公司慨助赈款一万元》、《广东潮汕风灾筹赈处敬谢江永轮船同人诸大善士慨助赈款洋五百元》等；刊登的个人捐款有《旅沪广东潮汕风灾筹赈处敬谢郭柏如先生筵资助赈洋二百元》、《旅沪广东潮汕风灾筹赈处敬谢陈椿大善士祈病速愈慨助赈款洋二百元》等。[③]

社会力量利用报刊等新兴媒体形式，通过宣传灾区的严重情况，引起人们的关注，唤起人们的同情心；接着设立机构，进行募捐，号召人们积极捐款捐物；同时对这些善心人士进行感谢，以吸引更多的社会力量来参与救灾。

---

① 《潮汕飓风之大灾》，《申报》1922年8月8日，第4版。
② 《广东潮汕风灾筹赈处乞赈启事》，《申报》1922年9月1日，第4版。
③ 以上刊登集体捐款的文章分别见：《申报》1922年9月1日，第4版；《申报》1922年9月5日，第4版；《申报》1922年9月3日，第4版；《申报》1922年8月29日，第1版。

（二）电报、广播等通讯工具

救灾要及时，特别是对于紧急、严重的灾情，尤须如此，此所谓"救荒贵速而恶迟"，因为"饥民之待食，如烈火之焚身，救之者，刻不可缓"。[①] 而近代电报业的兴起，极大地提高了救灾的时效性，使得社会动员可以尽早尽快进行，更好地应对海洋灾害。

光绪十六年（1890年），张之洞奏请开设武汉至襄樊电报线路时指出："襄樊独无电线，信息灵通，随时捍患救灾，何以备缓急而资控制？且累年汉水盛涨，沿河各属堤工溃决，居民被灾甚重。若设有电线，消息灵通，随时捍患救灾，裨益尤非浅鲜。"[②] 因此，电报架设之后，若一地发生海洋灾害，可以迅速、及时地传递消息，广而告之，尽早尽快地组织社会动员，协调社会资源，为救灾工作提供及时的帮助。

一是迅速传播灾情，进行社会动员。1922年8月2日潮汕发生风灾，香港潮州商会利用新兴的电报技术，于9日电函上海潮州会馆，请求救灾，当日下午3时，上海潮州会馆便紧急召开会议，商议救灾事宜。正是由于电报技术的利用，使得潮汕灾情可以及时传播出去，得到远距离的同乡组织的呼应，及时应对灾害。倘若没有电报技术，从广东将灾情传播到上海，距离之远势必需要很多的时间，将无法有效地进行社会动员，延误救灾的最佳时机。

二是互相联系，广泛动员。其他的潮州同乡组织，如潮州旅省筹赈处、福州广东会馆筹赈处、北京广东潮汕义赈会、汉口筹办风灾义赈会等，利用电报技术，互相致电函，相互联系，共同

---

① 李文海：《历史并不遥远》，中国人民大学出版社，2004年，第244页。
② 苑书义主编：《张之洞全集》第二册，河北人民出版社，1998年，第760页。

救助灾区。[1] 福州广东会馆接到该馆驻汕公司集成昌记的报灾电函后，立即开会研究赈济事宜。[2] 中国红十字会也致函北京中央政府，请求拨款赈灾，使得10万元款项及时送到灾区。

社会力量利用新兴的通讯设施和媒体形式，既可以使灾情得到广泛、及时的传播，为救灾工作提供极大的便利；又可以进行有效的社会动员，扩大社会影响力，号召社会共同行动，为救灾工作提供了巨大的力量。

三、社会动员的效力

社会团体利用近代以来新兴的电报等通讯设施和报刊等媒体形式，使得灾情得到了广泛的传播，有效地组织了社会动员，尽快地整合了社会资源，为救灾工作提供了充分的帮助，取得了巨大的成果，显示了强有力的社会力量。

1922年，上海潮州会馆、中国红十字会等机构在潮汕风灾中进行的社会动员，募集了大量的钱粮，有力地支援了救灾行动，显示了巨大的社会力量。上海潮州会馆在《征信录》中说道："当敝筹赈处创设之初，本埠各界仁人善士热心捐助二十余万之巨款，数日间而备集。更有远道乡人、青年男女，亲自携款投交或百元以至十元数元不等。"[3]

---

① 孙钦梅：《潮汕"八·二风灾"（1922）之救助问题研究》，第58页。

② 汕头赈灾善后办事处：《汕头赈灾善后办事处报告书——关于赈灾来往函电》，1922年，转引自孙钦梅：《潮汕"八·二风灾"（1922）之救助问题研究》，第58页。

③ 郭绪印：《老上海的同乡团体》，第172页。

中国红十字会在《申报》上刊登消息，如《中国红十字会敬谢黎集云大善士捐助潮汕风灾洋五百元》、《中国红十字会敬谢存心子经募慰记大善士捐助潮汕风灾洋一百元》、《中国红十字会敬谢孙月三大善士捐助潮汕风灾洋三百元》、《中国红十字会敬谢孙月三大善士捐助潮汕风灾洋三百元》、《中国红十字会敬谢喜闻过斋大善士捐助潮汕风灾洋一百元》、《中国红十字会敬谢周龙章君经募偷生氏蔡静记二大善士捐助潮汕风灾洋二百元》、《中国红十字会敬谢陈庸庵大善士捐助潮汕风灾洋二百元》、《中国红十字会敬谢孔金声大善士捐助潮汕风灾洋一百元》、《中国红十字会敬谢裘焜如君经募延年子大善士捐助潮汕安徽风灾洋一百元》、《中国红十字会敬谢鲍子丹大善士筵资助赈潮汕水灾洋一百元》、《中国红十字会敬谢吴熙元孙贞道安定根经募韩国赤十字会捐助潮汕风灾洋一百元》等等。[①] 同时，中国红十字会总会总办事处电函北京中央政府，筹得 10 万元的拨款，作为潮汕赈灾费。

钱粮是救灾的基础和保障。这些机构进行的社会动员，取得了显著的成果，通过募捐得到了大量的物力、财力，有力地支持了救灾活动，保障了人们的生命安全。而且，社会动员的巨大力量更在于灾害后的一些善后工作。近代社会团体已有灾后重建的意识，并制定了一些切实可行的办法。

上海潮州会馆在《征信录》中提道："经狂风怒潮之播荡，所至乡村，其堤岸有全行崩塌者，有仅流崩隙者。全行崩塌之堤岸固当助款速行修筑，其仅流崩隙者，虽目前未受其患，尤虑春潮一至遂成泽国。则据各处堤局之报告，派员前往当地相度情

---

① 《中国红十字会敬谢》，《申报》1922 年 8 月 15 日，第 4 版。

形酌助经费，该款分期交付，以期事有成，此第二次赈灾善后办法也。地经巨劫骸骨盈野，生者虽获枝栖之所，死者亦以归土为安，则义冢之不容不设也。爰于赈灾款项下提出一万八千余元购地一片，营筑义冢，俾此次灾民合存殁而各得其所，此第三次赈灾善后办法也。"①

香港八邑商会和其他慈善机构联合起来，建立了珠池肚避风港，以防止海洋灾害再次来临时轮船被损坏的悲剧；海外的同乡组织筹资建造了四座"风台楼"，"俾有灾时，得所躲避，不致坐而待毙"，"平时以该屋为校舍，办公益之事，有事时，则任人入内躲避，冀保安全"。②同乡会等机构考虑到海洋灾害带来的巨大破坏，动员社会力量，筹措资金，并分配资金对海堤进行修筑、加固，同时修建避风港、风台楼等避难物，减轻再次发生海洋灾害时的受灾程度；另一方面设立义冢，掩埋尸体，使得因灾而死的人们"归土为安"，既体现了人道主义精神，又可以防止灾后疫情的发生。

青岛1939年发生特大风暴潮灾害，刚刚成立的华北救灾委员会青岛特别市分会立即向本市绅商各界劝募捐款，进行社会动员，并在短时间内筹募到赈款20余万元，这对初期赈救行动的顺利进行起到了一定的促进作用。同时，为了保障遭受特大风暴潮灾灾民的基本生活，1939年9月10日，华北救灾委员会青岛特别市分会首先向市区发放6万元赈款，为灾民准备了临时帐篷以及

① 郭绪印：《老上海的同乡团体》，第172页。
② 香港潮州商会四十周年纪念特刊编辑委员会：《香港潮州商会成立四十周年暨潮商学校新校舍落成纪念特刊》，1961年，转引自孙钦梅：《1922年潮汕"八·二风灾"之各方救助——民初国家与社会关系的一个侧面》，《沈阳师范大学学报（社会科学版）》2014年第3期，第35页。

食物与水等生活必需品。① 华北救灾委员会青岛特别市分会为应对风暴潮灾害进行的社会动员，募集了大量的善款、赈灾物品，有效地保障了灾民的基本生活，顺利地推动了救灾活动的进展。

近代应对海洋灾害，社会力量部分地弥补了政府救灾能力的不足。同乡会馆、善堂、商会、红十字会等机构进行了广泛的社会动员，利用新兴的通讯设施和报刊等媒体形式，调动了各种社会资源，提高了社会和公众参与应对海洋灾害的积极性，一定程度上保障了人民的生命财产安全。

第四节　近代应对海洋灾害其他机制的变革

在近代社会变革中，应对海洋灾害的技术手段和方式也在进行变革，从而使中国应对海洋灾害机制从传统走向近代。上一节已论述近代应对海洋灾害的社会动员机制，下面我们再从预警预报机制、信息传播机制、开放合作机制等方面，来详细探讨近代中国应对海洋灾害的机制变革。

一、海洋灾害预警预报制度建立——以海洋气象灾害为例

预防是应对海洋灾害的上策，中国沿海渔民很早就在实践中摸索出一套通过观察海洋气象和海水变动及鱼类活动来预测风暴

① 陈超：《海洋灾难》，吉林出版集团有限责任公司，2012年，第70—71页。

潮发生的规律，以进行避灾防险的办法。[①] 进入近代以后，随着西方科技传入，科学预测预警逐渐成为趋势，突出表现就是海洋气象观测台的建立。近代初期，担任海关总税务司的英国人赫德（Robert Hart）建议在中国沿海凡有海关之处，普设气象观测站，以利船只航行，"惜当时国人无人过问者，乃由徐家汇天主教耶稣会神父任其责，虽属越俎代庖，而成绩卓著，可以在远东气象界树一帜"[②]。继徐家汇观象台之后，青岛观象台也在19世纪末建立起来，从而形成一南一北两个气象观测中心，它们为近代中国海洋气象预报事业做出了突出贡献。

（一）上海徐家汇观象台

上海徐家汇观象台由法国天主教耶稣会士郎怀仁主教于1872年创立。该台成立之初主要从事气象和地磁的研究工作，后又陆续发展了天文、地震等多学科的研究。[③] 为了广泛地获得气象信息，徐家汇观象台逐步建立起覆盖远东地区的气象观测网络。1882年，总税务司赫德要求各地海关将当地气象观测资料发往徐家汇天文台；1896年10月，日本东京中央气象台向徐家汇观象台拍发鹿儿岛和高知的气象电报。至1896年底，每天向徐家汇观象台拍发2—3次气象电报的国内外气象台站有24处，1897年增加至40处，到1911年已发展到60处。[④] 这些台站西北

---

① 刘振伟、蔡勤禹：《中国古代渔民对若干海洋现象及活动的认知和把握》，《青岛职业技术学院学报》2013年第5期。

② 蒋丙然：《四十五年来我参加之中国观象事业》，《市南人文历史研究》2012年第4期，第7页。

③ 束家鑫主编：《上海气象志》，上海社会科学院出版社，1997年，第530页。

④ 支星、刘欧萱：《徐家汇观象台的历史地位及贡献》，《创新驱动发展 提高气象灾害防御能力——S17第五届气象科普论坛》，第30届中国气象学会年会论文集，南京，2013年，第7页。

达俄国的托木斯克（Tomsk），东北至日本的根室（Nemuro），西南远至安南（越南）的西贡（Saigon），东南遥至太平洋的亚白（Yap）。来自远东不同地区的气象资料每天源源不断地汇集于徐家汇观象台，为该台研究中国沿海及东亚地区海洋气象规律，发挥了重要作用。

徐家汇观象台在台风预报预警方面取得了令人瞩目的成就。比如，1879年7月，上海遭遇了强台风，徐家汇观象台运用单站气象要素分析法，准确地发布了台风预报。可惜由于当时通讯技术不发达，灾害信息不能及时有效地发布，台风到达上海后仍造成许多船只、船坞被毁和民众死难。为能够将灾害信息及时发布，自1890年起，徐家汇观象台结合十余年对上海夏季诸多台风个案的分析经验，开始发布台风警报，成为中国第一个对公众发布台风警报的观象台。[1]1915年7月，上海再次遭遇强台风袭击，徐家汇观象台准确做出预报并发出预警，但由于传播渠道仍不畅通，台风仍然造成了很大的损失。1924年7月强台风北上袭击山东半岛，徐家汇观象台及时对台风行进路线进行预报，与青岛观象台合作预警，避免了较大损失。[2]据统计，徐家汇观象台在1893—1918年间记录了620个台风，对每个月份台风的行进路径做了详细观测，对航海和科学研究都产生了深远影响。[3]

徐家汇观象台通过无线电报与中国海关测候所互通气象情

<hr />

[1] 支星、刘欧萱：《徐家汇观象台的历史地位及贡献》，《创新驱动发展 提高气象灾害防御能力——S17第五届气象科普论坛》，第11页。

[2] 蒋丙然：《山东半岛飓风记》，《中国气象学会会刊》1925年第1期，第23页。

[3] 支星、刘欧萱：《徐家汇观象台的历史地位及贡献》，《创新驱动发展 提高气象灾害防御能力——S17第五届气象科普论坛》，第6页。

报，并绘制天气图，精密跟踪我国沿海飓风，每当天气图上出现飓风并触及海岸时，天文台则向港务长报告，发布飓风警报，沿海船只则提前准备应急措施。至1936年，"徐家汇发出的飓风警告及信号，多至一千次以上，航海船只，因而避免飓风的危害"。徐家汇观象台对海洋气象灾害的预测预警，使得突发性海洋灾害的危害程度降到最低。就连当时一家著名的英国海军评论杂志也说："徐家汇气象台应受全航界之感激。"还说："徐家汇气象台所获得的高度效能，台内人员对于远东航海界的劳作与兴趣，吾人对之实甚感谢，几无可图适当的酬报焉。"① 徐家汇观象台除对飓风观测预报外，还通过汇总中国沿海气象观测资料，研究飓风、巨浪等活动规律，编制远东的天气图表和飓风的行进路线等，从而使人们能了解气候的大概。由此可以看到徐家汇观象台在中国乃至东亚地区的地位和作用，以及对我国海洋气象事业发展所做出的重大贡献。

（二）青岛观象台

青岛观象台始建于德租胶澳时期，1898年6月15日起德国海军部门开始气象观测工作。初期的气象观测包括气压、气温、空气湿度、降水量、风力和阴晴等。② 到1914年德国败走时，青岛观象台已发展成为中国著名的气象观测台。1914年，日本赶走德国占领青岛后，观象台也被日本控制。1922年，中国从日本人手中收回，并调任中央观象台气象科科长蒋丙然为台长。此后，在蒋丙然台长领导下，青岛观象台在海洋气象灾害预报和研究方面

---

① 《徐家汇气象台》，《圣教》1936年第25卷第9期，第551—552页。

② 青岛市档案馆编：《胶澳开埠十七年:〈胶澳发展备忘录〉全译》，中国档案出版社，2007年，第15页。

取得较大成绩，突出地表现在两个方面：

一是科学地进行海洋气象预测预警。日占时期，青岛观象台就开始每天公布天气图，但均用日文而亦只限于日本船舶。中国收回后，对于国内外航行于青岛港的船舶，一律普送天气图，以供航海保护之用，此外还发布天气预报、暴风警报，为海上船只航行提供气象保护。如1924年7月13日飓风经过山东半岛，青岛风力强大，青岛观象台与徐家汇观象台合作，从7月10日开始就对此次飓风移动路线进行预报，并及时发出飓风警报："警报区域在黄海以北至直隶湾，山东有极烈之旋风。青岛天阴有雨，一时晴，风力最大每秒十六至二十公尺，风向转南。十二日飓风警报：上午五时飓风在北纬二十九度半，东经一百二十四度，方向北西，进行疾速。十三日飓风警报：上午五时飓风在北纬三十度半，东经一百二十一度半，方向北北向，进行疾速。"由于青岛观象台提前警报，做到了未雨绸缪，尽管"此次飓风猛烈，本台于经过之后，亦从事调查有无重大灾害发生，以资参考，惟据报告所得，竟无若何重要损失"。[①]青岛观象台提前预测预警，避免了灾害对青岛造成巨大损失。

二是设立海洋学科，研究海洋灾害特性。青岛观象台对中国海洋事业做出的开创性贡献是设立海洋学科。为研究海洋，青岛观象台先后购买了尔利式大小吸水器、卜式海底吸水器、挖泥器、测海水温度用颠倒温度表、百吨汽船、理化实验室设备等等，进行海洋温度与潮汐两项海洋观测。蒋丙然台长作为一名留学比利时的农业气象学博士，深知海洋对于国家的重要性。在中

---

① 蒋丙然：《山东半岛飓风记》，《中国气象学会会刊》1925年第1期，第25页。

央研究院院长蔡元培支持下，于1928年在青岛观象台设立海洋科，由宋春舫任科长，利用购买的海洋设备，从事海洋各要素观测，所注重者为海洋物理、海洋生物、海洋地质等，并编印青岛港潮汐表，同时每月测量胶州湾水温变化，采集水样、海底沉积物和海生物标本，建立理化实验室，分析海水盐度、密度及海底沉积物等。此为国人提倡海洋学之始，为中国更科学地研究海洋灾害发生的物理、化学特质奠定了基石。[①] 正是青岛观象台在海洋科学方面进行的开拓性工作，使中国第一个海洋研究所于1930年在青岛成立，开创了中国海洋研究新局面。

从以上论述可以看到，民国时期我国在海洋灾害预报和研究方面获得了飞跃发展，遍布沿海的众多气象观测所和徐家汇与青岛观象台将海洋气象灾害的数据进行科学的分析，使应对风暴潮灾害的关口前移；海洋学科的建立，为研究海洋灾害的生成机理，科学地预测海洋灾害的发展规律，奠定了扎实基础。

二、海洋灾害信息传播机制变革

灾害信息传播的手段和方式可以反映时代变化。不同时代灾害信息传播有不同时代特点。在古代，灾害信息的传播主要依靠口耳相传和官方驿站来报告，传播速度慢，受众面小。近代以来特别是民国以降，传播手段和技术的进步使得灾害信息传播速度加快，传播方式多样，传播受众广泛。

民国传播手段进步，首先体现在电报技术的应用上。民国北

---

① 蒋丙然：《四十五年来我参加之中国观象事业》，《市南人文历史研究》2012年第4期，第12—16页。

京政府时期，上海、天津、烟台、青岛、福州、广州等沿海城市设立无线电报局，加强沿海地区之间的信息流通。[①] 南京国民政府成立之后，对以往电报线路进行了修缮，并新架电报线路5000余公里，全国电报局达到1500所。到抗战前夕，无线电台已经遍布23个省区，电台66处，无线电报机174架（不包括军事及政府机关所用），电报线路总长度则达95000余公里。[②] 其次，电话在近代进入中国后，以其方便、快捷的优势很快为民众所接受。当时人们这样形容电话快捷："德律风，夺天工，消息只在一线通"[③]，"西人创制德律风，言语顷刻能相通"[④]。长途电话线路在1932年扩充1347公里，1933年扩充5560公里，1934年扩充1.2938万公里，1935年扩充1.0772万公里。全国线路总长度由1933年的1.48万余公里，到1936年的4.8万余公里。市内电话建设也取得了长足进步，南京政府建立之前，交通部所辖市内电话共20处，到1936年增加到36处，通话局达72所，用户数为5.2617万户。[⑤] 虽然当时电话的使用者主要是一些政府机构、报馆、商会、工厂、公司和城市上层人士，但是通过他们可以向其他组织和人群传播信息，使受众面大大扩展。再次，报刊的大量出版，使海洋灾害信息得以广泛传播。从清末开始，中国出现了办报潮流。辛亥革命之后，中国迎来一轮办报高潮，1912年至1915年，全国共有

---

① 全国政协文史资料委员会编：《中华文史资料文库·经济工商编》（第13卷），中国文史出版社，1996年，第879页。

② 徐善衍主编：《中国邮电百科全书》（综合卷），人民邮电出版社，1995年，第708页。

③ 《文苑·德律风》，《顺天时报》1909年9月5日，第4版。

④ 《文苑·德律风》，《顺天时报》1909年8月17日，第4版。

⑤ 李新总主编，周天度等著：《中华民国史》第8卷下，中华书局，2011年，第846页。

500多种报刊出版。①"五四"时期，各种立场不同，内容、形式各异的报刊大量创办。民国时期究竟有多少种报纸，并没有确切的数据，仅山东一省民国时期就先后创办各类报纸470多种，有官报、党派报纸、群众团体报纸、军队报、画报、外文报等。②以一斑而窥全豹，全国办报情形可见如是。

以上就民国时期电报、电话、报纸等新式传播媒介发展情况做了概括性梳理。这些新式媒介如何在海洋灾害信息传播中运用及发挥作用，如何将信息传播开来被公众周知？下面我们结合民国著名的徐家汇观象台来考察一下海洋灾害信息传播手段和方式的变化。

徐家汇观象台很早就开始向公众提供每天气象信息，初期主要是向最需要的海运业提供。1881年，设立航海部，并将实时气象报告有偿提供给轮船公司，此举大大提高了沿海船只和人员的安全，从而揭开了上海航海天气预报的序幕。从1882年1月1日起，徐家汇观象台开始通过信使每天按时将该台制作的中国沿海天气预报送往各大报社刊载，使上海气象服务翻开了新的一页，推动了气象服务走进千家万户。同年2月，丹麦大北电报公司在上海外滩办起中国第一个电话局，用户25家。一年后，徐家汇观象台就开始架设电话，通达英法租界各洋行，开启上海地区使用电话传递天气预报的先河。每到台风季节，徐家汇观象台的电话通常都会异常繁忙，来电者大多询问与天气有关的问题。③1884

---

① 戈公振：《中国报学史》，生活·读书·新知三联书店，1955年，第147页。
② 刘衍琴：《民国时期山东报业概述》，《新闻大学》1996年第1期。
③ 以上资料引自支星、刘欧萱：《徐家汇观象台的历史地位及贡献》，《创新驱动发展 提高气象灾害防御能力——S17第五届气象科普论坛》，第11页。

年，徐家汇观象台在法国码头上安置了第一架海岸通信机，把气候的骤变、风暴、大旋风等报告给航海员，从而使人们能事先准备，趋利避害。[①] 为了给更多往来于黄浦江的中外船只和行人提供气象服务，1884年徐家汇观象台在上海外滩洋泾浜建起信号塔并开始天气报告和授时服务。初建的信号塔为15米高的木塔，1906年由于暴风雨袭击，木塔折断，后改建成50米高的具有西班牙风格的钢筋水泥塔。此后信号塔又陆续进行了小型扩建和整修，直到1927年信号塔扩建竣工。外滩信号塔每天张榜公布6时和15时的东亚天气图和16时的海平面气压值，配有专人讲解，同时用悬挂信号旗帜的方式指示晴雨和台风等恶劣天气现象，为海上航行的船只提供帮助。[②]

1915年7月，飓风袭击上海，徐家汇观象台提前观测到了大风的移动路线，由于信息传播渠道不畅，仍给上海造成较大损失。《申报》为此发表杂评《灾重之一原因》指出：“我国既无风灾之通报，所持外国天文家之观测而展转传译已不能及，此次大风徐家汇固有预报，迨报纸传播而大风已至，使人民不及防范，损失于突然之顷者不知凡几，此灾之所以愈重。”[③] 为了避免以后此类灾害重演，从1915年8月10日起，《申报》开始逐日刊登徐家汇观象台的天气预报，开沪上大报预报每日天气之先河。

伴随着无线电技术的发展，1925年，徐家汇观象台与中国第一批广播电台拥有商之一的美商开洛（Kellogg）公司开始无线电

① 明真：《上海徐家汇天文台参观记》，《北辰杂志》1934年第6卷第8期，第8页。
② 上海市气象档案馆藏：《徐家汇观象台月报》，转引自支星、刘欧萱：《徐家汇观象台的历史地位及贡献》，《创新驱动发展 提高气象灾害防御能力——S17第五届气象科普论坛》，第6页。
③ 束家鑫主编：《上海气象志》，第531页。

台合作，每天11时半和17时半，用中、英文广播两次天气预报，由此开启了上海地区用口语广播天气预报的先河。1927年，徐家汇观象台利用意大利皇家海军赠送的小型无线电发射台，开始拍发详细的天气公报。[①]

从徐家汇观象台可以看到我国近代灾害信息传播手段从手工信号、有线电报、报纸到无线电报、电话的传播演变概况。传播手段进步使得一些重要救灾组织之间以及救灾组织与各气象组织、媒体之间的联系更加快捷紧密，特别是突发性海洋灾害来临前，观象台之间通过电报及时交换数据、分享观测成果，同时协同其他媒体，及时向人们发出预警信息，使灾讯的传播速度和准确度得到了根本性转变；而发自灾区的求助信息"在几天甚至几小时内，便可传遍世界"，"电线之所通，其消息之流传，顷刻可知"[②]，为人们及时掌握灾害信息、提前进行灾害预防提供了技术保障，也使报灾、勘灾、赈灾的过程大大缩短，救灾效率提高。然而，新式媒介的出现并不意味着传统的预警方式就销声匿迹，毕竟现代通讯技术还没有普及，一些在海上作业的渔民单帆孤船也不一定能够拥有无线电设备来接收气象信息，所以，传统的一些预警方式仍在发挥着作用。比如1937年6月7日，中央研究院气象研究所公布的《飓风警告信号建议推行办法》规定："各地接到该附近区域于二十四小时内将有飓风经过警报时：（一）昼间悬挂上红下白两色，幅五市尺，长九市尺之旒形长旗一面；（二）夜间悬挂可照五里以外光力，相联之绿色桅灯三盏；（三）悬挂桅杆

---

① 支星、刘欧萱：《徐家汇观象台的历史地位及贡献》，《创新驱动发展 提高气象灾害防御能力——S17第五届气象科普论坛》，第8页。
② 中国史学会编：《洋务运动》，上海人民出版社，1959年，第501页。

须设在显著地点，高度至少在四十市尺以上。"[1] 用这种简单的旗帜作为信号，说明了这种简便易行的方式便于渔民和船员认知，可以为预防灾害做好必要准备。

三、赈灾走向社会化和国际化

近代以来随着西方民主思想的东传、中国民众权利意识的增强和晚清民国政府在财政上的困难，一向由政府组织的大规模官赈日益萎缩，许多民间组织开始参与赈灾事务，出现赈灾社会化。而国门打开使得中外联系加强，交往增多，国外慈善组织开始进入中国，并参与到中国救灾事务中，使中国赈灾由闭门自救向国际合作方向发展。上述两个方面变化是中国赈灾从封闭走向开放的标志。我们选取青岛和潮汕南北两个地区，来论述这种变化的具体表现。

青岛作为一个海滨城市，每年都会遭受程度不一的海洋灾害，其中民国时期最严重的一次就是1939年8月的台风袭击，详见本书第二章第三节"1939年青岛风暴潮灾害与应对"。

同样作为沿海城市的汕头，在1922年8月2日遭到特大台风袭击，史称"八·二风灾"，关于这次风灾的损失情况前文已述。这次救灾过程中体现出的赈灾主体多元化、社会化和国际化，是民国时期赈济海洋灾害的一个样本。学者对此虽有研究，但本书的视角更侧重于这次赈灾体系与传统救灾官方为主的一元化相比较所体现出的变化。当灾情发生后，从中央政府到地方政府都采取了一些措施，帮助灾区赈灾。民国北京政府拨出5万银元"以

---

[1]　吴鼎昌：《函中央研究院气象研究所》，《实业公报》1937年第336期，第46页。

示助赈"①，专门负责全国赈灾的管理机构赈务处亦决定"将所有汕头海关常关进出口货物一律附加一成，以一年为限"②。汕头市政厅、潮梅善后处会同汕头市总商会成立"汕头赈灾善后办事处"，专门办理救灾事务；受灾各县也相继成立了赈灾公所、分所等专门性救灾机构。当然，政府除了通过直接财政援助和加税赈济外，还有一项政策措施，即通过蠲缓灾区钱粮征收来帮助灾区克服困难。根据1915年颁布的《勘报灾歉条例》规定："地方勘报灾伤将灾户原纳正赋作十分计算，按灾请蠲：被灾十分者蠲正赋十分之七，被灾九分者蠲正赋十分之六，被灾八分者蠲正赋十分之四，被灾七分者蠲正赋十分之二，被灾六分者蠲正赋十分之一。"③ 由此推测，潮汕被灾地区的灾民将根据被灾情况蠲免正赋数额不等，以体现政府责任和义务。理论上，民国各级政府应是救灾主角，承担主要责任，这也是中国几千年来荒政传统。然而，蠲缓毕竟缓不济急，而民国北京政府权力弱化，军阀割据；地方政府虽能积极应对，但毕竟受制于财力，力量有限。这就有赖于民间力量和国际社会发挥能动性，弥补政府在赈灾能力方面的不足。

面对此次巨灾，社会各界表现出强烈责任感，他们在募捐散赈、施医赠药、收埋尸体等方面，体现出对社会公共事务的投入。首先，潮汕同乡组织在灾害发生后迅速行动起来，支援家乡救灾。上海潮州会馆、潮州旅省筹赈处、汉口潮州会馆等在灾

---

① 政协潮州市文史资料征集编写委员会编：《潮州文史资料》第8辑，1989年，第26页。

② 池子华、郝如一主编：《中国红十字会历史编年（1904—2004）》，安徽人民出版社，2005年，第31页。

③ 《财政部呈准勘报灾歉条例》，《浙江警察杂志》1915年第18期，第32页。

情发生后迅速组织筹赈处，募集赈款，救助同乡。上海潮州会馆在沪上各界人士和各工商团体积极响应下，共募得赈款25.9万多元。[1] 潮州旅省筹赈处仅半个多月即募得赈款2200多元，汉口潮州会馆筹得5000元，其他各地会馆也尽其所能，宣传灾情，组织捐款，救助同乡。[2] 他们将募集的捐款和棉衣、药品等物品，以给灾区儿童补贴、资助福音医院、资助修建被毁海塘和汇交"汕头赈灾善后办事处"等多种形式，赈济同乡，惠助灾民。

其次，慈善组织发扬慈济救人传统，潮汕地区20多个善堂与汕头赈灾善后处、基督教赈灾会等赈灾团体，每天派人到各灾区调查、放赈、施医、赠药、收尸殓葬，减少了灾民饥饿疾病之苦。汕头存心善堂三天收埋死尸2700余具。同济善堂于8月13日开始医治伤民，当天即医治伤民30余人。[3] 各善堂的收尸殓葬工作，是对政府部门在此工作中缺位的重要补充，这项工作意义在于不仅使死者安葬入土，也使生者减少死尸腐烂而导致感染传染病的危险，为大灾之后的各项善后工作顺利进行打下了良好基础。中国红十字会向以"博施济众"、"保民惟仁"为职责，在风灾发生之后，立即做出反应。中国红十字会上海总办事处与美国红十字会携手合作，共同派遣医疗队赴潮汕地区赈灾。"各处医生等自告奋勇，愿往汕头者颇不乏人。"[4] 两国红十字会组成医疗队于8月12日和8月26日派出两批医疗救护队前往灾区救助。[5]

---

[1] 郭绪印：《老上海的同乡团体》，第173页。

[2] 孙钦梅：《潮汕"八·二风灾"（1922）之救助问题研究》，第58页。

[3] 《汕头风灾之大惨剧》，《申报》1922年8月13日，第10版。

[4] 《红会为汕头风灾筹赈》，《新闻报》1922年8月14日，第9版。

[5] 《红会队医出发》，《申报》1922年8月13日，第15版；《中国红十字会救护汕灾》，《申报》1922年8月26日，第15版。

这是中美两国红会首次合作，这种合作是近代中国民间外交的一种方式，对于促进国家之间的合作、交流、互信和发展起到了推动作用。中国红十字会分布在广东各地的分会，如南海分会、汕头分会、澄海分会、番禺分会等，也都积极行动起来参与其中。澄海分会在灾后即组织医疗队，由队长颜钦洲、医长吴济民率领前往灾区。第一次前往鲍江灾区，共医治200余人；第二次前往潮阳，医治290余人；第三次前往外砂、莲阳等处，医治430余人；第四次前往潮安、东陇等处，医治279人；第五次前往鸥汀乡，与中国红十字会总会总办事处特派医疗队会合，医治灾民多人；第六次配合总会再往乌江区、大场乡等处，医治数百人；第七次总会医疗队前往潮阳，澄海分会仍派员协助。[①] 在危难面前，红十字会发挥相当大的作用，它们将许多灾民从生死线上救回。

上述善堂善会、红十字会和各地潮汕同乡会等慈善公益组织参与救灾是赈灾社会化的体现，而海外华侨、国际组织和外国政府的参与，则是救灾国际化的表现。民国时期，由于中外联系的加强，中国发生的重大灾难很快会受到国际社会关注。"八·二风灾"消息传到海外，潮汕素称侨胞之乡，上百万潮汕籍侨胞纷纷捐款，积极助赈。[②] 泰国华侨在泰国华商总会的组织下，由十余个潮剧团，如"老赛宝丰"、"正天香班"、"一天彩"、"老一枝香"、"中正顺兴班"等，举行联合义演，"在短短的一个多月时间内，即筹募泰国各界捐款25万铢（泰国货币单位），帮助赈济

---

① 池子华、郝如一主编：《中国红十字会百年往事》，合肥工业大学出版社，2011年，第67页。

② 据学者研究，1862—1908年期间，每年从汕头乘船往外洋者有四五万人，最多年份约近10万人，1904—1935年出洋总数达298万人，同期回国人数146万人。见庄义青、洪松森：《华侨与潮汕》，《韩山师专学报》1984年第3期。

潮汕灾民"。[①] 他们还派许少峰等6人带着25万铢捐款回到汕头，设立"暹罗赈灾团"，具体办理赈济米食、施赠被衣、筹助耕牛、修堤浚河、捐助贫民工艺院等捐款使用事宜。[②] 新加坡潮州人娱乐团体余娱儒乐社募捐约达叻银三四十万元之巨。金星俱乐部举行演剧筹赈，一举筹得叻银一万多元。华侨个人通过四海通银行汇寄赈灾款，为数总共不下20万元。[③] 海外侨胞以自己辛勤劳动所得，献输于桑梓之地，拯救巨灾中的同胞，使得潮汕灾民获救无数。

外国友人和外国政府也伸出援助之手，是这次赈灾国际化的又一明证。风灾发生后不久，港英政府"拨万元助赈"，且"运米与汕头英领事，赈济灾民"。[④] 8月8日港政府"致书汕头英领事，嘱代表港政府向华员吊灾，并询问急需何种辅助"，并告知"港政府已运米及饼干前往汕头施给灾民"。[⑤] 8月12日，又"由海康轮付汕米一百包，饼干一百三十二包，面包四包，为散赈汕头居民之用"。[⑥] 美国、秘鲁、马来西亚、菲律宾、巴拿马、越南等国的许多城市也汇来捐款，统交香港东华医院委托代为散赈。泰国六世皇在与闻潮汕风灾后，特御赐泰币5000铢赈济潮汕灾民。[⑦] 在上海租界的许多国外团体，如法国商会、英国商会、

---

① 林济：《潮商》，华中科技大学出版社，2001年，第180页。
② 钱刚、耿庆国等主编：《二十世纪中国重灾百录》，上海人民出版社，1999年，第146—147页。
③ 《潮州华侨对祖国桑梓的贡献》，潮州市委员会文史编辑组：《潮州文史资料》第7辑，第55页。
④ 《汕头大灾后之港讯》，《申报》1922年8月14日，第10版。
⑤ 《香港电》，《申报》1922年8月9日，第4版。
⑥ 《汕头大灾后之港讯》，《申报》1922年8月14日，第10版。
⑦ 林济：《潮商》，第180页。

大主教会以及美国红十字会等慷慨解囊，协力救灾。1922年9月初，"法人商会近向会员捐集汕头赈款一千二百八十五元，连前助之一千七百二十五元，共三千零十元，又天主教教会亦会助捐二千四百八十元八角"。① 美国红十字会不仅由上海分会派出医疗队赶赴灾区直接救灾，其华盛顿总会还捐助美金1万元，其中国各地分会又募捐11858.73元，拨解灾区，办理赈务。② 国际社会的上述行动，体现了民国时期中国政府和民间组织与国际社会联系日益密切，中国素抱的闭关主义已被开放主义所代替，救灾主体融入国际元素对于积贫积弱的中国来说不仅可以筹集到赈灾资金，弥补政府救灾金的严重不足，而且还可以学习国外先进的救灾知识、技术和经验，为更好地应对海洋灾害，促进中国救灾事业发展，起到推动作用。

从以上论述可以看到，民国时期海洋灾害发生后，赈灾系统已经打破了传统由官方救灾为主的封闭性，转向多维度开放，既向中国社会开放——救灾社会化，又向国际社会开放——救灾国际化。救灾主体由政府垄断到政府、民间组织与国际社会联合，多元化呈现，是自晚清以来国家与社会力量悄然转换的结果，表明了中国现代化过程中民间组织和国际社会一道成为推动政府转变角色，推进社会现代化的重要力量。

综上而言，近代中国在应对海洋灾害的技术手段和方式上发生了质的变化。在预测预警手段上，到民国时期沿海地区初步建立海洋气象观测网，形成了徐家汇观象台和青岛观象台两个观测

---

① 《法人捐助汕头振款》，《申报》1922年9月9日，第14版。
② 《美红会捐助汕赈消息》，《申报》1922年9月17日，第15版。

中心和几十个观测站，建立起对海洋气象灾害的预测预警机制，将防止海洋灾害关口前移。在灾害信息传播技术上，从传统标识性的旗帜信号和灯塔发展到电报、电台、报纸等听觉和视觉多种现代传播方式，传播速度提升，受众扩大，为防灾赢得了时间，也降低了海洋灾害造成的损失。在赈灾方式上，近代从闭关锁国走向融入世界经济体系，开放的加大使得赈灾方式体现出社会化和国际化特点，不仅国内善堂善会、红十字会和同乡、同业等公益组织被吸纳进赈灾体系中，而且旅外侨胞、国际人道主义组织、外国政府及驻华领事和机构等都以各种不同方式参与到救灾活动中，从而使赈灾成为一项社会共同参与的事业，在促进赈灾事业发展的同时，也使国民参与意识和权利意识得以提升。

第二章 近代应对海洋灾害实践考察

本章将通过具体的案例，考察近代中国应对海洋灾害的实践，比如海塘是如何筹资、修筑和管理的，海冰灾害和海潮灾害是如何应对的。通过对具体的案例进行考察，可以更深入地认识和了解近代中国在海洋防灾救灾过程中体制与机制变革的生动实践。

第一节 近代江浙海塘修建修复与管理制度 ①

海塘是应对海洋灾害最基本的物质手段。江浙海塘的修筑历史悠久，积累了丰富的筑塘经验。近代以降，随着救灾社会化趋势的不断增强，修筑海塘的经费来源呈现多元化，如政府、慈善组织、同乡会、国外慈善机构等等；筑塘技术在传承古代先人经验的基础上，不断采用近代新方法，如水力学、材料力学、工程力学等土木水利工程专门知识在海塘修建中发挥了重要作用；新建筑材料比如钢筋混凝土的使用，使海塘更加牢固，抗冲击能力增强；在修建方式上，注重以工代赈；管理上则实行中央与地方分级管理、分级负责。这些新的变化，是近代社会变革在修筑海塘上的缩影，从中也可以管窥近代海洋灾害应对机制变革的深度和广度。

---

① 本节主要内容参考了蔡勤禹、高铭：《中国近代应对海洋灾害机制变革研究——以江浙海塘修建为例》，《东方论坛》2022年第3期。

一、经费筹集多元化

中国古代的海塘修建主要通过徭役来完成，经费主要由政府来出资。宋代开始，随着中国经济重心南移，江南地区开发加大，海塘的修建规模越来越大，仍多是政府出资。元代开"塘捐"先例，经费主要靠当地居民按亩出粮或者折价出钱。到了明清时期，海塘经费来源多样化，主要包括政府出资、乡绅捐赠等方式。到了民国时期，海塘所需经费部分由国家水利经费项目支付。但因政局不稳，经费来源时常中断。所以，修建海塘经费来源更加多元化，既包括政府出资、按亩摊派、发行公债，也包括社会组织捐款、外国捐款等。各地区具体情况不同，经费来源也多有不同。

（一）政府筹资

1. 借帑。

海塘工程规模大、成本高，需要政府财政的大力支持。清朝末年，中央财政危机严重，官府无力单独承担修筑费用，往往以贷款的方式给予援建，待竣工之后，再按摊征归还，这就是"借帑"修塘的方式。据相关史料记载："道光元年，华亭知县汪淇请帑修筑石坝土塘。三十年，知府顾兰征、华亭知县帅宗羲详请借帑修筑海塘二千三百余丈，于塘顶间五丈积土牛一座。"[①]可见，借帑成为经济困顿时修筑海塘的一种方式。

2. 岁修费。

岁修制度起源于明末，到了清代才真正开始推行。清代海塘的岁修由国库拨出专款，并对岁修制度有具体规定。为了加强对

---

① 光绪《华亭县志》卷四《海塘》，第359—360页。

塘工岁修的管理，清代后期在江南海塘特设"塘工岁修局"，各县派遣驻塘委员负责岁修事务。但是清代晚期，政治腐败，岁修财政紧缺，海塘岁修制度流于形式，没有真正实施下去。

民国时期，地方政府重视海塘的岁修经费。浙江省水利厅规定："塘工经费，分为岁修、月修和抢修。属于险要工程的，必须要整修的属于岁修；其他小型工程，每月约估为若千元，列为月修；至于临时性的工程，出人意料之外，每月约估若千元，列为抢修。"① 从表2-1可以看出1929—1932年钱塘江海塘的岁修经费情况：

表2-1　1929—1932年钱塘江海塘岁修经费概况表

（单位：元）

年份	杭海段	盐平段	萧绍段
1929年	40779.137	13612.186	17808.582
1930年	70753.788	36095.605	99299.916
1931年	252344.2	5061.145	12215.045
1932年	96272.89	27510.171	61677.35
总计	460150.015	82279.107	191000.893

材料来源：陈德铭：《浙江海塘公费之统计与分析》，《浙江省建设月刊》1933年第6卷第11期，第76—77页。

江苏省政府曾训令："江南海塘岁修经费，自民国二十四年起，每年省建设经费下，列支六万元，有关各县建设经费内摊列四万元，分别编入省县预算，共计十万元。"② 岁修费作为政府修筑海塘的经常性经费，列入每年的财政预算。当进行大修时，岁

① 陈德铭：《浙江海塘公费之统计与分析》，《浙江省建设月刊》1933年第6卷第11期，第76—77页。
② 《建设江南海塘岁修情况》，《江苏月报》1935年第4卷第5—6期，第115页。

修费就不敷使用，需要从其他途径来筹集。

3. 按田计征。

近代江浙海塘工程经费以受益各县按田亩带征为主。江苏省采取按亩摊派来修建海塘，如1915年江苏省署筹修宝山海塘，召集吴县等十四县官绅集议筹款。[①] 当时以宝山海塘关系密切之苏、松、太三属民田，议将塘工经费分作三成，其中二成由地方担任，按亩分摊，一成由国家辅助。[②]1912—1937年，修建钱塘江北岸海塘时，浙江省曾在征收田赋时先后带征塘工捐、水利费等，并沿袭清制仍在茶、茧、丝捐中附征塘工捐。萧绍海塘经费沿袭清代的公款生息款和随田赋征塘闸捐等。百沥海塘的修筑经费在1924年前后亦曾按田亩随赋征塘工田亩捐，且根据受益范围，征及余姚。1934年7月，南汇、川沙两县沿海圩塘修筑竣工，政府带征工赈亩捐，每亩一角。[③]

4. 发行债券、奖券。

民国时期，由于各个地区海塘情形不同，海塘经费来源也不尽相同，各地因地制宜，采取多种措施筹集海塘经费。宋乃德担任阜宁县长时通过发行债券，筹资筑堤。1939年8月29日晚，"飓风骤袭苏北沿海一带，潮汛与风信一致冲击，暴雨兼注，海湖水位激高数丈，亘三昼夜始稍杀，演成海啸惨灾。以致南通、如皋、东台、盐城、阜宁、涟水、灌云等县滨海居民不及逃避，被淹没者约一万数千人，尤以阜盐东灌四县为重。即以阜宁一县而

① 十四县指的是吴县、奉常、常熟、金山、昆山、川沙、吴江、太仓、上海、嘉定、松江、宝山、南汇、青浦。
② 郑肇经：《中国水利史》，商务印书馆，1993年，第312页。
③ 武同举：《江南海塘工程（五）》，《江苏研究》1936年第2卷第12期，第1—10页。

论，事后掩埋尸体达四千余具，随潮漂没者尚不在内"①。海啸发生后，地方名绅先后到省府吁请"堤堰复修，蓄淡刷卤"。但时任江苏省政府主席的韩德勤正忙于反共摩擦，对修复海堤没有重视。在舆论的压力下，韩德勤答应拨款20万元，几经克扣，除去行政费用，所余不足10万，结果只修了一道低于高潮位的海堤，当年即被海潮冲决。直至1940年10月，原八路军第五纵队供给部长宋乃德担任阜宁县长，地方士绅向其反映1939年潮灾和韩德勤修堤失败情形，提出"欲稳政权，先修海堤"的建议。宋乃德当即将修复海堤列为救灾恤难的头等大事。次年2月，阜宁县参议会开会，开明士绅田厚斋、邓松三、计雨亭三议员联署提出修堤案，会议决定修堤经费以盐税作抵，发行公债，堤修好后由政府偿还，并建立修堤委员会，由宋乃德兼任主任。由于战争原因，原计划发行筑堤公债100万元，结果只售公债60万余元。整个工程分南段和北段，用时40多天，修筑成3米多高、底部18米宽、90华里长的大海堤，经受住天文大潮的多次冲击而不毁。②这种发行债券筹资的方式在近代江南和其他沿海地区多有实施。比如，周醒南在1920年左右任职厦门市政会、厦门市堤工办事处等，负责厦门新区的规划、建设和施工。在建设过程中，周醒南发行"兴业地价券"以筹修筑海堤之资金，筹得资金100万元，并将工程用投标形式判与建筑公司承包撙节经费，最后与南兴公司签订合约，由其出资修筑鹭江道第一段海堤。③

---

① 《苏北七县海啸受灾状况》，《新闻报》1939年10月22日，第8版。

② 汪汉忠：《转折年代的苏北海堤工程——从"韩小堤"和"宋公堤"看历史转折的必然性》，《江苏地方志》2011年第4期。

③ 周子峰：《近代厦门市政建设运动及其影响（1920—1937）》，《中国社会经济史研究》2004年第2期，第95页。

为了筹措修塘经费，1918年11月，浙江省财政厅长张厚璟呈请国务会议议准，开办绍萧塘工奖券，得到批准，并在上海承印，第一期共印刷4万张，分别由江南水利局上海分局分销1.5万张，湖北中国银行分销1万张，杭州分销1万张，宁波中国分银行分销5000张。[①] 至1922年11月止，共办49期，实筹得款211万余元，先后拨塘工经费116万余元。[②] 这种将娱乐与救济相结合的奖券筹资方式，在民国是比较流行的一种救灾募资方式。

5. 善后赈款。

抗战胜利后，行政院善后救济总署投入了极大的财力、物力和人力修筑江浙海塘，成立了江南工程处主持海塘的修筑。中央拨款20亿元，行政院善后救济总署苏宁分署拨给工粮面粉3700吨。工程分两期进行，修筑了宝山等处海塘5000公尺。在修建浙江海塘时，1946年成立了浙江省塘工会，办理海塘修复事宜。工程分两期进行，共投入约80亿元。到1947年12月，第一期共计完成修筑柴塘1500公尺、石塘工程1305公尺、盘头87座、担水工程888公尺、护堤工程6284公尺、块石护塘脚工程5612公尺，修理水闸7座；第二期完成挑水坝9座、重建海塘700余尺、修建护岸1502公尺。此外，由于浙江海塘工程浩大，关系重要，还拨发了工粮4000吨，工米1000吨，工程器材2900余吨。[③] 行政院善后救济总署作为承接国际善后救济总署的办事机构，为战后恢

---

① 《塘工奖券之配销》，《申报》1918年10月17日，第7版。
② 浙江省钱塘江流域中心、浙江省钱塘江管理局：《钱塘江水文化·治江历史（中华民国）》，http://qtj.slt.zj.gov.cn/art/2021/11/2/art_1229243586_54738581.html，2021年11月2日。
③ 行政院善后救济总署编：《行政院善后救济总署业务总报告》，六联印刷公司，1948年，第218—220页。

复做出了相当贡献。

（二）民间筹资

在中国古代，民间社会通过家族、乡绅和会馆等来捐资修塘，这种捐赠和筹资主要用于捐资人家乡的海塘修筑，重地缘关系，对于跨地区乃至跨省的捐赠少有记载。近代以来，通过民间集资来修筑海塘也较为常见，与传统社会相比，不仅出现了不分地域，进行跨地域救济的慈善组织募资修筑海塘，还产生了新的筹资方式，如南通模式的股份制形式。

1. **南通模式。**

光绪二十七年（1901年），著名实业家张謇在南通创办通海垦牧公司，采用股份制方式募集修堤资金。公司在建伊始，连遭潮灾重创，被迫停止牧业。为减轻潮灾危害，遂开河筑堤。张謇将堤分三种：外堤为用于挡潮的大堤；里堤为通海河港两侧的堤岸；格堤为各区周围的小堤。当外堤、里堤被海浪冲决时，仍有格堤阻挡海水入内，以缩小受灾范围。至1911年，通海垦牧公司"堤成者十之九五"，各工程如河堤、桥梁、道路、水闸等均已齐全。张謇开创的潮灾风险防范新模式是苏北沿海水利建设的新创举，其在《垦牧乡志》写道："继垦牧而起者，南通有大晋，如皋有大豫，东台有大赉、大丰、南遂，盐城有大祐、泰和、大纲，阜宁有华成、阜余、新南，盐垦公司十余，其地视垦牧小者倍，大辄七八倍。"[①] 在通海垦牧公司的示范和影响下，各盐垦公司纷纷成立，掀起了苏北沿海滩涂开发的高潮，进而有效地减少了潮灾对苏北的危害。

---

① 张謇：《垦牧乡志》，《张謇全集》，江苏古籍出版社，1994年，第398页。

2. 慈善组织募资。

近代以降，慈善组织和其他民间团体参与公共事务成为常态，每逢大灾，慈善组织跨地域的捐赠及国外组织的跨国捐赠，成为弥补政府财力不足的主要方式。1931年，江淮大水灾后，为修筑钱塘江海塘，曾有国民政府水灾善后经费、上海市所拨码头捐、铁路客票附加赈捐、红十字会捐款等修塘经费。浙江旅渝、海宁旅沪同乡会也曾筹措经费，上海、汉口的绅商劝募捐款成为钱塘江海堤财源之一。[①] 中国华洋义赈会是专门从事建设救灾的慈善团体，在镇海，1921年由华洋义赈会用以工代赈方式用银2.98万元修筑崩塌灵绪塘。1922年，用华洋义赈会余款13.88万元，修石塘1020丈、土塘3400丈。[②]

由此可见，民国时期海塘修建资金来源、资金筹措和资金形式呈现多元化特点，海塘修建经费既有政府财政的拨款，也有地方政府通过按亩摊派、发行公债、铁路客票附加及盐税等方式筹集。此外，随着近代慈善组织兴起，慈善机构在海塘修建过程中也发挥了一定作用，以华洋义赈会为代表的慈善组织以捐款、捐物的方式来协助海塘的建设，一定程度上缓解了海塘修建经费的紧缺状况。

二、海塘修建方式与施工管理

海塘修建是一项大型工程，采用什么形式修建，关系到修建

---

① 钱塘江志编委会编:《钱塘江志》，方志出版社，1998年，第493—495页。
② 王毓玫、吕瑾:《浙江灾政史》，第396页。

的质量效率问题，也影响到沿海地区灾民收入问题的解决。

（一）以工代赈

以工代赈是指被救济的对象通过出工投劳以获取救助的一种赈济形式。以工代赈自古有之，先秦时期就已经出现，到了近代被大力提倡与推广，其主要用于救灾，被称为"最合科学原则及最适于实用之救灾办法"[①]。

民国时期，在每一次大的灾荒赈济中，工赈发挥了重要作用且成效显著，成为政府及民间组织重要的赈灾手段。海塘集中的江苏省和浙江省，多次以工代赈来修建海塘。"民国四年，江苏巡按使齐耀琳召集吴县、太仓、宝山、松江等官绅，开会商议筹海塘工费，工程于同年六月开始，大修宝山县东西两塘，三年竣工。十一月，川沙县开办工赈，修筑八九团新旧塘工。十二月又修复宝山、吴淞等地的新式塘工。"[②]

1917年，宝山县在修复海塘过程中在塘边种树保护海塘，并逐渐在各县推广。[③]1923年，对宝山东塘进行修复，修建新式塘工，用钢筋混凝土加牢；同年，还修复了太仓方家庵等地塘工。[④]"民国十八年议建松江塘第三段水泥桩板岸墙新式工程，并修整二四两段。"[⑤]

1933年9月，南汇、川沙两县沿海圩塘，经两次异常风暴潮灾，多处决口，冬春工赈修筑。南汇县此次修塘，南自二团六港

① 北京国际统一救灾总会编：《北京国际统一救灾总会报告书》，1922年，第29页。

② 武同举：《江南海塘工程（四）》，《江苏研究》1936年第2卷第7—8期，第4页。

③ 武同举：《江南海塘工程（四）》，《江苏研究》1936年第2卷第9—10期，第1—3页。

④ 武同举：《江南海塘工程（四）》，《江苏研究》1936年第2卷第11期，第3页。

⑤ 武同举：《江南海塘工程（五）》，《江苏研究》1936年第2卷第12期，第3页。

起，向北至七团，与川沙县交界止，连续无断。①

1934年夏，江南大旱，陈果夫借此机会，以工代赈，疏浚江南河道，整顿海塘工程。最终，加固、整理、改建了从苏浙交界之金山卫（现属上海市）起到常熟福山港沿线300多公里中的16000多米，使16个县得到屏障。②

1946年2月，江苏省建设厅与联合国善后救济总署苏宁分署联合设立江南海塘工赈处，以工代赈，修筑江南海塘。③

浙江省亦曾多次用工赈修建钱塘江海塘、浙西海塘等。抗日战争胜利后，行政院善后救济总署浙闽分署，以工代赈，修复因战争破坏的水利工程。（见表2-2）

表2-2 善后各项海塘工程工赈一览表

受益海塘工程	供应物资（单位：吨）				修建时间
	面粉	大米	洋麦	水泥	
钱塘江海塘工程	1765.03	1987.69		2000	1946年开工，1947竣工
各县抢修工程包括：余杭的西塘堤、萧山的海塘、海盐县海塘等	631.775	4.462	638.1	2960	1947年竣工

资料来源：《民国重修浙江通志稿·行政》卷七三，转引自王毓玑、吕瑾：《浙江灾政史》，第393页。

民国时期，不仅政府以工赈方式修建海塘，民间团体也参

---

① 武同举：《江南海塘工程（五）》，《江苏研究》1936年第2卷第12期，第10页。
② 刘五书：《论民国时期的以工代赈救荒》，《史学月刊》1997年第2期。
③ 浙江省钱塘江流域中心、浙江省钱塘江管理局：《钱塘江水文化·治江历史（中华民国）》，http://qtj.slt.zj.gov.cn/art/2021/11/2/art_1229243586_54738581.html，2021年12月18日。

与到工赈修复海塘中，其中最著名的中国华洋义赈会在民国救灾工赈中发挥了重大作用。"在民国十年，清代的灵绪塘旧址坍塌四十余处，华洋义赈会用以工代赈修筑，花银2.98万元。"[①] 工赈在民国救灾体系中扮演了十分重要的角色，将建设与救济结合，起到"寓建设于救灾"的作用，有利于受灾地方基础设施改善。在江南海塘修复中，还可以看到官绅合作商议筹资，在设计和用料方面都有了改进和提高，并通过植树这种方式来抵御风暴侵袭和水土流失，展现了近代在海塘修复和修建上的新特点。

（二）政府督修与施工管理

晚清时期，地方府县的官员督修为当时定制。民国时期仍由水利局负责修筑海塘事宜。1928年浙江省水利局成立，其当时开展的重要工作，首先是在原有基础上，对全省主要河流的地形、水文、气象等进行测量，形成基础资料。其次就是兴办水利工程，仍以修理养护钱塘江海塘工程为主，兼及各地方水利工程。抗日战争胜利后，浙江省水利局得以恢复，其首要任务就是修复沦陷区损毁的水利工程，包括钱塘江海塘工程和各县水利设施，对钱塘江北岸进行了抢修，使抗战时期被损坏的塘堤得到部分恢复。

民国时期对海塘工程的施工管理，承袭清代制度的合理部分，同时又吸收一些外来经验，形成一套新的制度，即在海塘修建的时候，先期视察，筹备兴修各段海塘；根据考察情况设计图表、施工细则和预算表，然后以招标的方式确定施工单位，派人督建海塘，对施工注意细则等一一做出说明。工程的兴办，根据批准的设计图表、施工细则、预算书，采取公开招标方式。比

---

① 王毓玳、吕瑾：《浙江灾政史》，第396页。

如，1931年，浙江省水利局投标规则规定：

一、投标人须曾办塘工或土木工程确有经验者；

二、投标人须有殷实商铺负完全责任之保证；

三、投标须先期向本局缴洋两元，购阅图表承揽格式、施工细则及规定标纸。并至实地详细考察一切，然后将块石及抛工单值，并块石重量，详细填明标上；

四、投标人于投标时，须将石样随同投标书呈局，并于石样上注明包工人姓名及采办地点；

五、投标人于投标时须缴纳预算总额5—10％的保证金，于本局领取收条。开标后不得标者，保证金须于本局与得标人订立承揽后，随时凭条发还。得标者保证金，照承揽第十三条办理，其得标而不愿承办者，将保证金充公；

六、不得标者，领取投标保证金时，须将所领之图表格式细则等件缴还；

七、投标人须将准确姓名、年岁、住址、履历及保证人姓名、职业、住址，详细填明标上，并将标函用火漆封固投入标柜；

八、投标人须将工程开工完工日期，及每日运到块石方数，分别填明标上；

九、得标人以确有经验，标价低廉，工程迅速，及每日运到块石方数多者为合格，否则得拒绝之；

十、得标人须于开标后三日内，邀同殷实铺保，来本局依照承揽格式，订立承揽。倘逾限期，即将所得之标作废，并将已缴之保证金充公；

十一、得标人须于订立承揽十五日内，布置完成，保证开工，非因特别障碍，不得展延；

十二、投标地址在杭州浙江省府建设厅，开标时由省厅委员莅临监视。①

从投标规则可以看出，浙江省水利局对于海塘修建的施工管理有严格的规定。此外，海塘管理部门还制定工程预算办法、查验塘工规则等。工程竣工后，除须具备竣工图表、决算之外，还须附工程主办单位的承修印结和验收人员的切结，据以核销工程经费，存档备查。制定投标规则及在修建中的各种管理办法体现的是一种现代的管理办法，管理、监督、执行等各个机构分工明确，一定程度上可以保证海塘的修建质量，还可以防止海塘修建过程中腐败现象发生。

三、新技术与新材料的应用

海塘修建材料和技术的应用，反映了社会生产力的发展水平。随着近代以来先进科学技术的传入，新材料、新技术和新知识开始投入到海塘建设中。钢筋混凝土技术传入并逐步应用到海塘建筑中，使得海塘的坚固程度有了很大的提高。得益于现代力学和工程学知识的使用，人们可以更科学地设计适合本地区的海塘。

（一）传统海塘修建材料和技术

海塘材料的耐压性关系到海塘的坚固程度。传统社会沿海居

① 《修正水坝投标规则》，《浙江省建设月刊》1931年第4卷第10期，第26—27页。

民在修建海塘时主要以土和石头为主，还曾经使用过木板、柴草等材料，作为辅助性的工具来保护海塘。

土塘是我国最早的海塘工程塘式，由于其取料方便，结构简单和建筑速度快，自古以来都是我国海塘的主要类型。即使到了近代，土塘仍在修筑，如"光绪九年，委员金彭增筑南汇县外土塘"，"光绪十四年八月，委员童毓昌修筑东塘育字号周塘、景字号土塘，并增建护塘护滩诸坝"，"光绪二十五年七月，委员程庆明修筑宝山县西塘，五岳墩筑黄窑湾土塘，并护塘护滩椿石及石坦坡"。[①]

板塘又名桩板塘，由土塘演变而来，主要以土、木为原料，其筑法是先在土中深钉圆木巨桩两排，排桩内的两边各叠以宽厚木板，然后用土或碎石填筑，层叠层填土、石。板塘的弱点是：塘身不高且直立，板极易松散，容易导致塘身坍塌，而且木头容易腐烂，塘身也很容易毁坏。所以随着修塘技术的发展，板塘技术就不再使用了。[②]

柴塘，又名草塘，主要以芦苇与土为原料。清代前期曾修筑过柴塘，但柴草容易腐烂，导致塘身不够坚固，使用时间不长，所以要年年修补。这种海塘只能作为应急之用，不能使用长久，清康熙以后便不再使用。[③]

石塘以石头为原料，适用范围较广。明清时期，东南沿海的原筑土塘，许多已经改建为石塘。石塘不仅适用范围广，类型也越来越多，如五代吴越时期在杭州海岸一带修筑的竹笼石塘，元

① 武同举：《江南海塘工程（三）》，《江苏研究》1936年第2卷第6期，第3、6、8页。
② 王毓玭、吕瑾：《浙江灾政史》，第378页。
③ 同上。

代的石囤木柜塘等，其中最著名的是明代的五纵五横鱼鳞塘和清代的鱼鳞大石塘。[①] 清代钱塘江海塘，"杭海段石塘及混凝土塘六十二公里，土塘及柴塘七十六公里；盐平段计石塘十八公里，土塘四十八公里"[②]。石塘坚固，使用年限长，成为最广泛的一种海塘材料。

（二）近代新技术和新材料的运用

近代以后，随着水泥和钢筋等更具有耐力性和坚固性的材料和技术传入中国，钢筋混凝土材料开始应用到海塘的建设中，增强了海塘的抗击性。同时，根据勘定海塘不同损毁情况"因地制宜，不事铺张"的修建方法，也体现了海塘修筑的科学化。

民国时期，在江浙海塘修建中，新材料已经得到使用。1923年春，"宝山县塘工岁修局委员鲍思涵监修东塘育字号铁筋混凝土岸墙新式工，修筑爱字、育字及西塘陈华浜、张家宅等段桩石工，岁终先后告竣"。1923年3月，"委员蒋钤炜修筑太仓县刘河口南第二、四两段塘工，又筑方家堰铁筋混凝土岸墙新式工"。[③]1923年，"宝山东塘进行修复，始用钢筋混凝土岸墙新式工，是年修太仓方家庵塘工，十三年，修宝山东塘及修太仓刘河口北段塘工，十四年修太仓道朝塘工等，亦均用铁筋混凝土墙新式工"。[④]1928年二三月间，"宝山县塘工岁修局主任鲍思涵监督修西塘石洞、北王庙、东塘首、遐迩各段，铁筋混凝土岸墙新式

① 汪家伦：《古代海塘工程》，水利电力出版社，1988年，第45页。
② 陈德铭：《浙江海塘公费之统计与分析》，《浙江省建设月刊》1933年第6卷第11期，第76—77页。
③ 武同举：《江南海塘工程（五）》，《江苏研究》1936年第2卷第11期，第3页。
④ 郑肇经：《中国水利史》，第313页。

工"。① 民国时期，钱塘江北岸海塘新建动力式混凝土塘3431米，新建扶壁式钢筋混凝土塘167米，重力式石塘压灌水泥沙浆1736米；钱塘江南岸海塘新建动力式混凝土塘1555米，重力式石塘压灌水泥沙浆736米。② 在整个海塘修筑中，新材料占的比例并不大，但它是未来建筑材料发展方向。

1931年江苏沿海遭受大潮侵袭海塘损害后，江苏省政府立刻组织江南塘工善后委员会，筹集经费50余万元，根据损坏情况，确定了如下修复计划并付诸实施："1. 甲种桩石工程，三桩三石。头层桩石后，改用块石混凝土，最险工段如宝山之薛家滩，太仓之道堂庙等处用之。2. 乙种桩石工程，二桩二石，头层排桩后，覆以松板，藉护桩后石块，次屋工段宝山之顾隆墩，太仓之王家宅，常熟之徐六泾口等处用之。3. 松江条石大石塘工程，略师旧式石塘之制。惟基础用混凝土，并以力学支配底桩。松江金山嘴第二段用之。盖此处面临大洋，潮浪之大，非他处可比，故非建此条石大石塘，不足以策万全也。4. 水泥工程，原有新式工程之损坏修补用之。"③ 此次海塘大规模修建再一次体现了现代技术和材料在海塘建筑中所发挥的重要作用。

江苏、浙江海塘自北到南绵延一千多公里，钢筋混凝土海塘范围有限，并没有大面积地推广开来，大部分地区的海塘仍然以土塘和石塘为主，原因是民国时期政治动荡，政府财力有限，加上石塘的耐用，以及中国的钢材和水泥等重工业不发达，不足以支撑大规模的海塘设施建设。

---

① 武同举：《江南海塘工程（五）》，《江苏研究》1936年第2卷第12期，第1页。
② 王毓瑚、吕瑾：《浙江灾政史》，第395—396页。
③ 吴钊：《江南海塘之回顾与展望》，《复兴月刊》1933年第2卷第1期，第8—9页。

（三）新知识的运用

近代海塘修建过程中，一些获得数学、力学、物理学等学科训练的专业人才加入到工程技术行列，将新的科学知识运用于海塘的设计和修建，极大地提高了海塘的设计和建设的科学性。

1934年《修建江南海塘计划概要》一文所载图示显示，旧式海塘都采用陡立式的垂直建造方式，潮水上涨时直接撞击海堤，形成巨大的冲击力和破坏性；而修复的新海堤则在旧海堤基础上进行改进，在海堤底部增修了缓坡式的防潮堤，使海潮能够缓缓爬升，消解海潮的冲击力，从而减少对海堤的破坏。[①]

抗日战争期间，上海市海塘受到严重破坏。抗战胜利以后，政府着手开始维修海塘。在设计方案中，政府将上海浚浦局数十年关于土坡安定之研究的成果和新兴土壤力学知识相结合，大量使用了工程力学的知识来设计塘身安全坡度，其所用之平衡理论主要的方法是 ø（表示直径）圆法和天然坡面法两种。前者系 Gilboy 及 W. Taylor 二氏就圆弧滑动面上计算方法，加以相当之变更，使计算简单；后者系工务局工程司杨乃骏研究所得之设计方法，应用数学原理，推算土壤天然之形态，用最简单之圆形，决定土坡之安定程度。[②]

四、海塘管理机构与法规

近代以来，针对海塘管理形成了一套管理机构。中央有专门的水政部门来管理，并不断提高水政部门的地位。在地方，各省

---

① 《修建江南海塘计划概要》，《江苏建设》1934年第1卷第1期，第34—39页。
② 朱国洗：《上海市浦东海塘修复工程》，《上海工务》1947年第2期，第4—10页。

建设厅专管省内水利工程，下设海塘工程处、塘工事务处等机构专门来管理海塘事务，同时还细化对各区的管理，将其分段分区管理。这样就形成了一套比较完善的从中央到地方的海塘管理机制，为海塘的修建和维护提供了保障。

（一）中央管理机构

中国政府历来将水政作为自己的一项基本职责。凡是较大的水利工程，都由中央政府派水工去完成。[①] 作为水政之一的堤塘，其兴建、管理、维修也不例外。古代水政归于六部之中的工部，在其下设立专门官员管理。到了清代，水政归于工部，地方也设立了专门的机构来管理海塘，形成了一套从中央到地方的比较完善的管理体制。

民国初年，水政归于内务、农工商两部。在内务部下设土木局，内有水工科，主要负责堤防、堤岸的修建。农商部的农林司同样有管理水利的职责。这样两部都具有管理水政的权利，导致职责划分不清，经费也无着落。到了1914年，设立全国水利局，直隶于国务院，职掌全国水利及沿岸垦辟事务。[②] 虽然设立了专门管理全国水政的机构，但是内务部和农商部仍然有管理水政的权利。由此看来，北京政府时期的水政是内务、农商和全国水利局主政的多头管理体制。

南京国民政府成立初，水政的管理分散于内政部、实业部等部门。同时对于各流域的管理都有专门的机构，如江浙海塘的管理属于太湖流域水利工程处，它是由江南水利局和浙西水利议事

---

① 张文彩：《中国海塘工程简史》，科学出版社，1990年，第101页。
② 《全国水利局官制》，《政府公报》1914年1月第601号，第113—114页。

会于1927年合并而成，主要负责管理太湖流域的农田灌溉、海塘工程等水利工程。因此，国民政府决定改组全国水利行政机关，统一水利行政。当时，最高水利机关是全国经济委员会下设的水利委员会，专门办理水利建设事项。1934年，国民政府制定和颁布了《统一水利行政及事业办法纲要》和《统一水利行政事业进行办法》，规定："第一，中央设立总机关，主办全国水利行政事宜；第二，各流域不设水利总机关，其原有各机关，一律由中央水利总机关接收后，统筹支配，分别办理；第三，各省水利行政由建设厅主管，各县水利行政由县政府主管，受中央水利总机关之指挥监督。"[1]

全面抗战爆发后，南京国民政府迁往重庆，改组了部分行政机构，其中将全国经济委员会撤销，水政则划归新成立的经济部。到1941年，南京国民政府在行政院下设立水利委员会，专管水利，这是民国以来中央专设水利行政机关的开始。[2] 水利委员会主要负责"统筹各项航运、灌溉、水电、防洪等工程"[3]。

1947年，水利委员会又改为水利部，专管全国水利事务，同时颁布《水利部组织法》。[4]《水利部组织法》规定，水利部下设五司，分别是水政司、防洪司、渠港司、水文司、总务司，其中

---

① 郑起东：《南京国民政府农田水利的发展》，《中国经济史研究》2005年第2期，第24—25页。

② 曹必宏：《南京国民政府时期中央主管水利机关概述》，《民国档案》1990年第4期，第127页。

③ 《全国水利委员会即成立》，《水利特刊》1941年第2卷第12期，第20页。

④ 《法令：水利部组织法（三十六年七月十八日国民政府公布同日施行）》，《法令周刊》1947年第10卷第31期，第6—7页。

防洪司职责的第二条规定:"关于堤防之规划及修守事项。"[1] 可见，当时的堤防等设施的维修等都归水利部防洪司管理。

从上面考察可以看出，民国时期对于水政的管理从最初的政府两部加全国水利局的"三头单体制"到后来统一全国的水政，设立专门的部门来管理全国的水政，水政部门的地位不断提高。

(二)地方海塘管理机构

晚清时期，江浙两省地方政府设立专门海塘管理机构。1871年，江苏省设水利局，下设布政、按察两使，分办省内塘务，又于松江府设水利局，各县设驻塘委员会，分管江南海塘各段的保固和岁修。1874年，松江府又设海塘岁修局，专办各塘岁修。浙江省在1864年设立塘工总局，专办省内塘务。浙西海塘，于清代后期，初分三段管理，即西防海塘，设同知一员，驻仁和；东防海塘，设同知一员，驻海宁；乍防海塘，由嘉兴府同知管理，驻乍浦。到了光绪三十四年（1908年），清政府裁撤以上三防分段，在海宁设立浙江海塘工程总局，直属于浙江巡抚，专门负责维护杭州、海宁、海盐、平湖塘务。浙江海塘工程总局设立检测所、测绘所、海塘巡警、塘工议事会等机构，从而形成了一套分管工程、警务、议事的近代管理机构，也是首次以工程局来命名海塘管理机构。[2]

---

[1] 防洪司职责：(1)关于洪水之控御事项；(2)关于堤防之规划及修守事项；(3)关于报讯及防汛事项；(4)关于水利工程之规划及管理养护事项；(5)关于水利机械工具研究改进及推广事项；(6)关于民营水利事业督导事项；(7)其他有关防洪事项。见《法令：水利部组织法（三十六年七月十八日国民政府公布同日施行）》，《法令周刊》1947年第10卷第31期，第6—7页。

[2] 张文彩：《中国海塘工程简史》，第104—105页。

到民国时期，地方管理海塘机构不断调整。1914年，江苏省成立江南水利局，统筹海塘的修建、维护。1929年，江苏省建设厅接收江南水利局，将其改组为江南塘工事务所，经营江南海塘日常维修及岁修事宜。1934年，江南塘工事务所改组为江南海塘工程处，驻宝山县，总理江南全县塘工，分全塘为太仓、宝山、松江三工程段，每段均委任工程师一名，负责日常维修，以方便管理。① 浙江省在1927年成立钱塘江工程局，下设杭海、盐平、萧绍海塘工程处。抗战时期，钱塘江工程局归浙江省水利局管理。② 1946年，钱塘江海塘工程局隶属于浙江省政府，办理海塘永久工程修建，由茅以升任局长。浙江省政府还对钱塘江海塘实行分段式管理，将其分为杭海段、盐平段、萧绍段，再将各段分为几个区，每个区驻有工程人员，管理该区海塘。③

民国时期的海塘管理，在中央从最初的"三头单体制"到政府统一水政，设立诸如全国经济委员会、水利委员会、水利部等部门统一管理水政，并不断提高管理部门的地位。在地方，各地都设有建设厅来管理水政工程，下设海塘工程处和海塘事务委员会等机构来负责海塘的修建和维护。

（三）管理法规

清朝末年，关于海塘管理的规定多记录于《大清会典》、《大清会典事例》等。在《大清会典》"工部"卷有水利条文和河工的详细记载。在《大清会典事例》"工部"卷的河工海塘卷中，分别对海塘职掌、海塘工程、塘汛修防、夫役、塘工做法等进行

---

① 张文彩：《中国海塘工程简史》，第105页。
② 《钱塘江海塘工程局成立》，《浙江经济月刊》1946年第1卷第2期，第44页。
③ 王毓玳、吕瑾：《浙江灾政史》，第391—392页。

了记录说明。

民国时期，为了加强对水政的管理，1930年国民政府行政院颁布《河川法》，对河川管理、使用、防卫、工程费用与征地等做了规定。1942年，国民政府颁布《水利法》，这是我国历史上第一部关于水权、水利工程、水资源保护、土地征用等内容的专门性水利法规。[①] 同时，各地方政府为加强本省的水利工程建设与促进其发展，调动各县的积极性，制定了适应本地区管理的法规。地方法规既有海塘管理的，如1913年浙江行政公署颁布的《调查全浙江水利实施细则》，又如1931年颁布《各县堤塘修防规程》，对于浙江省各县关于海塘岁修、海塘防汛、海塘养护、奖励的详细细则做了规定[②]；也有对海塘管理机关职责进行规定的，如浙江省建设厅下设工程处，专管海塘事务，并制定《浙江省各段海塘工程处规程》，明确了各工程处的主要职责[③]。不仅如此，浙江省政府同时还制定护塘条例，制定萧绍海塘的取缔章程、塘夫应守规则、杭海段海塘工程处各区护塘须知等，以明确责任，保证海塘的管理、修建。江苏省海塘也是如此，就不再赘述。

作为沿海地区最关键的保护屏障，海塘的修筑反映了中国从传统社会向近代社会的转变。在修筑经费筹措方面出现多元化，政府不再是唯一出资主体，而慈善组织捐款捐物，利用义赈的方

---

① 《水利法（三一年七月七日公布）》，《立法院公报》1942年第121期，第70—83页。
② 《浙江省各县堤塘修防规程》，《浙江省政府公报》1931年第1348期，第1—12页。
③ 《浙江省各段海塘工程处规程》，《浙江省建设月刊》1936年第10卷第3期，第156页。

式修建海塘，弥补了政府在修建海塘经费上的不足。在海塘修筑过程中，投标的方式和监督机制的建立可以预防和减少海塘修建过程中的偷工减料、腐败等问题。新材料、新技术和新知识的引入，使海塘修筑更具有科学性，并增加海塘的抗击性。在海塘管理方面，中央统一水政并设立专门的机构管理水政，提高水政地位，地方管理和修建海塘更加细化，分段式管理和维护，并且中央与地方制定相关法规，保障对海塘的修建与管理。但是，限于政局动荡、战争破坏、生产力水平较低及经济发展能力不足等外在原因，以及在修筑过程中，"设计往往失当，又或偷工减料"①的人为现象存在，新式海塘质量降低，海塘的毁损仍很严重并不能得到及时维护，风暴潮对沿海人民生命财产仍然构成了严重威胁。

第二节　1936年天津大沽口海冰巨灾与应对

每年冬季的12月至次年3月，在我国渤海的辽东湾、渤海湾、莱州湾以及黄海北部沿岸海域，皆有结冰现象发生，造成一定程度的危害。②民国时期在上述海域发生的严重冰难有1915年、1936年与1947年三次。③1936年冰难重灾区是渤海湾内大沽口及

---

① 吴钊：《江南海塘之回顾与展望》，《复兴月刊》1933年第2卷第1期，第4页。
② 孙湘平编著：《中国近海区域海洋》，海洋出版社，2006年，第300页。
③ 新中国成立以后，1957年和1969年也发生过严重冰难，其中1969年春发生在渤海的冰是有记载以来最严重的一次，其冰封范围之广、持续时间之长、危害之大，是罕见的，笔者将另文撰述。

天津全港，"大沽口外三百华里之内，一望无涯，顿成银世界"[①]。冰厚30—45厘米，最大达150厘米，在冰封期间，渤海盛行东北风，所以渤海湾沿岸冰的堆积现象严重，堆积厚度达3.5米以上，以致大沽口外形成"冰丘"[②]，商轮货船无法进出大沽口，影响交通至巨，又称"1936年大沽口冰难"，成为民国历史上最严重的冰难。由于资料受限，我们主要对1936年发生在渤海的冰难进行研究，还原海冰灾害发生经过，以及冰灾发生后政府和社会各界应对举措，并对这次冰灾应对情况进行总结，鉴往而知来。

一、冰灾发生经过

大沽口冰难发生于1936年1月下旬至3月上旬，其最严重的时间是在2月份。当时，整个渤海海域，除海区中央及渤海海峡外，几乎全被海冰覆盖。受灾最重的渤海湾是天津港的第一道出海门户，1936年度的海河年报写道："今冬之酷寒，不仅为本港多年所未见，恐也为将来所罕见，结冰之严重，实打破撞凌船维持冬航以来之纪录。……许多船只尤为马力小者，均为大冰田所困，任风、潮方向漂流，无法挽救。……在此期间，结冰情形极为严重，因潮流与风向使冰聚集坚厚，冰积之处有五尺至八尺之厚。"[③] 可以说，这场冰难持续时间长，破坏大，是民国历史上最

---

① 《民国二十五年份航业团体及其关系事业概况》，《航业月刊》1937年第4卷第12期，第175页。

② 海河工程总局编：《海河年报（1935—1936）》，转引自孙湘平编著：《中国近海区域海洋》，第307页。

③ 同上。

为严重的一次海冰灾害，时断时续接连发生了三次严重冰灾：

第一次严重冰灾的时间是 1936 年 1 月 28 日—2 月 5 日。1 月 28 日天气渐暖，但风向突然转为东风，原渤海湾内的冰块均被风吹聚到大沽口外。31 日，"由曹妃甸至大沽口一段，冰层深厚，而由甸往东，仅碎冰浮没，虽感觉困难，但船只竟尚能勉强入口"[①]。2 月 2 日，风向又转为东北风，使得冰块堆积成冰山，大沽口出入完全封闭。5 日，因冰凌相互撞击随即凝结，冰块愈结愈大，最大的凌块厚达一丈，面积达十方丈，漂浮在海河河道，致使太古公司的轮船湖北号、南宁号、惠州号，日本美昌公司的营口丸、大阪公司的华山丸、三北公司的瑞康、日本国际公司的长山丸等十余艘商轮被困于大沽口外冰凌中；海河工务局的破凌船在营救过程中亦受损伤，造成第一次严重冰灾。[②]

2 月 7 日下午起发生第二次严重冰灾。是时，受西风影响，气温有所上升，大沽口 30 里以外的地方冰层有所断裂，被冻各船渐能活动。然而，天有不测风云，9 日下午，气温突降，风向转为东风，致使大沽口外的冰块自东吹入海河，而且原上游松动流入大沽口的冰块并未流出，冰山又冻合，大沽口海面封冻，致使大沽口至上海、烟台、大连、香港各航线完全断绝，轮船停驶，造成第二次严重冰灾。[③]11 日午后天气转暖，大沽口海面逐渐解冻，口外冰凌有所松动，"所有冰层封困中之大小轮船，已陆续

① 胡敏卿：《民国二十五年之天津口空前冰难》，《航业月刊》1937 年第 4 卷第 12 期，第 316 页。

② 《大沽口外解冻，航运恢复，盛京轮昨驶烟沪》，《大公报》1936 年 2 月 12 日，第 4 版。

③ 赵恕：《民国廿五年二月渤海湾海河之冰灾》，《气象杂志》1936 年第 4 期，第 196 页。

出险，或进口，或他往，大沽口外冰层解冻，交通无阻矣"①。大沽口内外交通已全部恢复，船只能够顺利进出港口。

　　第三次严重冰灾则发生于大沽口刚通航一星期后的2月17日。是日，风向转变，强烈寒流南袭，大沽口外遭受持续时间最长、情形更为严重的第三次冰灾。大沽口外冰块"巨者厚可四五尺，长十余丈，截至十八日晚止，尚有中日英商轮十六艘，被困口外不能进退"②。20日，又下起大雪，天气愈加寒冷，冰山冻结益坚。截至当日晚，"大沽口外被困船仍有二十五艘，内有冻固一月六日者，煤水食均绝，船员已陷半死境地，永亨轮头舱进水，船员力加堵塞，倘日内不脱险，将行沉没"③。21日，天气更加恶化，大雪纷飞，气温骤降，风向仍为东南，使得塘沽到大沽口间海河冰凌状况愈益严重，秦皇岛、北戴河、昌黎、留守营各海滨也相继结冰，厚约七八尺冰层达20余里。④ 连日大雪不止，天气更加寒冷，加之风向未变，自塘沽起到大沽口外，300华里的海河冰凌坚厚不可摧，在淀沽⑤ 水面结成两座冰岛，与海底相接占地达一亩，致使海底电线被冻损坏，大沽口内外34艘船舶被困。24日晨到25日，风向变为西北风，天气稍转晴和，冰层有所松动，强力的船只已可勉强行驶。26日午后，风向突然又转为东南

---

① 《大沽口外解冻，航运恢复，盛京轮昨驶烟沪》，《大公报》1936年2月12日，第4版。
② 《大沽口外凌冰冻结愈厚》，《申报》1936年2月20日，第4版。
③ 《津航业界营救被困各轮》，《申报》1936年2月21日，第9版。
④ 赵恕：《民国廿五年二月渤海湾海河之冰灾》，《气象杂志》1936年第4期，第196页。
⑤ "淀沽"是天津渤海湾72淀之一。

风，冰又冻坚，海面突降大雪，大沽口外冰凌有增无减，刚开辟的航道又被冻结，冰冻情形益趋严重。"昌黎滦河口沿渤海湾一带轮船帆船被困者共达一百五十余艘，吉林号载客二百，绝食发电求救。"① 自28日开始，风向转为西北，气温骤降至−15.8℃，大沽口外冰层平均增加6寸之厚，导致交通完全断绝。西北风力过于强劲，大沽口"海明"灯船海底船缆被吹断，灯船被吹出口外，造成口外航船失去航行指导目标。此外，灯船附近的增利、中和、昌安等7艘轮船也被吹出口外，丧失行动能力。3月1日，塘沽、大沽天气较之前转晴，但是温度仍极低，已降至−21℃，碎冰较少且无法流出，造成原蓄冰未融新冰又成的严重情势，共有12艘轮船被困于南北港，其中有的船只被困已有两个月有余，煤水粮食均已断绝，急需救助。② 2日，大沽口外的冰凌情势并未好转，被吹出口外的昌安轮船已被发现，但是口外定生、阜生等八九艘船只被吹至何处以及是否完好都是未知数。③ 此次严重冰灾持续近半个月时间，是1936年冰灾最严重的阶段。

3月3日后冰灾逐渐结束。当日，塘沽、大沽间的冰情转好。"大沽口灯船旧址以东，冰凌已见破碎，而能漂动，灯船旧址至炮台、炮台至塘沽间冰凌均显活动；自塘沽至新河间，冰凌较前薄弱；自新河至葛沽，冰冻厚约二尺；葛沽至泥窪一带，情形略为严重，冰层厚约三尺；泥窪至天津之间，普通船只已可通行无阻。"④ 5日，"海明"号灯船已驶回原址并恢复工作，可以在夜间无障碍航行。灯船以东冰凌破碎漂动；灯船至大沽口炮台、大沽

---

① 凯：《大沽口冰难纪实》，《航海杂志》1936年第3期。

② 《塘大海面风紧 天寒冰厚 四轮失踪》，《大公报》1936年3月2日，第4版。

③ 《中航机三次飞口外 接济各商轮食物》，《申报》1936年3月3日，第3版。

④ 《塘大冰情好转 津塘交通昨日恢复》，《大公报》1936年3月4日，第4版。

口炮台至塘沽间均可行船；自灯船以外20里以内，虽有冰但于船行无碍，内外航行勉强恢复。[①] 8日后，天气晴和，气温回升到零度以上，冰层逐步融解，船只恢复通行，冰灾结束。

这次大沽口冰灾持续近两个月，最严重时长达一个多月，总计发生3次严重结冰，共有140余艘船只受灾，出现了轮船误期、货物残损、船身创伤、旅客和船员伤亡等情形，损失惨重。被冰层围困的上百艘船只，"无法接济煤水食物，致烟火断绝，船员搭客冻馁垂毙者极多，只以电讯断绝，惨苦之状，遂未外透，将来冰融脱险后，当必有一段惨痛事迹传播于世"[②]。从冰灾中脱险的瑞康轮船长说："各轮船之困于大沽口者，厥状颇惨，既无食粮，又少燃料。彼亦曾有一星期未进食，故其身体迄今未复原状，其他各轮，由此亦可概见。且轮只间有失踪，人员亦多死伤。"[③]"此次冰灾，各轮受困时间多在10日以上，最长的'益进丸'号达54天，最短的'芦山丸'号也有4天。"[④] 灾后天津航业界对此次冰灾损失进行了统计，其中直接损失合计约293万元，间接损失约97万元[⑤]，合计约390万元。如就全体损失而论，航运

①《塘大冰凌渐融解 航运即将恢复》，《大公报》1936年3月7日，第4版。

②《大沽口冰势仍极严重》，《申报》1936年3月4日，第10版。

③《瑞康船长报告津沽冰灾》，《兴华周刊》1936年第8期，第41页。

④ 宋美云、周利成主编：《船王董浩云在天津》，天津人民出版社，2008年，第399页。

⑤ 293万元损失具体包括船期损失约150万元（中外大小船只平均每日以500计），烧煤损失约72万元，粮食损失约9万元，炉水吃水损失约2万元，船舶损伤修理费损失约10万元，公私救助费损失合计15万元，电报费约计6万元，杂费约计9万元，津港所有驳船公司全部损失约计20万元。97万元损失具体包括行市损失约计25万元，运费损失约计10万元，残破腐乱损约计12万元（内鲜货损失最大），利息损失约计20万元；各埠码头货栈及小工生计损失约计20万元；货运停顿两个月，各种税收机关损失约计10万元。

阻断达一个半月之久，造成经济损失达500万元之巨。[①] 其他生产、金融、保险和被困轮船的船员旅客、小工等有冒险履冰逃困而落水致死的损失，都未计算在内。冰灾造成如此严重损失在民国历史上也是极为罕见的。

冰灾不仅造成人员伤亡和财产损失，还影响了天津民众的生活。天津地区因"各船既不进口，津市舶来货物，连日遂大涨其价，尤以鲜果之类，多来自日本，以货物缺乏，价涨愈甚"[②]。由于天津、上海、青岛、大连间航路断绝，致使外麦无法运入天津，导致"津市面粉价飞腾，舶来品亦大提价"[③]，"各货船入口无期，津百货价愈上涨，尤以米面鲜果价涨愈甚，各外轮均转口青岛卸货，由胶济津浦路转运至津，运费倍增，致物价易腾无定"[④]。

由此可见，冰灾造成了一系列连锁反应：船只被困使得煤水食物无法接济，船上人员和旅客受冻馁之苦乃至付出生命；船只被困受损不仅造成财产损失，也使得货物运输中断，导致市面物价上涨，引起民众恐慌，进而影响到社会生活的诸多方面。因而，冰灾后系列反应所形成的灾害链是冰灾社会影响更为严重和持久的一面。

二、政府救援

救灾是中国自古以来荒政的重点，但在传统中国多从"仁

---

① 凯：《大沽口冰难纪实》，《航海杂志》1936年第3期。

② 《大沽口外凌冰冻结二百余里》，《申报》1936年2月10日，第8版。

③ 《大沽口外凌冰融解后 东风忽起又告冻结 各船只仍被阻海中 塘沽亦有寒流侵入》，《申报》1936年2月11日，第3版。

④ 《大沽口外虽有西北风 冰层加厚形势险恶》，《申报》1936年3月2日，第6版。

政"角度来解读救灾意义。进入近代以后尤其到了民国时期，随着现代国家观念的建立及政府权力来源的探讨，人们对救灾问题有了新的理解。民国学者在论及现代国家时指出："国家为人民聚集而成，政府乃由人民组织，而为人民谋福利之机关，人民有所困苦，则应加以救济，人民有所需要，自当俾与协助，此乃贤明政府所应负之责任。"[①]现代国家一项重要职责是保护和救助人民，这是现代政府的基本职责和义务。在1936年大沽口冰难发生后，国民政府交通部、天津航政局、海河工程局、天津市政府社会局等官方机构，以各种形式参与到救灾之中，就是这种责任和义务的体现。

交通部作为主管全国海陆交通的最高机关，在冰灾发生后主要负责指挥与部门间沟通的工作。交通部在1月份接到天津航政局关于海河及大沽口严重冰灾情况的汇报后，即责令海河工程局负责破冰，限期内设法恢复海河交通，并向各港口发出预警信息，通知各埠预备进入天津港的各轮船暂缓入津或改道他行。破冰船损伤后，天津航政局和天津航业同业公会（以下简称"航业公会"）向交通部请求租借大马力碎冰船。交通部回复称："限于预算，无款可拨，咨请财政部转饬津海关核办。"因大量船只被困渤海湾内多日，破冰船或损坏或马力小无法破冰，致使被困船只生活用品殆尽，船员和旅客面临生命危险。天津航政局再次向交通部请求飞机支援，在得天津方面"派机飞航青岛、天津绕道视察冰情"请求后，交通部即令中国航空公司给予支援，航空公司回复称："如需派飞机视察时，应请天津航政局通知本公司天津

---

① 陈凌云：《现代各国社会救济》，商务印书馆，1936年，第2页。

站，当由津站电达，转知飞机师如嘱办理。"① 应该说，交通部在此次冰难中虽然与财政部和中国航空公司等部门进行了协调和沟通，但其在救灾中没有起到有效的统一指挥作用，更没有交通部官员直接现场指挥抗灾救灾，使得部门之间互相推诿，加重了冰灾损失。

天津海河工程局和天津航运管理部门是此次救灾的主要官方部门。海河工程局是1897年清政府成立的专门负责海河整治、大沽沙滩开挖、冬季航行破冰、建造工厂、船坞及铺垫洼地等事宜的部门。因此，对海河一线及大沽口的冰难救助自然是海河工程局的职责所在。1月上旬，天津海河一带出现冰冻后，海河工程局接到交通部指令，派"开凌"、"清凌"、"通凌"和"没凌"号碎冰船随时开展碎冰工作。至1月底及2月初，海河中被撞碎的冰块流到大沽口一带，"适值当时南下之极地寒冷气流，天气严寒，大沽口外60里以内即行封冻"②，工程局多数稍强大的碎冰船被冰损伤，"当时该局对于大沽口内外冰冻河道，实已陷于无办法状态"③。7日，工程局与天津海关商讨"运送被困各轮旅客到塘沽的办法，并拟向南满铁路局借用大号碎冰机等问题"④。因8号气温有所回升，冰凌松解，"河道一带先后断裂，并有各碎冰船努力撞冰，冲开冰层，一部分轮舶始稍活动，驶至塘沽，惟尚有

---

① 《办理防范天津大沽口冰难之经过》，《交通杂志》1937年第5卷第3期，第159页。

② 赵恕：《民国廿五年二月渤海湾海河之冰灾》，《气象杂志》1936年第4期，第196页。

③ 《民国二十五年份航业团体及其关系事业概况》，《航业月刊》1937年第4卷第12期，第178页。

④ 《营救被冻各轮船》，《大公报》1936年2月8日，第4版。

一部小轮及民船则仍在封冻中"。在碎冰船可以行动的情况下，海河工程局立即派遣"开凌"号撞冰船从海河沿河道撞冰到大沽，以期与"快利"拉泥船共同努力实现大沽与塘沽间海河交通的畅通，并在撞冰船上装载粮食、煤水等物资用以救济被困各轮。[①] 海河工程局督饬所有撞凌船十余只，分段承担撞凌工作，并一律加派工人一班，日夜进行撞冰，最终于11日下午使被困的华洋轮舶与驳船驶入塘沽，实现了大沽与塘沽间交通的全线恢复。[②]

　　然而，17日后天气转冷，大沽口内外发生第三次严重结冰，海河工程局的"清凌"、"没凌"两艘撞冰船也被困于大沽口。海河工程局趁上海寿康公司租用英商强大碎冰船"马拉"号（Christine Moller）救助"瑞康"轮的机会，自11日起租用"马拉"号一星期。天津海关港务长该日发出通告："由今日起，海河工程局租妥航海碎冰船 Christine Moller 号用以在大沽口外碎冰，外来于拦江沙外及曹妃甸附近冰冻最远之处，所定办法如下：该碎冰船每日在拦江沙外等候所有出口船只到齐，送至湾内结冰最远处，然后该船停留该处，候入口船全数到达该处后，再护送至大沽口外。如有船只预备出口，其代理公司应于开船二十四小时先报告天津海河工程局；至入口船只，亦应将其船名及预算到达结冰最远处之大约时间，先行报告。又该碎冰船送出口船只到该处时，当于每一小时以无线电报用六百公尺波长播告其所在地点予将到之进口船只。如轮船公司对于该碎冰船有特别需用时，可迳行函商海河工程局办理可也。"[③] 在强大撞冰船的助航

① 《海河交通》，《大公报》1936年2月10日，第4版。
② 《海河交通恢复 各商堆积货物纷纷起运》，《大公报》1936年2月13日，第4版。
③ 《民国二十五年份航业团体及其关系事业概况》，《航业月刊》1937年第4卷第)

下，多艘中外轮船获得救助。但因大沽口冰灾又趋严重，海河工程局又续租"马拉"号撞冰船3天，至20日上午11时为止。[①] 此时被困船只尚有20余艘未获救，但"马拉"号租期已满，随即离开。

海河工程局虽然在此次救援中做了大量工作，使天津海河的冰凌及时解除，但对于海河入海口及大沽口外碎冰工作，存在着消极和推诿之事。2月初，天津航业公会以工程局"既为河工机关，当有维护本口开放之义务"，请求工程局设法救助受难船只。工程局答复："查渤海湾内开冰，非本局权力所及。"其所嘱租借南满路局"奉天丸"、"大连丸"碎冰船，也被南满路局以或正在葫芦岛工作，或冰多难出行而回绝。对此，航业公会感到无比绝望。2月底，刚挣扎出冰凌围困的各轮船及灯船"海明"号又被困住。各轮纷电乞援，海河工程局"仍以该局碎冰船力有未逮为由，无法援助"，直至3月4日天津海关税务司才令海河工程局派出2艘破冰船前去救援，但海河工程局虽勉强出发，却是"船小力微，不允捎带煤粮，几经交涉，结果毫无"。即使租用"马拉"号碎冰船，也出现了见难不救的情况。2月11日海河工程局租借"马拉"号强大碎冰船的通告发布后，各航运公司纷纷发电让各轮船来津，但来津途中在渤海湾内被冰所困，寻求"马拉"号支援，"不意该马拉号船长，不受求助各船之直接要求，对所有来津途中之被难船只频电呼援，概置不理"。[②]19日，"被困沽口十

（接上页）12期，第177页。

① 天津市档案馆藏：《天津航业公司关于大沽口冰情报告》，档案号：J168-261。

② 《民国二十五年份航业团体及其关系事业概况》，《航业月刊》1937年第4卷第12期，第177—178页。

海里外'昌安'轮迭次以无线电乞助，由该轮天津代理人天津航业公司电请海河工程局派'马拉'破冰船前往救助"[1]，然而其始终并未前往施救。天津航业公司船务部主任兼天津航业公会常务执委董浩云于20日为此事面见天津海关税务司，向其报告这一切情形：一方面"对海河工程局撞冰船'救助不力，形同虚设'深表愤慨"[2]，要求"海河工程局迅予设法续租强大破撞冰船来解围"[3]，并要求如若一时无法解冻，为海上安全考虑，即使"马拉"号已经满租，其应与船东及现已租船人协商将"马拉"号暂留大沽口救助被困各轮；另一方面对于"马拉"号在租期内而未前往救助"昌安"轮一事应尽力予以查究，敦促海河工程局工程处的破冰船竭力工作以期早日恢复沽口交通。此外，董浩云分别函请海河工程局、天津海关税务司、天津领袖领事尽快筹商有效救济办法，并电呈交通部，请求其主持救助事宜，从而维护航运安全。

上述情况的出现，虽有海河工程局碎冰船小而有损伤之原因，但与海河工程局的管理权受制于外国和"马拉"号的外商背景不无关系，这导致了其对华商船只的消极和观望态度。

天津航政局作为天津航运直管机构，对于这次冰灾投入了相当精力。随着海河工程局碎冰船受损，大量船只被困在渤海湾无法航行，船上人员的生命受到威胁。在此情况下，航政局局长潘耀襄于2月9日发电致交通部，请欧亚航空公司派飞机救济被

---

① 《大沽口冰冻》，《大公报》1936年2月21日，第4版。
② 宋美云、周利成主编：《船王董浩云在天津》，第398页。
③ 天津市档案馆藏：《天津航业公司为租用破冰船施行救助事致上海华通轮船公司函》，档案号：J168-250。

困各轮，并与天津海关港务长商讨救助办法。随着冰情进一步恶化，天津航政局24日决定："第一，请天津航业公司再派'天行'轮出发工作，并携充足粮水煤炭，救助被困各轮；第二，由航政局电请交通部，请欧亚航空公司派飞机接济一切，所需物品由太古、怡和、政记各公司分别负担。"[①] 25日上午8时，欧亚航空公司派大型飞机"道格拉斯"号由北平出发来天津。天津社会局长刘冬轩、潘耀襄以及各航业公司代表随机飞抵大沽，在空中视察并每次携带食粮500公斤分别掷送到需救济各轮。[②] 27日，欧亚航空公司再次派一架飞机驶大沽口外，向被困船只抛掷饼干、面粉若干包。为了寻求支持并向刚成立不久的冀察政务委员会委员长宋哲元汇报灾情，潘耀襄29日到达北京，取得了宋哲元洋千元的捐款，用作租用中国航空公司飞机之费用。[③] 在航政局长的努力下，3月2日，中航公司再次派出"沧州七号"飞机携带500斤面包从北平飞到天津进行第3次空中救济并寻找失踪的船只，在天津装载救济物资后，救助被困各轮。[④] 虽然"飞机散放食物，因由天空掷下，故多损失，其能达于被困之各轮者，仅有所掷之半数，恐不能敷多数之一饱"[⑤]，但除此之外，别无良策。在天津航政局努力下，航空公司3次飞驶大沽口外冰上进行冰上救援，实乃雪中送炭，让待哺之旅客船员获得一延续生命之机会。

应该说，在这次冰灾救助过程中，政府各部门是尽了努力

---

① 《塘大冰凌》，《大公报》1936年2月25日，第4版。

② 《营救被困各轮 关系当局协力进行中》，《大公报》1936年2月26日，第4版。

③ 《塘大海面风紧 天寒冰厚 四轮失踪》，《大公报》1936年3月2日，第4版。

④ 《民国二十五年份航业团体及其关系事业概况》，《航业月刊》1937年第4卷第12期，第178页。

⑤ 《瑞康船长报告津沽冰灾》，《兴华周刊》1936年第8期，第40页。

的，诸如交通部的指令和与航空公司的协调，海河工程局碎冰船的碎冰，天津航政局与上级及与航业公会的沟通，都为船只早日脱困和通航做出了努力，一定程度上减少了损失。

三、业界自救

冰灾发生后，天津市航业公会和各轮船公司为了挣脱冰围，减少冰灾损失，一方面寻求外界救援，一方面以己之力开展自救，显示了在灾害面前的顽强生存能力。

天津市航业公会是1934年成立的以保护同行业会员利益、促进航业发展为宗旨的行业组织，到1936年已有10家会员。[①] 在此次冰灾中，航业公会以航业界代表的身份，居间与交通部和航政管理部门进行沟通，反映船政公司的艰难并竭力争取救援。在2月2日下午接到会员公司关于大沽口内外严重冰难报告后，航业公会当即召集各关系公司代表于3日凌晨在天津永安饭店召开紧急谈话会，一致通过向海河工程局董事会要求进行相当紧急处置的决议案，并于当日下午正式致函海河工程局，称："惟该局既为河工机关，当有维持本口开放之义务，合亟由会函恳该局董事会，尽力设法，立刻租用他埠强大撞冰船（如南满路局'奉天丸'、'大连丸'等轮船）来沽援助，以维生命。"[②] 为了能够尽快得到救

---

① 天津航业公会成立于1934年3月16日，同年6月改为天津轮船航业同业公会，有会员单位10家船务公司，王金堂、盛昆山、王更三、李镜轩、李正卿、王仲三、仲星斋、郑椠生、董浩云等9人为执行委员，王金堂为主席。见《天津市航业同业公会创立周年概况（一）》，《航业月刊》1935年第1期，第30页。

② 《民国二十五年份航业团体及其关系事业概况》，《航业月刊》1937年第4卷第12期，第178页。

援，引起在津外国机构的高度重视，航业公会还同时致函海河工程局主席、各国驻天津领事、天津海关税务司及海关港务长，唤起他们关注冰灾。然而，海河工程局以"渤海湾内开冰，非本局权力所及"相答复，航业公会在失望之中不得已设法向洋商同业求助。洋商公会航业分会主席、怡和洋行经理、英国人泰勒表示同情，于5日上午11点在怡和洋行召集各国同业讨论营救办法，参加会议的有天津航业公会执委董浩云和秘书长，海河工程局秘书长，日本、美国和英国等8家公司代表，讨论通过以天津全体航业名义，劝告南满路局："如有向其求援者，幸勿推诿，以救生命。"南满路局答复："'奉天丸'现正在葫芦岛工作，'大连丸'亦因大连冰多，碍难出借。"遂作罢。天津航业公会第一次寻求南满路局碎冰船救援的努力以没有获得成效而告终，但其并没有放弃。他们再次向海河工程局提议租用英商"马拉"号强大碎冰船。此次努力终有结果，海河工程局租借"马拉"号一个星期（2月11—17日），帮助一些被困船只脱离险境。然而，租期届满后仍有20余只船被困，海河工程局计划终结租借。航业公会闻讯后十分吃惊，紧急向海河工程局常董海关税务司和海河工程局董事会呼吁续租，以解被困船只出危难。在航业公会的不懈努力下，海河工程局又续租"马拉"号3天。20日，续租期满后，"马拉"号开走，但仍有船只被困，航业公会再向海河工程局求助，其答复称："冰情太重，该局破冰船不能冒险。"迫不得已，航业公会乃于同日向交通部报告冰难并请转咨财政部令饬天津海关监督及税务司（均系海河工程局董事）妥筹有效救济办法。虽然交通部令饬海河工程局加紧救援，航业公会也多次函促海河工程局，但海河工程局仍以冰情重、无满意办法来答复。于是，航业公会又联系天津航政局磋商施救办法，天津航政局决定：一方面向交通部请求派遣飞机来天津，散放赈粮；另一方面督促天津航业公司"天行"号继续奋勉救助。在航政局的协调下，欧亚航空公司3次到大沽口救援，"天行"号碎冰船"允于出入大沽口时继续义务帮助撞冰，在可能范围，为公众谋安全"。① 可见，航业公会以自身的能力，多次奔走呼吁，为挽救被困船只，减少船东损失，尽了自己最大努力，很好地履行了公会组织的任务和使命。

随着3月上旬冰灾的结束，天津航业公会又开始了另一场维护权利之交涉，即出面代表全体会员妥筹善后办法，弥补船东损失。因冰难损失达500万元之巨，航业公会首先代表会员向政府寻求费用减免，于3月8日致电交通部，称："此次遭遇冰难，损失重大，所以电恳政府对于此次遭遇冰难各轮，一律免收船钞两个月，以示体恤。"② 4月14日，交通部回复道："各遭难船只如能提出证明，准按确实延误日期，展延船钞执照期限。"③ 虽然交通部最终没有豁免船钞，但准其延期缴费。这至少可以暂时减缓船东的经济压力，是航业公会努力争取的结果。其次，航业公会筹设应急机构，设立"海河问题专门委员会"，并在1937年向有关部门提出预防冰灾办法，内容如下：

（1）呈请交通部对于本年大沽口冬季通航，在海河工程

① 《民国二十五年份航业团体及其关系事业概况》，《航业月刊》1937年第4卷第12期，第175—178页。

② 《津港冰难损失　两个月约计五百万　津航公会请交通部免收船钞》，《大公报》1936年3月9日，第4版。

③ 《民国二十五年份航业团体及其关系事业概况》，《航业月刊》1937年第4卷第12期，第179页。

局主权因外交关系尚未彻底收回归全国经济委员会前，应咨财政部转饬海河工程局主管董事、津海关监督与税务司妥善有效事前预防与事后救济办法。

（2）函海河工程局询问对于本年冬季冰航有何预防计划，请其公开宣布明白详示。

（3）函津海关监督对于海河工程局冬季航行管理会议组织，关系国航与主权甚巨，应请其相当注意并维护权益。[①]

天津航业公会克服许多困难，与海河工程局、天津海关以及交通部等部门沟通，并为善后及未来冬季航业预防冰灾提出对策，起到了在会员与主管机构之间上下沟通的中介作用，为维护会员利益和发展航业经济发挥了独特作用。

在此次冰灾中，天津航业公司"天行"号破冰船显示了威力。由于海河工程局派出的营救船队设备陈旧，"清凌"号以及"快利"号进入冰区后立即被困，而交通部行动迟缓，令饬各部门救援但部门多有推诿，"天行"号作为天津航业公司的碎冰船，在2月初出入大沽口时多次义务撞冰，"为公众谋安全"。19日，天津航业公司经理王更三同塘沽分处主任及各关系方代表，携带粮食、煤、水及救助工具乘坐"天行"号驶出大沽口，救助被困各轮及视察冰难实况，随后返回天津绘制了沽口被困各船位置图，并就善后事宜给予了意见。[②]25—26日，"天行"号再次出发救济被困各轮。这次随船出行的有王更三、政记公司经理韩庭宾、泰昌

---

① 《民国二十五年份航业团体及其关系事业概况》，《航业月刊》1937年第4卷第12期，第179—180页。

② 《大沽口外一片冰原 被困各轮待救》，《大公报》1936年2月20日，第4版。

祥轮船公司经理顾宗瑞、各轮船公司代表、水手、记者等30余人。他们分载着100吨煤炭、10包大米、20袋面粉及日用品等物资，途中遇到"永亨"轮搁浅，"天行"号联合其他撞冰船协力将"永亨"拖到安全的地方。①"昌安"轮"因所载之物过多且重，船身被冰凌所伤，歪斜海面，甚为危险，'天行'号驶近该轮，除将水煤运上外，并将旅客二十余人救出"，并将"昌安"号所载部分货物转到"天行"号上，使其船身恢复平稳，又续救济其他被困船只，至当天晚上返回塘沽。在此期间，"天行"号对于被困的日轮"长城丸"、"芦山丸"同样进行了人道援助。在整个冰难救助过程中，"天行"号前后共救助70多名旅客，接济大宗粮食、煤水及消耗用品，并拖带脱险者有"三兴"、"中和"、"昌安"、"营口丸"等共计15艘船只。此过程中，"天行"号船身损伤十分严重，包括船肚左右的披水铁板前半段破裂、轮翼一半断缺等多处受损。② 对于"天行"号克尽天责，在大沽口内外行驶奋力救助被困各轮之义举，航业公会在冰灾之后专门备函鸣谢。③

以这次冰灾救助过程中，可以看到面对突发性灾害事件，航业自救是十分必要的。以天津航业公会为代表的航业组织通过积极努力，串联起政府与会员之间的关系，在救灾过程中多方奔走，上下疏通，发挥了特殊作用，缓和了政府和船务公司之间的紧张关系，既维护了会员利益，也减少了船东损失，避免了灾害引起进一步连锁反应。

---

① 《营救被困各轮 关系当局协力进行中》，《大公报》1936年2月26日，第4版。
② 《大沽口风向转变 冰凌益厚》，《大公报》1936年2月27日，第4版。
③ 《民国二十五年份航业团体及其关系事业概况》，《航业月刊》1937年第4卷第12期，第179页。

四、冰灾后的反思

1936年大沽口冰难属于自然界的不可抗力。在冰难发生的将近两个月时间里，从管理部门到航业协会和船东，都参与了抗灾斗争。这场冰灾救援及其善后，为时人和后人留下了许多思考。

（一）缺乏冰灾预警

此次冰灾虽然是一场突发性自然灾难，但其发生有一个过程，对天寒大风做出及时预警并提醒航业公司提前准备，是可以减少进入天津港口的船只并减少损失的。冰灾初起时，若船运公司、货商能合作集资租用几艘强力破冰船，随时将大沽口内外全部冰层设法撞碎，毋使冰层愈结愈厚，则结果不至于如此严重。再者，此次冰灾前后出现过3次严重情形，若能利用天气预测，对于防止冰灾扩大和救助船只，也可以起到相当作用。而在此过程中，仅有天津航业公司叶绪耕在"1934年就预见到大沽口有可能出现冰冻，委托他人提前制造了在这次冰难中起到至关重要作用的'天行'号破冰轮"[①]。"天行号"碎冰轮恪尽职责极力救助被困各轮，而因其受微损需修停一日，竟使得大沽河口完全封冻，船舶无法航行。若天津10家航业公司能有几家像叶绪耕这样防患于未然，备好几艘强大碎冰船，必不至造成重大损失。

（二）应急经费和设备不足

未雨绸缪为应急之必备。渤海湾严重冰灾虽非年年发生，但是每年冬季来临或初春结冰是事实，所以海河工程局备有多艘碎冰船。但是，在实际救助的过程中，"海河工程局所有的稍强的碎冰船在此次海冰面前不堪一击，在长达一个多月的救助过程

---

① 叶雅文：《我所了解的大沽口冰难救助的真实情况》，《兰台世界》2011年第7期。

中，随时面临被困冰围的危险，且多数破冰船损伤严重，对于大沽口内外冰冻的河道常陷于无办法的状态"[1]。因中方破冰设备落后，仅"天行"号一艘具有强大撞冰能力，其在多次作业后也受损，不得不依靠于租用英商"马拉"号撞冰船，但后者竟也因是外商船只而遭冷漠。应急经费和设备的不足，使得本次冰灾损失巨大，天津航业公会执委董浩云在灾后总结："为了保持天津港冬季航运所必要之破冰设备，即需巨大经费，似乎应由港务当局会同关系各方设法措筹，毅然添置，事关华北经济命脉，值得吾人研究，而应予以注意，并促其实现也。"[2]

（三）河道管理权受制于人

海河工程局是此次救助最早的行动部门，也是海河航道疏浚和管理部门，但该部门的管理权却落在外国人之手。[3] 1901年5月，按照《辛丑条约》规定，海河工程局有董事、仲裁两部，其中董事部为该局最高权力机关，由外国人负责，只有海关监督是中国人，内部重要职员如主持行政事务的秘书长，负责工程业务的总工程师等均由外人充任。"外人操纵港权，无疑扼我咽喉，门户洞开，主权丧失。""在某种场合下，未免因遭有歧视而痛感本国主权之丧失；益以海河工程局当时对危困海上各轮船之救助请求，迭有大沽口外发生冰难非本局职权范围之正式表示，此种

---

[1] 《天津市轮船业同业公会会务摘要报告》，《航业月刊》1936年第4卷第4期，第10—14页。

[2] 董浩云：《从天津港冰难善后说到收回海河工程局与港务主权之重要》，《航业月刊》1936年第4卷第1期，第2页。

[3] 海河工程局从最初就是应外商要求建立的，1897年清政府拨款白银10万两，另由英租界工部局发行公债15万两，主要修马厂减河、军粮城及金钟河闸三处工程，1900年工程停顿。义和团运动时期，八国联军占领天津，海河工程局遂被各国租界当局接管。

不顾吞吐要道之港口，而仅负责河内水利义务之舍本求末立场，是否为负维持一港交通水利机关所应有。"①"平时津港各船所纳河工捐，年计不下150万元，平时缺少设备临时敷衍工作，船家负担巨量捐款，徒供其消耗，少裨实益。"② 此次冰灾发生后，海河工程局只有几艘马力较小的碎冰船应对，且以大沽口外冰区非其管辖而推塞，足见海河工程管理权控制于外人之手所致应对冰灾的被动和消极。

（四）部门及公司间合作不力

在此次冰灾救助中，政府各部门之间、船东与政府部门以及船东之间缺乏有效沟通和配合，而且部门之间多有推诿，导致救助效率受到影响。天津航政局和天津、上海两市航业公会分别向交通部乞援，但其限于预算无款可拨，明令将租船之事转给财政部，请其转饬天津海关核办。但碍于政府系统不一，周转费时，交通部的饬令4天之后才到达天津海关。事关海上人命安全尚属如此，遑论其他。③ 而且，各部门在冰难救助过程中对于被困各轮无法一视同仁，区别救助被困船舶。除上文提到的"昌安"轮求助海河工程局被拒以外，"'瑞康'虽经敝送向海河工程局求救，并乞助于港务长，均属无效"④。在海关方面，"海关于二月三日虽有冰情恶劣，本港破冰船无能为力……如发生意外，应由各轮自负其责"，而各轮自救能力有限，海河工程局认为其"系治河机

---

① 董浩云：《从天津港冰难善后说到收回海河工程局与港务主权之重要》，《航业月刊》1936年第4卷第1期，第3页。
② 宋美云、周利成主编：《船王董浩云在天津》，第398页。
③ 王静：《大沽口冰难中的船王董浩云》，《兰台世界》2009年第19期。
④ 天津市档案馆藏：《董浩云为"瑞康"轮冰阻无法进港装货事致华北煤业公司驻津办事处函》，档案号：J168-254。

关，在领事团海关主管下，按照组织法无损失赔偿义务，故即不当，亦不负责应有义务"①。此外，部分轮船所属公司或代理人救助热情不足，"'瑞康'得'马拉'船救助后，航程如何，早经津电商询，迄未得复，而瑞康船长亦迄无来电表示，似与代理人漠不相关者，只得听之"②。这种部门之间相互孤立，缺乏合作的情况严重影响了救助的效果。

另外，货运各环节对冰灾严重程度重视不够，合作不力，也使损失扩大。冰灾初发时，轮船同业公会认为冰凌虽厚，等天气好转即可融消，故未重视；货商方面认为轮船航期延误，轮船公司应负责任，故也不感痛痕；而保险公司方面则认为船只既未出险，即使货物因冰灾而遭受损失，根据合同也不负赔偿责任。因此，货运各方因利害不同，未能合作，而均采取坐视观望态度，致使后果愈加严重。

1936年天津大沽口冰灾是民国乃至近代史上最为严重的冰灾之一。通过还原这次冰灾及救助过程，可以总结当时应对灾害在技术和制度层面体现出的问题：民国时期气象预报条件虽有较大发展，但在灾害预测预警方面仍准备不足；由于在应对突发性灾害方面应急准备不足，致损失加重和扩大；从交通部到天津航政部门在这次灾害中是救助主要责任者，但缺乏统一筹划和协调，部门掣肘、沟通不畅、应急设施不足，致使灾害蔓延和扩大；天

① 天津市档案馆藏：《董浩云为办理"昌安"共同海损事致上海泰昌祥函》，档案号：J168-569。
② 天津市档案馆藏：《董浩云就"马拉"轮救助"瑞康"费用交涉等事致张知烽函》，档案号：J168-250。

津航业公会和中外航业公司在这场抗灾中尽力自救并与政府沟通，减轻了损失，只惜预防不足，仍致损失重大。灾难使人明智，这次冰灾应对暴露出的问题足令人引以为鉴，将会成为有助于人们防灾抗灾能力和经验提升的宝贵财富。

第三节　1939年青岛风暴潮灾害与应对

　　青岛作为一个沿海城市，面临着不同海洋灾害侵袭，其中风暴潮侵袭危害最大，近代历史上最严重的一次要数1939年的台风风暴潮入侵。这次风暴潮对青岛沿海地区民众生命财产和社会经济造成很大破坏。本节通过对原始档案的发掘和梳理，对1939年青岛风暴潮灾害及其赈救行动进行论述，再现应对台风风暴潮的这段历史。

一、风暴潮发生经过

　　1939年8月22日，太平洋上生成台风，以后以每小时15—30公里的速度向西北方向推进。30日午时台风转向北偏东方向，青岛市区天气渐趋恶劣，风力增至5级，开始降雨。晚上，台风突然由北偏东方向转向西北方向，台风中心距离青岛市区愈来愈近，此时市区狂风骤雨，愈演愈烈。31日凌晨6时，台风中心抵达青岛正南方120公里海面上，风速为每小时15公里，仍向西偏北方向前进。上午9时，台风中心通过青岛西南30公里处，在胶州湾西岸登陆，向西偏北方向前进。中午12时台风离开本市，其后横断山东半岛西部，晚间抵达黄河口，逐渐停滞衰弱，减弱为低气压。[①]

青岛此次遭遇的台风，是青岛1891年建市以来所经历的最强一次台风。台风经过青岛前后，平均风速达每秒10米者持续110小时，其中风速在每秒20米以上者长达25小时，瞬间最大风速达每秒40.3米，创岛城大风纪录。狂风加上暴雨，有海啸山崩之势。青岛连续降雨63个小时，总量130毫米以上，其中31日降水93.2毫米。适时，正值农历八月初大潮，天文潮和台风增水相叠加，水位约至6米，并伴有能量巨大的波浪，使青岛沿海灾损惨重。对于此次台风发生时的情景，一位亲历者回忆：

> 当时的栈桥、沿海堤坝以及太平路一带的房屋全部被大浪击毁，许多居民转移到了太平山和青岛山上居住。那天早晨还是风和日丽，但到临近中午时，狂风中暴雨倾盆而下，大风吹得海水发出令人惊栗的吼声。海水淹没了栈桥，并撕开海边的石坝，冲上了太平路。父亲立即让母亲带着我的妻子和孩子转移到别处，就在这时，令人恐惧的一幕发生了……我当时第一个发现了异常情况。宿舍院里的下水道突然喷射出大股海水，将脸盆顶到了半空，居民们惊叫着向青岛山方向逃去。我当时还留在院子里，就在我准备离开的时候，猛然发现汪洋的海水漫过两米高的围墙冲进院里，院墙轰然倒塌，院子顿时变成了游泳池。幸亏我会游泳，并抱住

---

① 王钿：《1939年台风袭青记》，青岛市档案馆编：《青岛市重大气象灾害文献选编》，内部印刷，1998年，第91页。

一根电线杆才幸免于难。①

1939 年 9 月 7 日，即墨县伪知事张子安在呈文中写道：

> 本县于八月三十日午后四时起天际乌云四合，狂风怒
> 叫，骤雨压境。黄昏以后风催雨势，雨挟风威，震天动地，
> 彻夜不休。四野禾稼摧折横斜，僵（淹）没泥沼。农村住房
> 原是茅屋居多，经此巨风骤雨之掀扬冲刷，大半倾毁，大木
> 多拔城倾塌，数处电灯电话杆线全部摧坏，加以河水涨溢漂
> 没荡析，情形奇惨。异灾奇变百年罕闻。②

此次青岛遭遇的台风，创造了青岛建市后的多项气象纪录：
最大风力 12 级；瞬间最大风速纪录每秒 40.3 米；瞬间最低气压纪
录，31 日 9 时 30 分气压降至 720.5 毫米；最大日降雨量，31 日一
天降雨量达 93.2 毫米；台风中心登陆青岛是建市以来第一次。这
次台风也是青岛建置后破坏最为严重的一次。

二、损失严重

这次台风灾害给青岛地区造成严重损失。台风所过之处，房
屋倒塌，道路冲毁，田禾淹没，树木倾折，交通中断，水电受
阻。据伪青岛市警察局调查，损失见表 2-3：

---

① 徐勇、冯琳：《海啸曾经袭击青岛？》，《青岛早报》2004 年 12 月 29 日，第
　A20 版。
② 青岛市档案馆藏：《即墨县公署呈青岛特别市乡区行政筹备事务局》，档案号：
　B0023-002-00403。

表2-3　1939年青岛台风损失调查表

调查项目	损害程度	损失金额（日元）	备注
住宅浸水	3833间	38782	
倒塌房屋	1092间	102610	
破坏建筑物	336所	60560	
看板	47所	543	
仓库	5所	42600	
电杆	910根	53000	
电线	336处	11000	
行道树	3360株	31482	
道路	94条	32460	
桥梁	26座	18620	
船舶	帆船143只	208560	沉没86，破损50，失踪7
海岸崩溃	42处	44750	
人畜	死亡17人，伤4人，牲畜死亡3头		
淹没田禾	3119亩	110465	
树木	2000株		
果树	17235株	40528	
煤炭	13吨		五号码头存煤流失
总计		795960	

资料来源：《青岛市观象台五十周年纪念特刊》，青岛市观象台印，1948年，第128页。

另据伪青岛市警察局调查的市区受灾详情如下：

（1）海水浴场之更衣室其前二排冲坏大半。

（2）太平路莱阳路角之第一工区内房屋冲坏。

（3）太平路江苏路口之人行道被海水完全冲毁。

（4）太平路鱼台路口人行道及马路被海水冲坏。

（5）太平路电杆倒塌电线折断。

（6）太平路临海休息厅倒塌。

（7）太平路前海栈桥中段被海浪冲坏。

（8）马路两侧之树木被风吹倒。

（9）各店铺之招牌看板被风吹落多处。

（10）各处广告牌被风吹落多处。

（11）小港内停泊之舢板三艘被风吹翻。

（12）海水浴场冲毁舢板二艘，一装沙子一装货物。

（13）台东镇沈阳路墙壁倒塌二处，沈阳路后方房屋一所倒塌。

（14）台东镇破烂市席棚十数间屋顶吹翻。

（15）吴家村附近菜蔬受害甚重。

（16）梨树正当结实成熟损失奇重。

（17）各砖瓦工厂坯子损失甚重，于建筑前途颇有关系。

（18）栈桥附近海水浴场漂上无名赤身男子一人。①

由于这次台风是从正面登陆青岛，所以造成的灾害十分惊人。另外，胶县和即墨县在此次台风中也损失巨大，见表2-4和表2-5。

---

① 青岛市档案馆藏：《调查本市灾害详细情表》，档案号：B0023-001-00611。

表2-4 胶县受灾情况调查表

受灾种类	受灾情况
人畜	人员死者8名，因帆船之颠覆；伤者无，家畜之被害无
农产	损害金额约600万元，较往年减产3成
家屋	倒毁家屋数1000户，损害10万元 半毁家屋数300户，损害12000元 其他屋顶之飞散及土墙之塌毁等约损害50000元
道路	军用警备道路之冲失及破损87所，其他主要道路之冲失及破损55所，共142所，损害10020元
桥梁	冲失数13桥，损害22000元
电话	倒毁电杆数120根；遮断不通地方28处，损害450元
浸水	浸水家屋1000户；田地之浸水125000余亩

资料来源：青岛市档案馆藏：《胶即两县风水灾害调查表》，档案号：B0023-001-00611。

表2-5 即墨县受灾情况调查表

受灾种类	受灾情况
人畜	无
农产	损害金额约600万元，较往年减产4.4成
家屋	倒毁家屋数2000户，损害20万元 半毁家屋数900户，损害36000元
道路	汽车道路之冲失及损毁152处，损害约9000元
桥梁	冲失数43处，合24200元
电话	倒毁电杆数509根；遮断不通地方205处，损害2200元
浸水	浸水家屋800户；田地之浸水63000余亩

资料来源：青岛市档案馆藏：《胶即两县风水灾害调查表》，档案号：B0023-001-00611。

另据当时媒体报道，胶即两县总计淹没农田7000余亩，农作物歉收2260余万斤，毁坏果树17235亩，农业方面损失1200多万元。胶县城关（不包括乡镇）受灾700余户，倒塌垣墙400余道，损坏房屋400余间，大树90余株，损失共9000余元。即墨城关（不包括乡镇）受灾80余户，倒塌垣墙240余米，损坏房屋120余间，大树百余株，浸水房屋80间，损失共20790余元。[①]两县灾情可见一斑。

综上所述，此次台风风力强，正面登陆危害大，给青岛地区人们的生命财产和城市基础设施建设造成极大损失，成为青岛建市后遭受之最大灾害。

三、灾后赈济行动的展开

灾来如山倒。为了抗灾救灾，青岛社会各界迅速动员起来，投入到青岛有史以来最大的一次海洋灾害救济中。

（一）成立救灾机构

灾害发生前，青岛伪政府已设立了救灾委员会，由青岛伪市长赵琪担任委员长。1939年华北普遍遇灾，为了统一救灾事宜，9月6日伪政权成立华北救灾委员会，由王克敏担任委员长。根据《华北救灾委员会组织大纲》规定，各省救灾会为总会下设的分会，各县救灾会为支会。10月，青岛救灾委员会改为"华北救灾委员会青岛分会"（以下简称"青岛救灾会"），胶县和即墨两县救灾会改为支会。青岛救灾会是青岛救灾的最高权力机关，全权负责此次救灾工作，其在行政上隶属于华北救灾委员会，在

---

① 《胶即两县城关灾情调查完竣》，《青岛新民报》1939年11月16日，第7版。

业务开展和救灾经费方面受到总会的统一管理和调配。

（二）报灾勘灾

灾害发生后，作为地方长官首先要做的工作就是及时将灾害发生的时间、地点和损失快速上报。根据青岛沦陷前民国政府制定的《勘报灾歉条例》之规定：旱灾和虫灾的形成有一个过程，地方官员应随时亲履勘灾，上报期限至迟不得超过10天；风灾、雹灾、水灾及其他突发性灾害，应立即亲履勘灾，上报期限不得超过3天。另据1939年日伪政权《山东省勘报灾歉暂行办法》规定，县知事在报灾后，应立即亲自到受灾处所切实勘验，勘验完毕后，先将受灾大概情形及受灾村庄，用电报形式报告省公署和道公署，然后立即分别灾情轻重造具初勘册，誊呈送省公署和道公署。如果县知事延误勘灾，或无灾捏报有灾，灾轻捏报灾重，弄虚作假，一律严厉处置。因此，按照上述规定，青岛救灾会在台风过后派李明德和曹庆来到楼山后村查灾勘灾，并将该村损失上报，为及时救灾赢得了时间。

（三）募捐

伪政府在筹集赈款过程中，一方面通过财政支付方式来筹款，一方面发动社会捐款。为激发公众捐赠热情，青岛救灾会和社会各界在募捐过程中进行了动员：（1）散发张贴水灾漫画，如印刷水灾漫画2000张，分发各处张贴；（2）在市内公共场合演讲灾况，如青岛救灾会宣传组干事长曲益三，借义务戏机会，做宣传演讲，其讲演词在各报披露，使公众进一步晓知。这些动员，使公众进一步知晓灾害损失程度，为募集更多捐款赢得支持。

此次赈款募集中主要采取了五种方式。第一，劝募助赈。灾后面临巨大资金缺口，青岛救灾会灾后立即组织力量，分3组向全市绅商各界进行劝募。最终，青岛商会募捐101660元，东镇商会募捐30876元，西镇商会募捐6160.64元，中国妇人会募捐1619.30元，社会局代收募捐2796.11元，总计募捐143112.05元。① 短时间内筹募到一批赈款，这就保证了初期赈救行动的顺利开展。第二，加捐助赈。伪青岛特别市公署颁布公告，对娱乐场所以及饭馆等征收附加捐一成，捐税由大阜银行代收，以筹募赈资。因此，各娱乐场所皆自9月18日起，施行加捐，如平安电影院缴纳捐税117.93元，福禄寿电影院1320.98元，明星电影院596.59元，中和戏院526.71元，总计2562.12元。至于饭馆附加捐事项，如饭馆同业公会缴纳捐税10000元，新亚饭店200元，总计10200元。② 第三，捐俸助赈。伪市公署颁布"公务员扣薪助赈办法"，凡市直辖各局会处及附属机关，以及青岛高等法院、地方法院、代管"中央"各机关之公务员的9月份应得工资（包括本俸以及津贴在内）按一定比例进行扣薪助赈，其具体扣薪比例为：51—100元，扣2%；101—200元，扣2.5%；201—300元，扣3%；301—500元，扣4%；500元以上，扣5%。③ 第四，义演助赈。青岛商会代为向各商号分销戏票，通过义演筹募赈款。著名京剧表演艺术家李少春来青参加义演，引起了巨大轰动。第一次义演于10月8日和9日在光陆大戏院举行，第二次义演在市民大礼堂举行。其中，第一次义演收入2314元，支出424.43元，净余1889.57元；第二次义演收入2746元，支出571.99元，净余2174.01元。这两次义演共募捐4000多元，所得款项全部用作青

---

① 《本市风水灾赈款将超过20万元》，《青岛新民报》1939年11月3日，第7版。
② 同上。
③ 青岛市档案馆藏：《公务员扣薪助赈办法》，档案号：B0038-001-00958。

岛冬赈以及大台风灾救济。① 第五，总会拨款。华北救灾委员会统筹支配赈款，其中第一次分配国币10万元，作救济风水灾暨冬赈之用；第二次拨款35000元，作为灾民冬赈之用。青岛救灾会自8月开始募集赈款，至11月中旬，通过多种形式共募得赈款218000元。②

筹款方式的多样性是此次救灾的一个特点，既反映了青岛救灾委员会在救灾中的努力作为，也显示了青岛民众在灾难面前患难与共、扶危济困的朴素情怀。

（四）赈济

赈济为灾后补救措施，与灾前预防相比，是一种消极救济措施。但是灾荒突袭后，灾民如未及时获得救济则面临生死考验，因而这种方法延续了数千年。赈济方式有多种，赈谷、赈银、赈粥、工赈等。针对灾害大小，各方会选择不同的赈济方式。1939年的台风发生后，青岛救灾会主要采取了赈银和赈谷两种方式。关于赈银，为了使遭受台风灾之灾民的基本生活得到保障，1939年9月10日，即台风灾害发生10天之后，青岛救灾会首先向市区发放6万元赈款，为灾民备置临时帐篷以及食物与水等生活必需品。至于赈谷，青岛救灾会在灾后收到了青岛商会捐助的1500张面粉票。为了能够将面粉票合理有序地发放，青岛救灾会拟定了三区散放面票调查办法，以对市区灾民情况进行调查，即：甲，东镇商会区，由东镇商会与警察局一起派员调查；乙，西镇商会区，由西镇商会与警察局一起派员调查；丙，市商会区，由市商会与红卍字会、妇人会协同调查。至这三个区域调查结束后，青

---

① 《本市风水灾振款将超过20万元》，《青岛新民报》1939年11月3日，第7版。
② 《赈款余额全部赈济本市贫民》，《青岛新民报》1939年12月29日，第7版。

岛救灾会于11月23日开始向灾民发放面粉票，灾民则按所持面票领取面粉。当面粉业务办理完竣时，青岛救灾会共发放面粉8000袋。[①] 许多因灾而生活困难的灾民生计得以维持。

（五）蠲缓

每当灾荒发生，蠲缓赋税成为政府与民休养生息的内容之一。民国将蠲缓写进法律，使之成为法定的救济方法。《社会救济法》规定："各地遇有水、旱、风、雹、地震、蝗、螟等灾，各县市政府得视被灾情形，呈请减免土地赋税。"《山东省勘报灾歉暂行办法》也规定：被灾地亩自初勘呈报之日起，无论征税、附捐一律暂缓征收，一俟复勘竣事，应征应缓，再行照案办理，但被灾不及二成地亩仍应先行征收。台风过后，青岛地区的盐场和盐民受灾十分严重。因此，"受灾盐民计税奉伪财政部批准予以豁免"。即墨县同样受灾较重，得以酌免田赋。沧口楼山后村受灾严重，60余亩二年内不能耕种，各该户均要求在此二年内免除田赋租税，并获得伪政府批准。[②]

概言之，1939年台风登陆青岛给城市生产和生活造成了严重损失。通过灾后的赈救行动，我们可以得到一些启示：一是赈灾行动是一项社会行动。台风发生后，青岛救灾会协调社会力量，筹款募捐，广泛发动社会组织调查赈粮，参与救灾。民间力量在此次救灾中表现极为活跃，各级商会和慈善团体与伪政府一道，在募款、捐物等行动中，发挥了积极作用。这说明民间力量参与

---

① 《华北救灾分会散放面粉完竣》，《青岛新民报》1939年11月30日，第7版。
② 青岛市档案馆藏：《关于派员勘沧口楼山后村受风雨灾害情形》，档案号：B0023-001-01954。

救灾，可以弥补政府救灾力量不足。二是灾后赈济固然重要，灾前预防更应重视。此次登陆青岛的台风灾害损失巨大，诚然与台风破坏威力有关，但在台风到达之前，对其预防不充分，缺乏有效预警机制，因而使此次灾害损失无论从范围还是数量上都创青岛历史之最。这说明伴随城市发展，城市需要建立一套完善的灾害预防和救助体系，才能将灾害损失降低在可控范围之内。

第三章　现代海洋灾害演变
与应对体制变革

按照历史阶段划分，新中国成立后，中国进入现代史阶段。现代中国在防灾救灾体制上进行了几次较大规模调整和变革。这个阶段可以分为改革开放前和改革开放后两个阶段，改革开放前是以中央政府领导、各级政府负责、单位组织、全民参与的防灾救灾体制，改革开放后是政府主导、社会力量和市场机制广泛参与的体制。本章在对新中国成立以来70多年海洋灾害演变趋势分析的基础上，着重分析这70年应对灾害体制是如何变革的。

第一节　现代海洋灾害演变趋势

新中国成立以来，随着全球气候变化和我国对海洋开发与利用加强，对海洋研究日益重视，中国海洋灾害种类划分越来越细化，计有风暴潮、海浪、海冰、海啸、赤潮、绿潮、海平面变化、海岸侵蚀、海水入侵与土壤盐渍化、咸潮入侵、海上溢油等11种海洋灾害。根据海洋灾害形成原因和影响，可以分其为三大类：海洋气象灾害、海洋生态灾害、海洋地质灾害。[①] 这三类海

---

① 刘霜等编著：《海洋环境风险评价和区划方法与应用》，中国海洋大学出版社，2017年，第2页。

洋灾害的成因受自然与社会因素影响程度不同，其变化趋势呈现差异化特点。

一、海洋气象灾害持续发生

海洋气象灾害是由于气候变化引起的海洋灾害，引发海洋灾害的天气系统有台风（热带气旋）、温带气旋、强冷空气活动等。海洋气象灾害主要有海上大风、风暴潮、海浪、海雾、海冰、海上强对流天气等。[①] 根据2000—2007年《中国海洋灾害公报》统计，海洋气象灾害造成的财产损失和死亡（失踪）人数分别占全部海洋灾害损失的98.6%和99.9%。可见，海洋气象灾害是破坏性最大的海洋灾害。

（一）风暴潮

中国沿海风暴潮灾害发生频率高、损失大，其危害性居海洋灾害之首。风暴潮灾害分为两类：威胁黄渤海海区的温带风暴潮与影响各海区的台风风暴潮。据统计，1950—1990年，共发生71次温带风暴潮灾害，年均1.76次；1949—1990年，共发生92次台风风暴潮灾害，年均2.19次。[②]1991—2020年的30年间，我国累计遭受204次风暴潮灾害侵袭，其中温带风暴潮36次，台风风暴潮灾害168次。我国风暴潮灾害发生频率总体呈现明显的波动上升趋势。近30年间，风暴潮灾害发生次数的年际变化较大，其中2013年达14次之多，最少的年份仅为2次（见图3-1）。根据资料

---

① 许小峰、顾建峰、李永平主编：《海洋气象灾害》，气象出版社，2009年，第3页。

② 杨华庭、田素珍、叶琳等主编：《中国海洋灾害四十年资料汇编（1949—1990）》，海洋出版社，1994年，第6页。

统计，1991—2020年的30年间，我国风暴潮灾害的发生次数超过1949—1990年的42年间风暴潮灾害发生次数总和，呈现愈演愈烈的趋势。

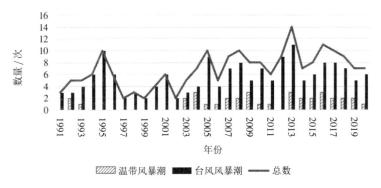

图3-1　1991—2020年风暴潮灾害年际变化趋势图
资料来源：1991—2020年《中国海洋灾害公报》。

新中国成立后，我国海洋科技工作者开始进行风暴潮研究，关于风暴潮的记录较为详细，图3-2所列为新中国成立以来高于当地警戒潮位30厘米的风暴潮灾害（橙色预警及以上）人口伤亡及直接经济损失变化趋势图。

结合图3-1和图3-2，可以看到风暴潮灾害造成的人口伤亡与经济损失变化趋势。在人口伤亡方面，根据有记载数据显示，新中国历史上共有14次导致人口死亡超过百人的较大风暴潮灾害，其中，1956年的"5612台风"、1969年的"6903台风"、1994年的"9417台风"所带来的风暴潮灾害更是导致上千人的死亡。在这14次风暴潮灾害中，有8次发生在1949—1989年间，有6次发生在1990—1999年间。从新世纪开始，风暴潮灾害带来的人口死亡数量急剧下降，尤其是进入2010年之后，风暴潮灾害几乎未造

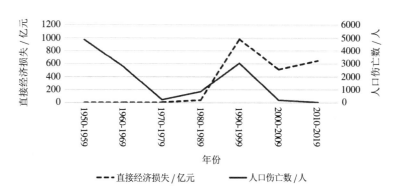

图3-2　新中国成立以来较大风暴潮灾害人口伤亡、经济损失统计图

资料来源：于福江等编著：《中国近海海洋——海洋灾害》，

海洋出版社，2016年；1989—2020年《中国海洋灾害公报》。

成人口死亡，其中较严重的是2014年遭遇的自1949年以来最强台风"威马逊"引起的风暴潮灾害造成的6人死亡。其中主要原因是我国救灾理念发生重大变化，从过去注重不惜生命保护财产到以民为本、生命至上。在经济损失方面，以1989年为界，在此之前风暴潮灾害所造成的经济损失较小，自1989年起，几乎每场较大风暴潮都能带来数十亿的直接经济损失，"9216台风"、"9417台风"、"9615台风"、"9711台风"、"0814台风"、"1909台风"所引起的风暴潮灾害更是带来百亿甚至两百亿的经济损失。这是因为沿海地区是经济富庶之地，风暴潮对沿海造成损失与富庶程度成比例。

　　要言之，随着全球气候变暖，风暴潮灾害等极端灾害事件发生频率呈现增加的趋势。[1] 风暴潮灾害损失呈现出新的特点，死亡与失踪人口减少，经济损失增加。所以，如何预防和减少风暴

---

[1] 冯爱青、高江波、吴绍洪等：《气候变化背景下中国风暴潮灾害风险及适应对策研究进展》，《地球科学进展》2016年第11期。

潮灾害损失，仍是今后我国应对海洋灾害的重点工作。

（二）海浪

灾害性海浪通常指的是超过4米高的海浪，具体包括台风浪、气旋浪、冷空气浪三种类型。[1]海浪的巨大冲击力，会掀翻航行船只，威胁海上航行安全，摧毁海上及海岸工程设施，造成灾害性后果。据不完全统计，1966—1990年的25年间，中国海≥6米的灾害性海浪共发生700次，平均每年28次。灾害性海浪发生的年际变化较大，1971年、1980年、1981年、1989年、1990年5年发生频率较高，分别为53次、38次、36次、34次、34次，大致每10年达到一次峰值（见图3-3）。据记载，1966年8月24日至9月4日，福建罗源地区形成5米的台风巨浪区，受淹农田3.2万公顷，倒塌房屋34866间，毁坏堤防工程16587处，沉没船只939艘，死亡人数达269人。[2]1973年7月1日至6日，福建厦门附近发生的海浪灾害，沉没船只3096艘，倒塌房屋252681间，致129人死亡。[3]1966—1990年间，中国海因灾害性台风浪翻沉的各类船只14345艘，损坏9468艘，死亡、失踪4734人，伤近4万人。其中有三个年份最为严重，1985年翻船4236艘，死亡1030人；1986年翻船4102艘，死亡889人；1990年翻船3300艘，死亡876

---

① 海浪与风暴潮的区别在于：现象不同，海浪是海面的波动现象，风暴潮是海面增水减水出现异常升降现象；形成机理不同，海浪是由于波的传播引起，风暴潮是因海水水位升降引起。

② 国家科委全国重大自然灾害综合研究组编：《中国重大自然灾害及减灾对策（年表）》，海洋出版社，1995年，第508—509页。

③ 中国灾害防御协会编：《论沿海地区减灾与发展——全国沿海地区减灾与发展研讨会论文集》，地震出版社，1991年，第335页。

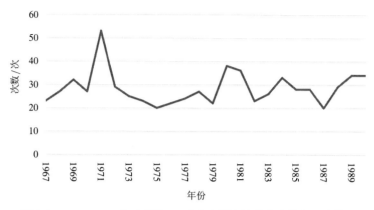

图3-3　1966—1999年中国海≥6米灾害性海浪发生次数年际变化图
资料来源：《中国重大自然灾害及减灾对策（分论）》。

人。[1] 海浪与风暴潮是造成人口死亡的两大主要海洋灾害。

　　进入21世纪，海浪灾害记录更为完备（见图3-4）。2001—
2020年中国海≥4米灾害性海浪发生次数年际变化大，2005年发
生次数最多为66次，2002年、2015年最少为33次。海浪灾害年
际变化较大，造成人口死亡数量呈现明显的波动下降趋势，最
多的是2001年造成265人死亡，最少为2020年有6人死亡。与
1966—1990年相比，2001—2020年海浪致死人口数量大幅减少，
这与21世纪以来海洋公益服务、航海技术、海上应急救援能力的
大力发展密不可分。

[1]　杨华庭、田素珍、叶琳等主编：《中国海洋灾害四十年资料汇编（1949—1990
年）》，第98—99页。

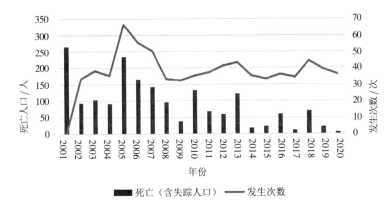

图 3-4 2001—2020年中国海≥4米灾害性海浪发生次数、
死亡人口数量年际变化图

注：2001年数据中国海≥4米灾害性海浪发生次数不详。

资料来源：2001—2020年《中国海洋灾害公报》。

（三）海冰

海冰灾害多发生在每年11月中下旬至次年2月中旬前的渤海海域及黄海北部地区，是海上航行、海水养殖、海上工程等海上活动的巨大安全隐患。海冰按其冰情大小分为五级：1级——轻冰年、2级——偏轻冰年、3级——常冰年、4级——偏重冰年、5级——重冰年。[①] 据资料记载，新中国成立以来，我国沿海共发生4级以上的冰情7次。（见表3-1）

根据表3-1，1949—1978年的30年间，1957年、1968年、1969年和1977年共发生4次较为严重的海冰灾害，大约间隔周期为10年；1979—2020年的42年间，严重的海冰灾害数量明显减少，1981—1999年间，未发生严重海冰灾害；2000—2010年间，2000年、2001年和2010年，共发生3次海冰灾害，大致也为10年

---

① 国家科委全国重大自然灾害综合研究组编：《中国重大自然灾害及减灾对策（年表）》，第392页。

表3-1 新中国成立以来较大海冰灾害统计表

年份	冰情	灾害简况
1957	重冰年	冰情严重，船舶无法航行。
1968	偏重冰年局部冰封	龙口港封冻，3000吨的货轮不能出港。
1969	重冰年渤海冰封	"海二井"生活平台、设备平台和钻井平台被海冰推倒；"海一井"平台支座钢筋被海冰隔断。进出塘沽和秦皇岛等港的123余艘客货轮受到海冰严重影响。其中，有58艘受到不同程度的破坏，部分船只船舱严重进水。
1977	偏重冰年	"海四井"烽火台被海冰推倒，秦皇岛有多艘船只被冰困住，需要破冰引航。
2000	偏重冰年	辽东湾海上石油平台及海上交通运输受到影响，有些渔船和货船被海冰围困。
2001	偏重冰年	辽东湾北部港口处于封港状态，秦皇岛港冰情严重，港口航道灯标被流水破坏，港内外数十艘船舶被海冰围困，海上航运中断，锚地40多艘货船因流冰作用走锚；天津港船舶进出困难，海上石油平台受到流冰严重影响。
2010	偏重冰年	山东省船只损毁6032艘，港口及码头封冻30个，水产养殖受损面积148.36×103公顷，因灾直接经济损失26.76亿元；河北省因灾直接经济损失1.55亿元；辽宁省船只损失1078艘，水产养殖受损面积58.71亿元，港口及码头封冻226个。

资料来源：于福江等编著：《中国近海海洋——海洋灾害》，第197—198页。

出现一次；2011—2020年间，没有发生较为严重的冰情。总体来看，重冰年与偏重冰年出现的频率大致呈现为每10年出现一次，这是受大气、水文、天文等因素影响而产生的规律性变化。最近

10年没有发生严重冰灾，这与全球气候变暖，海域冰期缩短有关。尽管如此，研究显示，全球极端天气频率增加，冬季极端低温天气发生可能性增大，海冰灾害致灾因子危险性有加大趋势。[1]另外，受海上经济活动频率增大的影响，相对较轻的冰灾仍有可能造成较大的经济损失。1969年2月中旬发生的渤海湾冰灾，造成了近亿元的经济损失[2]；而在明显较轻的2010年海冰灾害中，海冰灾害造成辽宁省直接经济损失34.86亿元，山东省直接经济损失26.76亿元[3]；甚至在2013年的常冰年期间，环渤海省份直接经济损失也达3.22亿元，主要为水产养殖的损失[4]。这说明由于对海洋开发和利用的规模加大，海洋所承载的财富价值增加，而人们承受灾害的脆弱性也在增加，一遇灾害就会造成损失。为此，需要树立灾害风险意识，树立底线思维，未雨绸缪，防微杜渐，将损失降低到最小值。

二、海洋生态灾害增加

海洋生态灾害是指由于自然变异和人为因素所造成的损害海洋和海岸生态系统的灾害，包括赤潮、绿潮和外来物种侵袭等。随着我国沿海地区开发广度和深度增加，我国海洋生态灾害近年

---

[1] 武浩、夏芸、许映军等：《2004年以来中国渤海海冰灾害时空特征分析》，《自然灾害学报》2016年第5期。

[2] 国家科委全国重大自然灾害综合研究组编：《中国重大自然灾害及减灾对策（年表）》，第519页。

[3] 中华人民共和国自然资源部：《中国海洋灾害公报（2010）》，https://gc.mnr.gov.cn/201806/t20180619_1798014.html，2011年4月22日。

[4] 中华人民共和国自然资源部：《中国海洋灾害公报（2013）》，https://gc.mnr.gov.cn/201806/t20180619_1798017.html，2014年3月19日。

来频繁发生，对沿海经济发展产生很大影响。

（一）赤潮

赤潮是由于海水中的浮游植物、原生动物或细菌在特定环境中的爆发性生长致使海水发生颜色变化的海洋生态灾害。赤潮中的大量生物繁殖消耗海水氧气、遮挡阳光、分泌毒素，破坏了海洋生态平衡，冲击养殖业。例如，2012年，福建海域赤潮中大量繁殖了米氏凯伦藻赤潮，其伴生的东海原甲藻分泌的毒素致福建省水产养殖贝类特别是鲍鱼大规模死亡，造成20.11亿元的直接经济损失。[①] 赤潮生物分泌的毒素叫作贝毒，主要富集于贝类生物中，甚至于1—2个贝中蕴藏着350毫克、剂量可毒死35人的毒素。[②] 这使得赤潮不仅威胁海洋生物，且通过食物链威胁人类生命健康。

1933—1989年，我国沿岸海域赤潮仅发生在长江口、莱州湾和渤海湾海域；1990—1999年，在辽东湾、大连和海南沿岸海域发生赤潮；2000—2009年，我国沿岸海域发生赤潮范围明显扩大，在辽宁、河北、天津、山东、江苏、浙江、福建和广东沿岸均发生了赤潮。[③] 时至今日，我国沿海各个省份附近海域都发生过赤潮灾害。赤潮灾害在影响范围不断扩大的同时，发生频率也呈现明显的增长趋势。20世纪50年代前仅发生10次赤潮；20世纪70年代的10年间为15次，年均1.5次；20世纪80年代的10年间达208次，年均20.8次；20世纪90年代的10年间增至221次，年均22.1

---

① 中华人民共和国自然资源部：《中国海洋灾害公报（2012）》，https://gc.mnr.gov.cn/201806/t20180619_1798016.html，2013年3月6日。

② 游建胜：《赤潮灾害及其防灾减灾对策研究》，《发展研究》2015年第4期。

③ 梁玉波：《中国赤潮灾害调查与评价（1933—2009）》，海洋出版社，2012年，第138页。

次。① 进入21世纪，赤潮灾害发生次数呈现下降趋势（见图3-5）。

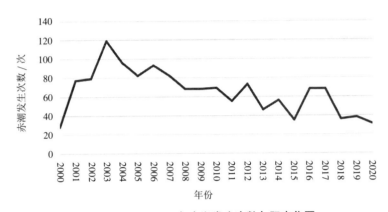

图3-5 2000—2020年赤潮发生次数年际变化图

资料来源：2000—2020年《中国海洋灾害公报》。

据图3-5显示，2000—2009年的10年间，共发生792次赤潮灾害，年均79.2次，延续20世纪90年代持续递增的态势；2010—2019的10年间，共发生575次赤潮灾害，年均57.5次，与21世纪前10年相比呈现明显下降趋势，但其总量仍超过1950—1999年的50年间发生次数的总和。从2000—2020年总体来看，2003年达到119次峰值后便呈现明显的波动下降趋势，至2020年达到36次，这一数量为21世纪以来最小值。在21世纪，赤潮发生总体趋于下降趋势，这主要得益于入海污染物中氮、磷污染物得到了明显控制。② 这说明只要采取陆海联动措施，随着陆海环境的改善，海洋生态文明建设在国家总体布局中的地位日益重要，赤潮灾害是可以被控制乃至根除的。

（二）绿潮

绿潮是世界沿海各国普遍发生的海洋生态异常现象，多数以石莼属和浒苔属大型绿藻种类脱离固着基形成漂浮增殖群体所致。[①] 绿藻与赤潮相区别，其本身并无毒性，但也会造成诸多不利影响乃至较大灾害。例如，绿潮影响滨海观光及旅游业，遮蔽阳光影响其他海洋生物繁殖，消耗海水氧气，引发次生环境灾害，绿藻腐败散发难闻气味等。2007年，绿潮在黄海西部海域初次暴发。2008年6月，青岛沿海浒苔爆发性繁殖，造成"绿潮灾害"，对青岛的渔业、航运业、滨海旅游业造成严重威胁，甚至对当年奥运帆船赛的举办都产生了很大影响。为此，政府投入大量人力、物力、财力紧急处置，直至8月下旬，奥帆赛场内才无浒苔分布，这次灾害也将绿潮的危害展现给大众。[②] 此后，《中国海洋灾害公报》开始公布绿潮灾情，这一海洋灾害开始有了较为详细的记录（见图3-6）。

图3-6显示，自2008年以来，绿潮灾害最大覆盖面积仅2012、2017、2018、2020四个年份低于500km²，其余年份均维持在500km²之上，在2009年覆盖面积甚至达到2100km²；其最大分布面积最大为2009年的58000km²，最小是2020年的18237km²，除2012年和2020年外，分布面积均超过20000km²，维持在高位

---

① 唐启升、张晓雯、叶乃好等：《绿潮研究现状与问题》，《中国科学基金》2010年第1期。

② 国家海洋局海洋发展战略研究所课题组编：《中国海洋发展报告（2010）》，海洋出版社，2010年，第334—335页。

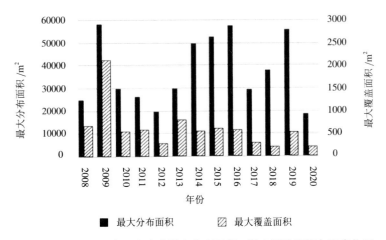

图3-6　2008—2020年绿潮灾害最大分布面积、最大覆盖面积年际变化图

资料来源：2008—2020年《中国海洋灾害公报》。

水平。可以看出，绿潮灾害的最大覆盖面积与最大分布面积变化趋势连续性不强，年际变化较大，没有明显减弱的趋势，成为影响我国海域的常态化海洋灾害。究其原因，除适合绿藻类生长的水温、气候、光照等自然因素外，绿潮实际起源于黄海南部浅滩筏式养殖区，其中作为养殖设施支撑的毛竹架、固定养殖设施的梗绳，以及紫菜生长不良的网帘上均会附着生长不同量的浒苔等大型绿藻，这些绿藻随夏季风北移，进入我国富营养化水域，便疯狂生长，产生了绿潮灾害。[①] 因此，绿潮灾害的频发本质上是人类对于海洋过度开发利用的结果，需要我们在发展海洋经济的同时协同保护海洋生态，才能够避免形成一方面发展致灾，一方面用发展创造的财富去治理海洋污染，没有实质发展的增长内卷

---

① 王宗灵、傅明珠、周健等：《黄海浒苔绿潮防灾减灾现状与早期防控展望》，《海洋学报》2020年第8期。

化态势。

三、海洋地质灾害危害突显

海洋地质灾害是指近海或深海地质变动引起的灾害，主要有海水入侵、海岸侵蚀、海平面上升、海底滑坡、地震海啸等。海洋地质灾害可使沿海地带环境发生变化、生态平衡遭到破坏，使海上各种工程和海底设施遭受毁坏，海岸大片可用土地减少或丧失，使沿海城市建筑、港口和旅游设施，以及公路、盐田和虾池等严重受损，给人类造成巨大经济损失。[①]

（一）海平面上升

1980年以来我国海平面呈现波动上升态势，其中2000年以来，中国沿海海平面处于常年平均海平面水平之上，近10年以来平均海平面达到近40年以来的最高值（见图3-7）。图3-7显示，2012年、2014年、2016年和2019年等突发性海平面升高情况时有发生，带来严重安全隐患；1980—2020年，中国沿海海平面上升速率为3.4毫米／年，这一数值超过全球的平均水平。研究者预估，在未来30年，中国沿海海平面还将上升55—170毫米。[②] 研究表明，海平面上升将增加风暴潮灾害发生频率，加剧海水入侵、海岸侵蚀、咸潮、土地盐渍化等其他海洋地质灾害。[③] 可以说，海平面上升是沿海经济与社会发展的巨大隐患。

---

① 吴崇泽：《海洋地质灾害及其防治对策》，《海洋通报》1993年第4期。

② 自然资源部海洋预警监测司：《2020年中国海平面公报》，2021年，第1页。

③ 焦嫚、张栋杨：《海平面上升情景下沿海地区发展脆弱性评价》，《首都师范大学学报（自然科学版）》2019年第4期。

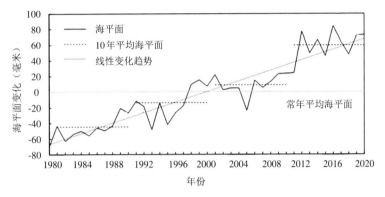

图3-7　1980—2020年中国沿海海平面变化图

资料来源:《2020年中国海平面公报》,第2页。

(二)海岸带侵蚀

海岸侵蚀是由于海洋泥沙支出大于输入而产生净损失,造成海岸线后退或下蚀的现象。我国海岸侵蚀从20世纪50年代末期渐趋明显,20世纪70年代末日益加剧。[①]1992年,《中国海洋灾害公报》首次发布了海岸侵蚀灾情公报,截至1992年,我国所有的淤泥质海岸和70%左右的沙质海岸受到侵蚀,前者侵蚀速率达1—2米/年,部分岸线超过10米/年;后者侵蚀速率不一,如渤海湾南部约为每年10米,鲁北钓口河达每年1000米(1976—1981年)。[②]各沿海海岸线每年侵蚀严重程度不一,但每年以一定速度蔓延。以环渤海为例,据2000年、2005年、2008年、2010年和2012年监测数据显示,渤海海岸线受侵蚀持续萎缩。(见表3-2)

[①] 钟超、石洪源、隋意等:《我国海岸侵蚀的成因和防护措施研究》,《海洋开发与管理》2021年第6期。

[②] 中华人民共和国自然资源部:《中国海洋灾害公报(1992)》,http://gc.mnr.gov.cn/201806/t20180619_1797995.html,1992年11月26日。

表3-2 渤海海岸线遥感监测数据统计结果表

地区	类型	年度				
		2000	2005	2008	2010	2012
天津	沙质岸线	—	—	—	—	—
	淤泥质岸线	107.95	106.59	101.09	76.78	36.86
河北	沙质岸线	90.34	90.12	88.64	87.81	79.19
	淤泥质岸线	11.85	4.20	3.59	3.35	1.79
辽宁	沙质岸线	217.89	205.13	190.73	170.56	156.35
	淤泥质岸线	44.24	33.02	31.50	21.52	18.00
山东	沙质岸线	107.39	95.23	90.17	90.17	81.53
	淤泥质岸线	135.22	157.40	161.42	169.02	155.96
渤海	沙质岸线	415.62	390.47	369.54	348.55	317.07
	淤泥质岸线	305.01	263.45	246.13	225.12	204.79

资料来源：刘霜等编著：《海洋环境风险评价和区划方法与应用》，第158—159页。

受蚀海岸范围逐渐扩大，除河流改道引起的输沙减少、潮流和风暴潮等特殊动力对海岸的侵蚀、地壳运动等自然因素外，人工挖沙、水利工程拦沙、无计划采伐红树林和珊瑚等人类活动，加之海平面上升，使得海岸侵蚀速率大大加快。例如，1992年，山东省海阳县潮里和文登初村，于沿岸沙堤挖虾池，使其防御能力降低，在遭遇风暴潮时，不仅虾池与堤坝被冲毁，海岸线也后退30—40米。[①]1994年，海南省清澜港，由于岸外的珊瑚礁被炸毁，经受了严重的海岸侵蚀，使该区海岸一年内后退15—20

---

① 易晓蕾：《中国海岸侵蚀》，《中国减灾》1995年第1期。

米。① 海岸侵蚀会造成沿岸村庄被毁、公路中断、港湾淤积、旅游业受损。1992年，海岸侵蚀造成了山东省12个海水浴场改线，1个有1500年历史的古老村庄部分被毁，损失十分惨重。②

海岸侵蚀造成的损失愈来愈受到重视。2015年，国家海洋环境监测中心主持研究制定了《海岸侵蚀监测技术规程》和《海岸侵蚀灾害损失评估技术规程》。2016年起成立联合调查队，开展海岸侵蚀监测与灾害损失评估，《中国海洋灾害公报》开始公布该灾害造成的损失。③ 2016年海岸侵蚀造成3.49亿直接经济损失④，2017年造成了3.45亿元直接经济损失⑤，2018年损失为2.85亿元⑥。从公布的灾害损失数据可见，2016—2018年海岸侵蚀造成的直接经济损失在当年各类海洋灾害造成的损失中分别排第二、第三、第二位，可见海岸侵蚀严重性。

就海洋地质灾害整体而言，在海平面上升作用下，海岸侵蚀、海水入侵与土地盐渍化、咸潮入侵等海洋地质灾害持续加剧，尤其以海岸侵蚀为代表，其造成的直接经济损失日益突显。另外，除上述海洋地质灾害外，海洋地质灾害还包括由地震引发

---

① 中华人民共和国自然资源部：《中国海洋灾害公报（1994）》，http://g.mnr.gov.cn/201701/t20170123_1428310.html，2010年4月1日。

② 中华人民共和国自然资源部：《中国海洋灾害公报（1992）》，http://gc.mnr.gov.cn/201806/t20180619_1797995.html，1992年11月26日。

③ 方正飞：《我国砂质海岸和粉砂淤泥质海岸侵蚀严重》，《中国海洋报》2018年2月2日，第1版。

④ 中华人民共和国自然资源部：《中国海洋灾害公报（2016）》，http://gc.mnr.gov.cn/201806/t20180619_1798020.html，2017年3月22日。

⑤ 中华人民共和国自然资源部：《中国海洋灾害公报（2017）》，http://gc.mnr.gov.cn/201806/t20180619_1798021.html，2018年4月23日。

⑥ 中华人民共和国自然资源部：《中国海洋灾害公报（2018）》，http://gi.mnr.gov.cn/201905/t20190510_2411197.html，2019年4月28日。

的海啸。新中国成立以来虽然多次监测到海啸地震，但只有两次造成不同程度损害，第一次为1969年7月18日渤海中部7.4级地震引发的海啸，使河北昌黎沿海农田与村庄淹没；第二次为1992年1月，三亚港受到海南岛西南海底地震影响，部分渔船受损，引发沿海居民恐慌。[①] 虽然海啸灾害危害大，但在新中国历史上数量少，这里就不再讨论。

综上所述，纵观新中国成立以来海洋灾害发展趋势，我们认为其呈现以下三个突出特点：第一，除海冰灾害在全球气候变暖的背景下发生频率降低外，其他各类海洋灾害发生频率都呈现上升趋势，海洋灾害风险加大。第二，从海洋灾害造成人口伤亡和经济损失上来看，海洋灾害死亡人数急剧下降，但其造成的直接经济损失却随着沿海地区经济的发展而逐渐增大。第三，就特定灾种而言，风暴潮和海浪灾害破坏最大，但是随着以人为中心的思想确立，人口死亡减少，财产损失增加。海洋地质灾害大都属于缓发型海洋灾害，其危害性是随着时间积累日益显现的。海洋生态灾害随着过度开发海洋产生，近些年来随着海洋生态保护的加强，海洋污染势头得到遏制。上述海洋灾害这三大变化趋势对于调整我国的海洋防灾减灾救灾政策和措施，减轻灾害人员伤亡和经济损失，会起到重要参考作用。

---

① 郭琨、艾万铸：《海洋工作者手册》（第二卷），第820页。

第二节　现代应对海洋灾害体制变迁

应对海洋灾害体制是灾害管理体制的一部分，本节将应对海洋灾害体制融入到中国灾害体制变迁框架中来宏观考察，以影响应对灾害体制变革的几个关键节点，将新中国成立以来体制变迁分为四个阶段：新中国成立后至改革开放、改革开放后至2003年"非典"时期、"非典"后至2013年党的十八大、十八大以来等几个阶段。以下通过纵向梳理包括应对海洋灾害体制变迁在内的现代中国灾害体制变迁，来深刻地认识新中国成立以来应对重大灾害体制变迁的内在理路和趋势。

一、新中国成立后至改革开放前的应灾体制

新中国成立后至改革开放前的30年，我国逐步建立起以家庭—单位为主体的社会结构体系。单位按所有制形式分为国有单位和集体单位两种公有制形式，个人则归属于国有或集体单位，成为单位人。在这种社会结构中，面对自然灾害的发生，国家的社会动员以集体组织形式展开，实行中央政府领导、各级政府负责、单位组织、全民参与的应灾体制，呈现出明显的时代特色。

（一）新的应灾体制建立

新中国成立后，废除了之前国民党以及日伪统治时期的救灾制度，重新建立起一套与新中国的政治与经济制度相适应的救灾体制，主要表现在以下几方面：

1. 以中央领导为核心，即明确中央政府统一指挥、部署抗灾救灾工作。

首先，为加强对自然灾害的管理，毛泽东于1950年6月6日在中共七届三中全会上提出：必须认真进行对于灾民的救济工作。为做好救灾工作，中央要求各地成立常设性减灾救济机构和临时性抗灾救灾机构，逐步形成了中共中央和国务院（政务院）统一领导、内务部具体组织、专门的减灾机构联合其他相关部门联动实施的领导体制。为加强对救灾工作的领导，中央人民政府内务部强调"救灾工作的关键，在于加强组织与领导"，要求"各级人民政府组织生产救灾委员会"。[①]1950年2月27日，中央救灾委员会应运而生，是全国救灾工作的最高指挥机关，其目的在于使各有关部门互相配合，步调一致，以统一领导全国救灾工作，而其日常工作则委托内务部负责。[②]为统一应对水旱灾害，国家相继于1950年6月和1952年2月成立了中央防汛总指挥部与中央生产防旱办公室等救灾协调议事机构，分别由水利部、农业部牵头，以协调各部门救灾。这就初步确立了"业务主管部门牵头、各部门辅助、议事机构综合协调"的救灾领导体制。

其次，救灾前线往往需要立即对重大事项做出决策，因而国家在长期救灾实践中形成中央向救灾一线派遣高级别领导人的经验性传统。1958年黄河洪水灾害中，专家围绕是否炸开长垣县石头庄溢洪堰展开讨论。若采取炸堤分洪方案，虽可确保下游千万

---

① 《内务部指示各级人民政府加强组织领导生产救灾　不许饿死一个人！》，《人民日报》1950年3月7日，第1版。

② 《深入开展生产救灾工作——董副总理在中央救灾委员会成立会上的报告》，《人民日报》1950年3月7日，第2版。

父老乡亲的财产安全，却要牺牲当地百姓利益。周恩来总理坚定地说："我们有没有一个既能确保千万父老乡亲生命财产安全不受洗劫，也能确保石头庄父老乡亲免遭水害的切实可行的方案。"①在多方论证下，周总理最终做出"不分洪、不决口的救桥保堤的决策"。②另外，在救灾实践中，中央还会派慰问团、指导组等工作组赶赴灾区。1966年邢台发生地震后，周总理紧急部署并决定"组织以曾山为团长的中央慰问团"，其"任务是代表中央、国务院进行慰问，帮助各级领导进行抢救、救灾工作，解决需要中央解决的问题"。③这种中央领导一线指挥的抗灾救灾传统，能够及时有效地做出决策，避免了科层制结构层层转达批示耽误救灾时间。

要言之，新中国前30年的救灾实践，形成了党中央统一领导、协调、指导、监督的灾害应对领导体制。这种体制一方面能够快速整合资源，推动各部门合作，另一方面可以依靠政府的强大动员能力，以保证救灾产生积极效果。

2. 地方负责，配合中央政府组织抗灾救灾。

灾区地方政府具有明确的责任制，具体表现在以下两个方面：首先，中央救灾委员会、中央防汛总指挥部、中央生产防旱办公室等中央机构，在地方政府中各有其所属的下级机构。在政府垂直管理体制中，地方政府下属救灾机构纳入全国一盘棋救灾指挥系统中，扮演着"执行者"角色。例如，主管救灾工作的内

---

① 郑义明：《黄河纤夫——周恩来在黄河抗洪前线》，中央文献出版社，2003年，第7页。

② 康沛竹：《中国共产党执政以来防灾救灾的思想与实践》，北京大学出版社，2005年，第36页。

③ 中共中央文献研究室编：《周恩来书信选集》，中央文献出版社，1988年，第590页。

务部门的基本任务为"掌握灾情，管理和发放救灾款物，贯彻、检查救灾方针政策的执行情况，总结交流救灾工作经验"[1]，其工作依靠地方民政部门执行，在自上而下行政体系中设立各级相关机构。1950年6月3日，中央防汛总指挥部在北京成立后，各大行政区如中南、华东、东北及黄河流域均先后成立防汛总指挥部，各省市如河北、平原、山西、绥远等省及天津市亦均成立防汛指挥部。[2] 可以说，在自上而下的行政体系中，灾区地方政府作为中央机构的"地方助手"，成为应灾主体，是接受上级指示、响应紧急动员的组织基础。其次，灾区实行首长负责制。灾荒期间，党政机关首长加强领导，亲自挂帅，成立临时指挥部，指挥应灾工作。例如，1953—1954年冬春之际，内蒙古锡林郭勒盟发生严重雪灾，当地中共党委和人民政府以及群众团体的负责人，均组成工作组，深入各佐（区）和蒙古包，领导牧民与风雪灾害作斗争。[3] 中共内蒙古分局和自治区政府提出"抗灾保畜"的目标。"调运牲畜饲料"便成为当时之紧急任务。为此，锡林郭勒盟指挥部派出七八十名干部，负责购运饲料；临近的昭达乌盟盟长、边防站的部队首长甚至亲自携带电台赶赴重灾区指挥调运。据载，临近的昭乌达盟和察哈尔盟调出莜麦、麻饼五六十万多斤，边防站、合作社、贸易运输部门都为提供饲料及运输提供极

---

[1] 孟昭华、彭传荣：《中国灾荒史（现代部分）1949—1989》，水利电力出版社，1989年，第186—189页。

[2] 赵朝峰：《新中国成立以来中国共产党的减灾对策研究》，北京师范大学出版社，2013年，第37页。

[3] 《内蒙古锡林郭勒盟东部牧区紧急抗灾保畜 中央人民政府派飞机空投粮食饲料支援》，《人民日报》1954年4月4日，第1版。

大便利。[1] 这种首长亲自坐镇指挥抗灾的责任制大有裨益，确保了灾区抗灾工作集中统一领导，实现灾区内的人、财、物快速集结。

3. 以集体为纽带，组织动员全民抢险救灾、生产自救、互助互济。

新中国成立伊始，在河北、安徽等地灾情冲击下，中央提出"节约防灾，生产自救，群众互助，以工代赈"的救灾方针。1950年，第一次全国民政会议中阐发了"生产自救，节约渡荒，群众互助，以工代赈，并辅之以必要的救济"的救灾方针。1963年9月19日，周恩来在中央工作会议上再次强调了中国救灾工作的方针，即："第一生产自救，第二是集体的力量，第三是国家支持。这样三结合，才可以度过灾荒。"9月21日，中共中央、国务院发布的《关于生产救灾工作的决定》指出："依靠群众，依靠集体力量，生产自救为主，辅之以国家必要的救济，这是救灾工作历来采取的必要方针。"[2]

不论救灾方针如何调整，依靠和发动群众是救灾方针的核心要义。1949年12月19日，周恩来在《关于生产救灾的指示》中提出："发动与组织人民战胜灾荒，即为自己的生存而奋斗。"[3] 灾害来临时，为激发民众抗灾积极性，政府以多种形式展开动员。例如，有些地区"发动群众回忆过去灾荒的痛苦情景，组织老农或劳动模范讲解防旱、抗灾经验，或介绍适合于当地防旱、抗

---

① 中华人民共和国内务部农村福利司编：《建国以来灾情和救灾工作史料》，法律出版社，1958年，第99页。
② 民政部政策研究室编：《民政工作文件汇编》（二）（内部资料），1984年，第7页。
③ 《中央人民政府政务院关于生产救灾的指示》，《人民日报》1949年12月20日，第1版。

旱的具体办法，以坚定斗争的决心"[1]。有的地区村支部在党、团员会议和宣传员大会上进行动员，同时经过其他各种会议向村干部、人民代表、劳动模范、互助组长、民兵、妇女识字班学员、小学和民校的教员、读报组长、民间艺人等进行动员，然后以党的宣传员为骨干，吸收宣传工作中的积极分子组成强大的宣传队伍，按组、按户、按片分工包干，一齐出动，向全村群众展开宣传活动。[2] 中国共产党将数以万计群众汇集到一起，产生强大力量，推动较为落后的新中国减灾事业向前发展。

可见，在应对重大灾害过程中，中央政府统筹领导，政府各级部门及各级党团组织以纵向方式，通过紧急决策、指示、通知等形式自上而下进行传达和部署，快速地将上下级间的党员干部和各级团员动员起来；群众凝聚在村、社单位内开展救灾自救，从而使社会快速形成了纵横联动的救灾动员体制。这种举国体制，在人力动员、资源调配和部门的协调方面便于统一，对于应对重大突发性灾害优势明显。

新中国成立后应对海洋灾害，就是在这种新体制下进行的。1964年7月，国家海洋局成立；1966年，国家海洋局水文气象预报总台成立，同年8月14日，该机构正式对外发布海浪预报，自1970年起开始发布风暴潮和海冰预报。这标志着海洋灾害常态化预报工作有序推进。在这一时期，最难能可贵的是意识到海洋污染这一海洋灾害的人为致灾因素。1972年，由卫生部牵头，我国首次海洋污染调查在渤海和黄海北部展开。在这次调查的基

---

① 《中央人民政府法令汇编（1952年）》，法律出版社，1982年，第164页。
② 孙衷文、冯鲁仁：《农村党组织在春耕、防旱中的宣传工作经验》，《人民日报》1952年5月28日，第3版。

础上，根据国务院环境保护领导小组意见，国家海洋局肩负起海洋污染管理的职责，具体包括：（1）组织有关部门和地区开展我国沿海水域污染状况的调查，重点抓好渤海、东海、南黄海污染情况调查，为控制和治理污染提供依据；（2）建立海洋污染监测网；（3）会同有关部门制定防治海洋污染的法律、法令、条例、规定、标准制度等；（4）开展防治海洋污染的科学研究工作；（5）开展国内外海洋环境保护技术的情报资料的搜集、整理和服务工作。[1] 国家海洋局的成立，实现了对包括海洋污染在内的海洋灾害的统一治理，体现了我国应对海洋灾害体制的进步。

（二）新体制特点

受国家制度及特殊时代下政治、经济体制影响，新中国成立前30年建构的应对重大灾害体制与机制具有明显的中国特色和时代特点。

从体制与机构来说，它是一个高度集中的治理体系，其中政治动员是关键，部门之间则有很细的分工。从纵向来看，中央政府总揽全局，政府各级部门及各级党团组织以纵向政治动员为主，通过紧急决策、指示、通知等形式自上而下地进行传达和部署救灾工作。从横向来看，参与应灾的部门具体由决策指挥部门、主管职能部门与辅助部门组成。[2] 具体来说，民政部、建设部、国家计委、林业部等是具体主管职能部门，铁路、交通、邮电、商业等业务部门起到辅助作用，军队也在抢险救灾中发挥主力军作用，各部门各司其职、群策群力，加之国务院、中共中央集中统一领导，形成"中央指挥、政府执行、军队帮手"的救灾

① 杨文鹤：《国家海洋局大事记（1963—1987）》（内部资料），1990年，第52页。
② 康沛竹：《中国共产党执政以来防灾救灾的思想与实践》，第121页。

局面。

从机制与规则来说，灾害发生后经常会成立一个临时性管理指挥部，进行指挥和领导。这种临时成立的各级党政军一元化抢险救灾指挥部——应急指挥部，主要发挥赋能型协调机构的作用，借助"政治势能"解决跨层级（中央—地方）、跨领域、跨部门的合作困境。[①] 这有利于各部门协调一致、统一调动救灾物资、快速决策。因此，由中央高级别领导或灾区地方党政领导人挂帅的临时性管理指挥部十分必要。

从能力和技术看，这一时期因技术有限和物质匮乏，主要靠人海战术抗灾。例如，在新中国成立伊始的水灾中，苏北组织了42万民工、山东组织12万群众抢修堤坝，皖北参加抢护长江、淮河两堤的人民甚至达到350万人。[②] 这种动辄动员数十万乃至数百万群众参与抢险救灾的情形是在技术、能力匮乏背景下的独特景象。在政府动员下，群众不仅纪律性强，而且公共利益高于一切的观念也十分强烈。因此，在具体救灾实践中，人民群众为抢险甚至不惜付出生命。

从权力与责任来看，政府是灾害应对的绝对主体。计划经济体制下，社会资源和社会空间为政府所有，民众自主性和社会组织能力明显缺乏，国际援助被政府拒绝。中央政府主导着救灾行为，地方扮演着执行者角色，接受、传达中央指示，承担报灾、申请救灾款、发放救灾款等作用。这就造成中央政府在救灾工作

---

① 钟开斌：《中国应急管理体制的演化轨迹：一个分析框架》，《新疆师范大学学报（汉语哲学社会科学版）》2020年第6期，第79页。

② 中华人民共和国内务部农村福利司编：《建国以来灾情和救灾工作史料》，第4—5页。

中唱"独角戏"，由其统一收支，而地方无财权。在救灾实践中形成"灾民找政府、地方找中央"的局面，导致资金不足、救助水平不高、中央和地方的利益失衡等严重问题，阻碍救灾工作进一步发展。

要言之，新中国成立后的前30年初步形成了"政府领导、部门分工、地方负责、村社组织、全民参与"的救灾领导体制，具有自上而下线性的特点，是计划经济体制下政治动员成本低的产物，总体适应当时的救灾需求。

二、改革开放后至"非典"暴发前应灾体制的变革

1978年改革开放后，随着经济、政治体制变革，原有的救灾体制与救灾需求不相适应。在传统救灾体制基础上，国家主要围绕打破政府一元化领导、中央政府大包大揽的救灾格局，重点推进"分级管理"、"救灾社会化"改革。到2003年"非典"疫情暴发，我国逐步建立起适应社会主义市场经济的新的灾害管理体制。

（一）灾害管理体制改革

改革开放后，我国开始救灾体制重大改革，主要围绕调动地方政府积极性展开，具体表现为"自然灾害救灾款包干制度"、"救灾分级管理"等改革。在经济体制改革的背景下，地方政府开始拥有部分财权。20世纪80年代，省级政府实行救灾经费包干制度，将长期以来的无偿救济模式改为"无偿＋有偿"，即"用于灾民的紧急抢救和维持基本生活方面的开支"仍实行无偿救济，而"扶持灾民生产自救的资金"则给予低息或无息贷款，对收回

来的款项，建立救灾扶贫基金，周转使用。[1] 救灾款有偿与无偿相结合的模式无疑增强了地方政府在管理救灾款中的主动权，一定程度上减少了地方对中央的依赖，也减轻了中央政府的财政压力。90年代，在国家财政体制分税制改革与地方财政快速增长的背景下，民政部于1993年11月提出"救灾工作分级管理、救灾款分级承担"，以强化灾害地区政府责任。所谓救灾分级管理，主要指救灾款的分级负担问题。省、地（市）、县等各级地方政府按行政级别列出救灾经费，以备灾害发生时及时调动启用。不少地方政府根据乡镇财政已具规模的情况，将责任延伸到乡镇。救灾分级管理改革调动了地方政府甚至是基层政权的救灾积极性，而中央只负责特大自然灾害的救济补助，打破了"灾民找政府、地方找中央"的传统救灾格局。

（二）救灾社会化和国际化改革

改革的另一个重点是推动救灾工作社会化与国际化，打破救灾主体"一元化"。1978年后，政府持续推动救灾社会化改革，具体包括推行救灾保险、建立农村救灾扶贫互助储金会、开展经常性募捐、支持慈善组织发展等等。1986年冬至1988年底，全国82个试点县共筹集救灾保险资金8600多万元，大约相当于国家应拨救灾款的3倍。这对提升灾害救济水平大有裨益。[2]1996年民政部在《关于在社会救助工作中充分发挥慈善组织作用的通知》中肯定了慈善组织"在构筑社会安全网中能做到拾遗补缺的作用"，要"主动为慈善组织的工作提供必要条件，支援它们开

---

① 民政部法规办公室编：《中华人民共和国民政工作文件汇编（1949—1999）》（中），中国法制出版社，2001年，第1407页。

② 张德江：《我国救灾体制改革的探讨》，《人民日报》1990年3月5日，第6版。

展各种形式的社会救助活动，使它们更好地发挥自身的优势"。[①]这都表明社会救灾力量在新的政治、经济环境中蓬勃兴起。

在接受国际援助上，改革开放前受意识形态影响，中国长期奉行自力更生原则，对国际援助采取"拒绝"态度。改革开放后，随着思想不断解放，我国的对外政策进行调整，对待国际救灾援助也由拒绝转变到有条件接受。1980年，外经部、民政部、外交部递交《关于接受联合国救灾署援助的请示》[②]，得到了国务院批准，显示了我国开始逐步接受国际社会的人道主义性质的援助。1980年中国遭遇几十年不遇的北旱南涝灾害，新中国首次接受世界友好国家的捐助。1987年，我国又提出"接受国际救灾援助，有选择地积极争取国际救灾援助"。[③]开放救灾的大门日益打开。1989年4月，我国成立了中国国际减灾十年委员会（1900—2000年），办公机构设在民政部门，工作是与国际社会合作，制定中国国际减灾十年活动的方针政策和行动计划，组织协调有关部门、群众团体、新闻机构共同开展国际减灾十年活动，并指导地方政府开展减灾工作。[④]1992年，民政部代表中国政府加入了国际民防组织。1993年，北京召开了国际减灾战略研讨会，举办了灾害管理高级培训班，通过"请进来，走出去"向国际社会介绍我国的灾情，宣传我国防灾减灾工作方针、政策及成就，同时向国外学习先进的防灾减灾技术与管理办法。此后，中国在灾害国际交流与合作中不断打开新局面。

---

① 民政部法制办公室编：《民政工作文件选编（1996年）》，中国社会出版社，1997年，第325—326页。

② 孙绍骋：《中国救灾制度研究》，第139页。

③ 民政部政策研究室编：《民政工作文件汇编》（二）（内部资料），第167页。

④ 康沛竹：《中国共产党执政以来防灾救灾的思想与实践》，第129—130页。

总之，1978年至2003年的救灾体制改革，建立起了"政府领导、部门分工、对口管理、相互配合、分级管理、社会协同"的救灾体制，相比于改革开放前的最大特点是地方与社会积极性被调动起来，防灾救灾的主体多元化日益显现，充满了活力。

在应对海洋灾害方面，国务院赋予国家海洋局协调海洋环境有关工作的职能，明确规定国家海洋局"负责海洋环境保护工作的污染调查、监测、监视、开展科学研究，主管防止海洋石油勘探开发污染和海洋倾废污染"。20世纪80年代，国家海洋局建成"一网三系统"，即全国海洋环境监测网和全国海洋环境预报系统、海洋信息服务系统、"中国海监"执法系统。其中，全国海洋环境污染监测网建于1984年，用于对海域污染源及污染进行调查监测，整理、发布海洋资料与信息，评价污染状况等。此外，1986年6月30日和7月1日，中央人民广播电台和中央电视台分别开始发布全国性"海洋预报"，为海洋防灾减灾救灾提供重要支撑。

三、"非典"疫情后灾害管理体制改革

2003年"非典"疫情的突发，暴露出我国应对重大突发灾害方面存在的问题，如应急效率低、公共卫生观念缺乏、公众知情权被忽视、信息不透明、社会组织动员能力弱等。抗击"非典"取得胜利后，为了弥补"非典"疫情中暴露出来的短板，避免今后再出现同类问题，党和政府全面加强应急管理工作，将重大灾害纳入应急管理体系，开始建设以"一案三制"为内容的应急管理体系，以加强灾害应急管理能力。此后，应急管理制度和能力建设成为国家现代化建设中的一项重要工作，并出现在党的报告中。2006年，党的十六届六中全会提出了构建社会主义和谐社会的战略任务，并将应急管理工作纳入了社会主义和谐社会建设的总体布局；2007年，党的十七大提出要完善突发事件应急管理机制。

应急管理能力建设是围绕着"一案三制"进行的。"一案三制"是基于四个维度的综合体系：体制是基础，机制是关键，法制是保障，预案是前提。其中，灾害应急预案编制在这一时期应灾体制机制改革中具有开创性意义。2005年，国务院常务会议讨论通过了《国家自然灾害救助应急预案》，将突发性自然灾害划分为四个等级，明确了适用条件、启动条件、组织指挥体系及职责任务、应急准备、预警预报与信息管理、应急响应等，这就使得救灾组织者能够按照相对固定和规范的程序有步骤、有秩序、有针对性地进行救灾。[①] 据统计，到2011年底，全国所有省级、地市级行政区，98%的县、89.8%的乡镇（街道）、55.4%的行政村完成了自然灾害救助应急预案制定工作，这表明国家自上而下的应急预案体系基本建立。[②] 另外，针对各行各业与不同灾种，相关部门都制定了应急预案。比如，国家海洋局2005年出台《关于进一步加强海洋灾害应急管理工作的通知》，要求加强海洋应急管理工作，全面提升海洋防灾减灾能力，保障沿海地区人民生命财产安全和经济发展。同时，国家海洋局发布《风暴潮、海啸、海冰灾害应急预案》和《赤潮灾害应急预案》，并于2009年修订《风

---

① 赵朝峰：《新中国成立以来中国共产党的减灾对策研究》，第316页。

② 潘跃：《我国自然灾害救助体系逐步完善 每年救助受灾群众九千万人次》，《人民日报》2011年5月6日，第2版。

暴潮、海啸、海冰灾害应急预案》。这些应急预案对于保障灾害应对起到了未雨绸缪的作用。

就救灾体制变革而言，"组织指挥不统一"是"非典"疫情暴露的问题之一。[①] 灾害风险要求应急管理的综合化、协同化与国家治理中分权化、部门化、碎片化的现状相冲突。为了解决这一体制性问题，2006年4月10日《国务院办公厅关于设置国务院应急管理办公室（国务院总值班室）的通知》提出，在国务院办公厅下设应急管理办公室，负责协调和督促检查各省（区、市）人民政府、国务院各部门应急管理工作，协调、组织有关方面研究提出国家应急管理的政策、法规和规划建议等。[②] 这就形成了以政府应急管理办公室为权威枢纽机构，全灾种与各部门应急有力协调的格局。而且，各省市县的政府部门都设立应急办公室，协调本地区各部门应急管理工作，并与上一级应急办公室形成纵向对应关系。国家海洋局作为具体的海洋业务部门，也设立应急管理办公室，统筹协调各部门、各类资源，开展海洋防灾减灾救灾工作。2008年，《国务院关于部委管理的国家局设置的通知》颁布，对国家海洋局职能及机构进行调整，增设海洋预报减灾司，主要职责包括：应对海洋灾害的政策制定、海洋监测网络建设与技术标准拟定、编制海洋灾害应急预案、发布海洋灾害预警与灾害评估等。[③] 同时，国家海洋局应急管理办公室将其所属

① 温家宝：《在贯彻实施〈突发公共卫生事件应急条例〉座谈会上的讲话》，《人民日报》2003年5月13日，第1版。
② 《中国应急管理的全面开创与发展（2003—2007）》编写组：《中国应急管理的全面开创与发展（2003—2007）》，国家行政学院出版社，2017年，第627页。
③ 国家海洋局海洋发展战略研究所课题组编：《中国海洋发展报告（2010）》，第439页。

的自然灾害应对组设在预报减灾司，该司成为国家海洋局具体负责海洋防灾减灾救灾的业务部门，为统筹协调海洋防灾减灾救灾工作确立组织保障。

中国国际减灾十年委员会于2005年4月更名为国家减灾委员会，常态化地指导和管理国家减灾工作方针、政策和规划，综合协调开展重大减灾活动，指导地方开展减灾工作，推进减灾国际交流与合作。

就法制而言，我国在"非典"前分类型、分灾种的应急立法工作虽已基本完成，但具有明显的"一事一法"特征，即用一部法律规定某一部门为应对某一突发事件的执法机关，这就致使一旦有非常规突发事件发生，无对应主体负责，国家应对便会处于"应急失灵"状态。2007年11月1日，《中华人民共和国突发事件应对法》的出台使得我国应对突发性灾害变得有法可依。国家海洋局颁布一系列通知和条例，先后有《关于进一步加强海洋灾害应急管理工作的通知》（2005年）、《关于进一步加强海洋赤潮防灾减灾工作的通知》（2006年）、《关于进一步加强海洋预报减灾工作的通知》（2009年）、《国家海洋局办公室关于调整风暴潮灾害应急响应标准的通知》（2012年）、《海洋观测预报条例》（2012年）等。这些通知条例是对海洋灾害的具体应对，使《中华人民共和国突发事件应对法》在海洋领域落到实处。根据预案和相关法律要求，灾害应急机制也得以建立完善。总体而言，我国初步形成集"事前、事发、事中、事后"四阶段为一体的应急管理机制，具体来说包括预防准备、监测预警、信息报告、应急处置、舆论引导、恢复重建、调查评估等各个环节。[①]

总之，2003年"非典"事件之后，应急管理工作上升到国家安全层面，从提高应急管理能力出发，以"一案三制"为抓手，灾害管理体制日益完善，灾害应对法制逐步健全，灾害应对机制走向科学化、程序化、规范化。

四、进入新时代灾害管理体制的改革与完善

十八大以来，以习近平总书记为核心的党中央，站在新的历史方位，为应对灾害工作提出了一系列防灾减灾新理念、新思想、新战略。习近平在2015年5月29日主持中央政治局第二十三次集体学习时提出："坚持以防为主、防抗救相结合的方针。"[②]2016年7月28日，习近平总书记在纪念唐山大地震40周年讲话中指出，要增强风险意识，牢牢树立"两个坚持、三个转变"的指导思想，即"坚持以防为主、防抗救相结合，坚持常态减灾和非常态救灾相统一，努力实现从注重灾后救助向注重灾前预防转变，从应对单一灾种向综合减灾转变，从减少灾害损失向减轻灾害风险转变"，要求全党要树立"忧患意识"、"底线思维"，着力化解重大风险。[③]习近平总书记的系列讲话成为今后我国推进防灾救灾体制改革的指导思想和行动指南。

---

① 《中国应急管理的全面开创与发展（2003—2007）》编写组编：《中国应急管理的全面开创与发展（2003—2007）》，第360页。

② 《习近平主持中共中央政治局第二十三次集体学习》，http://www.xinhuanet. com/politics/2015-05/30/c_1115459659.htm，2015年5月30日。

③ 《习近平在河北唐山市考察》，http://www.xinhuanet.com/politics/201607/28/c_ 1119299678.htm，2016年7月28日。

（一）改革灾害管理体制

为落实习近平总书记关于防灾减灾思想，着力防范化解重大风险，2016年12月19日，中共中央、国务院发布《关于推进防灾减灾救灾体制机制改革的意见》，把"坚持党委领导、政府主导、社会力量和市场机制广泛参与"列为推进防灾减灾救灾体制机制改革的基本原则之一。2018年2月28日，《中共中央关于深化党和国家机构改革的决定》强调机构改革必须以职能优化协同高效为着力点，要求"坚持一类事项原则上由一个部门统筹、一件事情原则上由一个部门负责，加强相关机构配合联动，避免政出多门、责任不明、推诿扯皮"[①]。3月13日公布的《深化党和国家机构改革方案》中，将国家安全生产监督管理总局的职责，国务院办公厅的应急管理职责，公安部的消防管理职责，民政部的救灾职责，国土资源部的地质灾害防治、水利部的水旱灾害防治、农业部的草原防火、国家林业局的森林防火相关职责，中国地震局的震灾应急救援职责以及国家防汛抗旱指挥部、国家减灾委员会、国务院抗震救灾指挥部等部门职责进行整合，组成应急管理部。[②]2018年3月，应急管理部挂牌成立。这是我国灾害管理史上具有里程碑意义的事件。应急管理部的成立有效地整合了我国防灾减灾救灾工作和资源，标志着我国综合防灾减灾救灾工作进入了一个新的阶段，同时也标志着我国海洋防灾减灾事业进入了新时代。

---

① 《中共中央关于深化党和国家机构改革的决定》，http://cpc.people.com.cn/n1/2018/0305/c64094-29847159.html，2018年3月5日。

② 《中共中央印发〈深化党和国家机构改革方案〉》，http://www.xinhuanet.com/politics/2018-03/21/c_1122570517_3.htm，2018年3月21日。

应急管理部的组建，并非单纯职能的整合，而是实现了统一指挥，有利于综合防灾减灾。对于应对海洋灾害来说，应急管理部的成立有利于破除海洋防灾减灾救灾的体制与机制障碍，主要体现在以下两个方面：第一，实现全灾种有序管理。应急管理部成立前，我国曾长期实行"分灾种、单部门负责"的应灾领导体制，各类灾害防灾减灾救灾工作分散在不同职能部门之中，如需跨部门合作，则成立各种常设性或非常设性议事机构统筹协调，如国家减灾委、防汛抗旱总指挥部、抗震救灾指挥部等。这样就造成了对同一灾害链中各类灾害分割治理的局面。例如，风暴潮灾害容易引发洪灾、海岸侵蚀等次生灾害，分别归属防汛抗旱总指挥部、海洋局等不同机构负责。各机构间资源独立、监管不统一、信息沟通不畅，容易出现权责不明、指挥混乱等问题，造成资源浪费。应急管理部的成立，改变了按照灾种救灾而造成的"部门分割、政令不一、标准有别、资源分散、信息不通"的传统格局，便于集中问责，避免推诿扯皮。作为"大部建制"，应急管理部可以有效贯通"事前、事发、事中、事后"四阶段，实现预防准备、监测预警、信息报告、应急处置、舆论引导、恢复重建、调查评估等各个环节统一标准、统一管理，即实现救灾工作有"协调的领导机构、协同的工作制度、地域间有效联动的救灾体制、物资和手段的综合运用"，加强了分散救灾职能的融合和重塑，实现救灾物资、各救灾环节统一协调，把分散体系变成集成体系，把低效资源变成高效资源。第二，理顺海洋防灾减灾救灾运行机制。过去，海洋防灾减灾救灾活动由国家海洋局应急管理办公室指挥，具体救援活动、物资保障、灾后重建等环节则依赖消防、民政等部门。灾前、灾中、灾后等各环节分割管理，导致防灾减灾救灾运行机制不畅，难以综合防灾减灾。所谓综合减灾就是"各灾种、各阶段和各环节的综合，是资源和手段的综合"①。要实现综合救灾就必须实行灾害及其衍生、次生灾害综合救灾，打通各阶段和各环节信息壁垒、管理壁垒，实现协调统一，并统筹使用各种救灾资源和手段。应急管理部将各部门职能整合与重塑，实现各环节统一管理、信息共享，使海洋防灾减灾救灾运行机制得以畅通。要言之，应急管理部的建立打破了过去应急管理碎片化的状况，是我国灾害管理体制的一次历史性变革，标志着我国灾害管理体制朝着"全灾种、全流程、全主体"方向演变。

进入新时代以来，随着经济与社会全面发展，推进国家治理体系与治理能力现代化成为一个国家制度和制度执行能力的集中体现，而社会力量参与救灾是社会治理的一个重要方面，也是构成应灾体制变革的一项重要内容。2015年10月8日，民政部印发《关于支持引导社会力量参与救灾工作的指导意见》，明确了支持引导社会力量参与救灾工作的重要意义、基本原则、重点范围、主要任务、工作要求等五大内容，并部署了包括完善政策体系、搭建服务平台、加大支持力度、强化信息导向、加强监督管理等在内的五项任务。② 这是新时代应对灾害体制改革的又一个重要内容，为社会力量参与救灾指明了方向。

---

① 杨月巧、袁志祥、孔锋等：《中国综合减灾发展趋势研究》，《灾害学》2021年第1期。

② 民政部：《关于支持引导社会力量参与救灾工作的指导意见》，http://www.gov.cn/gongbao/content/2016/content_5046085.html，2016年12月1日。

（二）坚持党政同责

进入新时代，习近平总书记多次讲到要党政同责。2013年11月24日，他在听取青岛黄岛经济开发区东黄输管线泄漏引发爆燃事故情况汇报时讲："要抓紧建立健全党政同责、一岗双责、齐抓共管的安全生产责任体系，建立健全最严格的安全生产制度。"[①] 2015年8月，习近平在天津港瑞海公司危险品仓库发生火灾爆炸事故救援中强调："要坚决落实安全生产责任制，切实做到党政同责、一岗双责、失职追责。"[②] 在应急管理中坚持"党政同责"，就是党政部门及其干部共同担当、共同负责。2016年12月发布的《中共中央 国务院关于推进防灾减灾救灾体制机制改革的意见》强调："坚持各级党委和政府在防灾减灾救灾工作中的领导和主导地位，发挥组织领导、统筹协调、提供保障等重要作用。"[③] 这体现了以习近平为核心的党中央在防灾减灾救灾工作中落实"党政同责"的决心，改变以往"党委领导、政府负责"模式，推动从政府单一责任向党和政府的共同责任转变，形成有效制度，这种做法体现了一个有使命的政党的担当。

新中国成立70年以来，我国应对重大灾害管理体制随着政治体制改革、社会发展变化以及重大突发事件的影响，也在不断调整变化之中。新中国成立后，应对灾害体制实行政府和单位全权负责的格局，灾害预报预警有了较大发展，报纸和广播的日益普

---

① 中共中央党史和文献研究院编：《习近平关于总体国家安全观论述摘编》，中央文献出版社，2018年，第132页。

② 《习近平3天2次批示天津爆炸事故：血的教训极其深刻》，http://cpc.people.com.cn/xuexi/n/2015/0817/c385474-27472651.html，2015年8月17日。

③ 《中共中央 国务院关于推进防灾减灾救灾体制机制改革的意见》，http://www.gov.cn/zhengce/2017-01/10/content_5158595.htm，2017年1月10日。

及使得灾害信息传播渠道多元化。改革开放以来，特别是2003年"非典"以来，国家实行灾害"分级管理"，建立政府主导的灾害协调联动机制，制定了各层次各灾种的应急预案，积极构建灾害资金、技术保障、社会保障机制，应对灾害走向开放，包括向国际社会开放和鼓励民间组织参与。党的十八大以后，国家不断适应"防范化解重大自然灾害风险、提高防灾减灾救灾能力"的现实需要，对应急管理体制进行进一步改革和完善，推动我国防灾减灾抗灾工作不断取得新进展。

第四章　现代海洋灾害应对机制变革

本章主要围绕着新中国成立以来特别是改革开放以来中国在海洋灾害应对机制，包括社会化动员、法制化建设、海洋灾害教育和海洋灾害研究与应对的国际合作等，分别展开分析，从而更深入地认识和把握现代中国防灾减灾救灾的成就与经验。

第一节　应对海洋灾害的社会化动员

新中国成立以来，中国应对海洋灾害的社会化动员可以分为改革开放前和改革开放后，前者以国家—集体（单位）形式来主导，后者以国家—社会团体—个人形式来展开。下面围绕着社会化动员方式变革过程、社会团体作为动员主体主要表现形式来进行论述。

一、改革开放前

改革开放前，中国实行的是高度集中高度计划的管理体制，国家和集体单位集中了几乎全部的资源，国家与社会的高度同构使民间社会的生存空间已经无存，此后几十年可以说是中国非政府组织应对海洋灾害历史的空白时期。另外，由于计划经济体制、城乡分割的户籍制度和单一的编制制度，个人在社会中的位置固定，流动性弱，主动性得不到充分的发挥，可以称之为身份性社会。同时，个人完全归于某一单位关系之下，而单位是本时期内社会结构的细胞，也是单位社会。由于社会结构分化程度很低，国家垄断着绝大部分资源和结构性的活动空间，人们无法脱离由国家控制的资源和空间，所以在应对突发性海洋灾害时，依靠政府和集体单位组织，以行政手段和政治动员来达到救灾目标，而个人、组织则要高度听从政府的指导性命令。政府动员的特征是依靠行政强制力，以提升到政治任务高度来实现其动员目的，因而行动效率高，在短时间内能够调动、聚集一个地区甚至全国的资源来战胜突发性海洋灾害。比如，政府利用强大力量，通过农村集体组织方式动员成千上万的劳动力来大规模地修建沿海地区防波堤、海塘、海挡、水库和防灾设施等大型工程，极大地保护了沿海居民的生命和财产安全，促进了沿海地区防灾减灾设施的改善。

但这种政府动员模式是与高度集中和高度垄断的计划经济相适应的，其本身也存在着许多局限性。政府动员习惯性地将整个应对海洋灾害问题作为政治问题，导致抗灾救灾的大众化进程受阻；政府的指令性强，使得社会能动性低；政府垄断和包办也会背上沉重的财政包袱，无法让地方和公众的积极性得到发挥；政府对信息垄断，选择性公布灾害信息，救灾款物使用情况不公开、不透明等，这都遭到公众的质疑。政府动员模式作为应对海洋灾害的动员模式之一是必要的，但不能作为唯一垄断性模式，更不能成为一种长期治理策略，否则会阻滞社会参与的积极性。若社会缺乏活力，不仅对整个社会发展不利，对应对灾害也会产生不利影响。

二、改革开放后

改革开放以后，随着国家对资源和社会活动空间垄断的不断弱化，社会正在成为一个有更多自主性的主体，有了更多的自由流动资源和自由活动空间。由此，国家与社会的关系发生变化，如政府由管理型政府向服务型政府转变、中等收入者群体的成长壮大、社会阶层结构的调整、民间组织的活跃、社会可资动员与利用资源的增长等等。这些新变化，表明了中国从政府指令性指导和政府单一主体进入到政府、企业、民间组织共同推动的模式，其驱动力从"单极推动"格局发展为"三极推动"格局，而个人也从"单位人"变为"社会人"，个人的流动性增强。[①] 这些都直接影响到社会动员的表现形式与运作方式，如治理海洋灾害和社会救助突破了传统的单一的以国家为主的灾害救助模式，开始接纳新的主体，即政府不再是海洋灾害应对场景中孤独的身影，出现了社会持续的、大规模的公众参与。民间社会动员的主体非常多样化，大体上包括社区、社会团体、企业、各界知名人士等，其对象是企业自己的员工、社区的成员、社团的成员以及他们所拥有的物资、资金、人力等。民间组织自发地、零散地、局部地通过内部动员、精英动员、网络动员甚至人际动员等来汇集资源、组织力量抗灾救灾。[②] 民间社会力量是海洋灾害应对与救助中一支不可或缺的力量，是政府自上而下动员方式的有益补充。发挥民间组织力量的优势，激发民间组织更大的潜能，才能

---

① 江宏春、蔡勤禹：《试论社会转型与民间组织发展》，《中共青岛市委党校 青岛行政学院学报》2008年第5期。
② 朱力、谭贤楚：《我国救灾的社会动员机制探讨》，《东岳论丛》2011年第6期。

建立起完善的灾害应对的社会支持网络系统，从而形成现代意义上的社会动员。

对于民间组织和社会力量在应对灾害中的地位和作用，国家已经形成了制度规定。如前文所述，2015年10月8日，民政部印发《关于支持引导社会力量参与救灾工作的指导意见》。2016年12月印发《中共中央 国务院关于推进防灾减灾救灾体制机制改革的意见》。这对于民间组织和社会力量在防灾减灾救灾中的作用，给予了合理定位和制度保障。2017年7月，为贯彻《中共中央 国务院关于推进防灾减灾救灾体制机制改革的意见》，国家海洋局出台《贯彻落实〈中共中央 国务院关于推进防灾减灾救灾体制机制改革的意见〉工作方案》，对于海洋防灾减灾工作中存在的体制与机制问题提出改革意见，强调："建立中央和地方相结合的跨部门协调机制，推动跨部门信息和资源共享；健全海洋防灾减灾业务化体系，统筹、优化业务流程；完善社会力量和市场参与机制，推进海洋灾害保险试点工作。"[1] 这体现了我国海洋防灾减灾建立统筹协调体制、健全灾害应对机制、完善社会力量和市场参与机制的改革思路。多次修订的《国家自然灾害救助应急预案》均明确规定："支持、培育和发展相关社会组织和志愿者队伍，鼓励和引导其在救灾工作中发挥积极作用。"[2] 应对海洋灾害时社会在场已经是常态。他们主体多元，参与防灾减灾救灾形式灵活多样，与灾民之间存在着直接连接，主客体之间认同度强，在灾害

---

[1] 王中建：《海洋局：全面推进海洋防灾减灾体制机制改革》，http://www.gov.cn/xinwen/2017-07/23/content_5212759.htm，2017年7月23日。

[2] 国务院办公厅：《关于印发国家自然灾害救助应急预案的通知》，http://www.gov.cn/zhengce/content/2016-03/24/content_5057163.htm，2016年3月4日。

防御、紧急救援、救灾捐赠、医疗救助、卫生防疫、恢复重建、灾后心理支持等方面有着重要作用，推动着中国海洋减灾事业的发展。

三、社会化动员的主体及其功能

慈善组织、志愿组织以及企业等社会单元，具有强大的动员能力，他们成为应对海洋灾害社会主体力量，把孤立的个人凝聚起来，发挥了独特作用。

（一）慈善组织

慈善组织是介于国家与社会的"中间层"，具备政府所无法具备和动员的社会条件性资源，能够适应多样化与多变性的各类要求和需求，具有创新能力等独特的优势因素，以其特有的灵活性、个别领域的专业性和广泛的号召力在应对海洋灾害的过程中发挥着重要作用。慈善组织具备灵活性、专业性，其操作方式也多元化，能够适应快速变化的需求，具有广泛动员的能力，可以补充减灾救灾财力不足、重塑政府与社会之间的关系、提高灾害应对救助效率和成功率、培育社会的公益理念等等。[①] 慈善组织的鲜明特点、优势因素及其具备的功能决定了其能够在海洋灾害应对、救助、处置体系中发挥出其独特的价值、优势和作用。参与海洋灾害救助时，慈善组织作为活跃主体加入到应对体系中，利用自身力量与海洋灾害应对体系互动，积极寻找自身的定位及行动的方向、目标，同时实现着自身组织的发展和完成海洋灾害

---

① 刘海英：《大扶贫：公益组织的实践与建议》，社会科学文献出版社，2011年，第27页。

减灾救灾的共同目标。

1. 筹集善款和善物。

慈善组织是筹集善款和善物的重要力量。在大灾之年公众捐赠热情高涨，一般筹集善款较多。比如，2004年12月印度洋大海啸造成近30万人死亡，数百万人失去家园，是人类灾难史上极为罕见的巨灾。面对这一空前灾难，上至国家领导人，下至普通公民，都纷纷伸出援手。中国红十字会组织充分发挥其国际联络的优势功能，全力充当人道主义救援力量。以山东省红十字会为例，12月31日，省红十字会发出《关于紧急呼吁援助印度洋地区地震及海啸灾民的通知》，呼吁各地红十字会充分发挥国际人道主义救助团体的作用，迅速行动起来，立即开展援助灾民的募捐工作，奉献爱心，捐款赈灾。同日，省红十字会在山东卫视、《大众日报》等省级新闻媒体公布了募捐电话热线和账号。为印度洋地震及海啸募捐的呼吁发出后，全省各级红十字会立即行动起来，开展了大规模募捐活动。社会各界和广大群众热烈响应，为灾区奉献爱心。山东各级红十字会共募集资金1125.69万元，是省红十字会成立以来开展国家援助募捐数额最多的一次。[①] 据统计，中国红十字会和各省分会共筹集款物合计达4.43亿元（约合5000万美元）。这次全国性募捐，规模之大，范围之广，募捐之多，创下历史纪录。另外，中国红十字会还为受害国援建"红十字友谊村"、永久性安置房以及医院、学校、孤儿院等项目。[②] 这

① 蔡勤禹、王永君主编：《山东红十字会百年史》，中国海洋大学出版社，2012年，第107—110页。

② 吴佩华：《中国红十字外交（1949—2014）》，合肥工业大学出版社，2018年，第137—140页。

次海难救助，是中国红十字会历史上国际救援募捐数额最多的一次，展现了中国红十字会和中国人民的国际人道主义形象，体现了中国与世界人民合作、互助、共享、发展的人类命运共同体理念。

有灾必捐，是人们同情心和善心的爆发。沿海每年都会遭受不同程度的台风灾害侵袭，其中有的台风灾害会造成严重破坏。2009年8月5—10日，中国台湾遭遇50年来最强的一次台风袭击。此次代号为"莫拉克"的台风袭击台湾后，造成巨大人员伤亡和财产损失，其中死亡人数达600多人，全部受灾及重建金额总计超过1000亿元台币。[①] 灾情发生后，中国红十字会迅速动员起来，各地红十字会开展广泛社会募捐。比如，山东省红十字会首先在各媒体和官网上公布热线电话、募捐账号、募捐方式，紧急呼吁社会各界为台湾灾区献爱心；然后做好在鲁台资企业摸底工作，与省工商联联合进行募捐；而且与河南电视台联合主办"华豫之门"鉴定活动，以收取的鉴定费充作捐款。最终，山东省红十字会和省内各分会共募捐321万元。[②] 各省红十字会为台灾募集的捐款汇总到中国红十字会总会。仅8月份中国红十字会通过台湾红十字会向受灾同胞提供了2185万元，支援台湾红十字会的赈灾救援行动。[③] 与台湾一水之隔的福建省慈善总会向台湾捐款100万元，并希望社会各界爱心人士奉献爱心，慷慨捐款，

---

① 刘说安、李孟洁、沙学均：《台湾2009年"莫拉克"台风灾后情势分析》，《中国防汛抗旱》2009年第6期。

② 蔡勤禹、王永君主编：《山东红十字会百年史》，第106页。

③ 池子华主编：《中国红十字运动大事编年》，合肥工业大学出版社，2018年，第314页。

帮助台湾灾民渡过难关，重建美好家园。①

　　每次灾害发生后，慈善组织都迅速行动起来，为灾区募捐救助，提供帮助。比如，东南沿海每年都会遭受数次台风侵袭，有的台风造成了严重破坏。2012年，受第23号台风"山神"影响，海南各地普降大到暴雨。截至10月31日，全海南省有三亚、琼海、万宁等15个市县的125个乡镇受灾，受灾人口126.6万人，直接经济损失12.7亿元。海南省红十字会领导高度重视"山神"造成的受灾情况，对救灾工作进行了安排部署，并于10月31日下午驱车将急救包等救灾物资送往万宁县红十字会，由当地红十字会分发给受灾群众。②2013年10月，强台风"菲特"使宁波遭受了百年一遇的持续强降雨，其雨量之暴、降水之久、范围之广超历史纪录。受灾最重的余姚市70%以上城区受淹，主城区城市交通瘫痪。灾情就是命令，宁波市红十字会第一时间启动灾难救援应急预案，紧急投入灾难救援行动。10月6日，宁波市红十字会下发了《关于做好台风"菲特"防台救灾工作的紧急通知》，8日便应急筹集了100万救灾物资，并在中国《宁波网》等媒体发出"向受灾群众伸出援手"的信息，公布了网上捐款、邮局和银行汇款等捐赠方式，动员社会爱心力量共同抢险救灾。9日，浙江省红十字会给余姚灾区送来了第一批救灾物资，有50顶帐篷、500个家庭急救包与800床棉被，共计价值25万元。③10日，中国红十字会总会75.2万和省红会13.6万救灾物资抵达余姚，及时

---

① 《福建省慈善总会向台湾灾区捐赠善款100万元》，《政协天地》2009年第9期。

② 《省红十字会向万宁调拨4.8万救灾物资》，《南岛晚报》2012年11月2日，第10版。

③ 余姚：《省红会支援余姚灾区》，http://www.nbredcross.org.cn/art/2013/10/11/art_7259_417490.html，2013年10月11日。

进行了有序发放。同日，市红十字志愿者前往海曙和余姚安置点帮助受灾群众。[1] 到10月14日，中国红十字会总会和浙江省红十字会共向余姚、上虞、奉化、苍南、平阳等重灾区下拨救灾款物价值168万余元。宁波、温州等地方红十字会累计投入救灾款物价值290余万元。多支红十字应急救援队深入灾区开展物资发放、人员转移、移动充电等救援服务。[2]

2. 提供多种服务。

慈善组织在海洋灾害应对的各个阶段、各个环节都能提供专业服务与个性化服务，发挥特殊作用。

2013年8月，广东省受强台风影响，导致800多万人受灾。广州市顺德区阳光公益摄影和广东狮子会德爱服务队联手于8月26日至31日在大良现场募集赈灾物资，欢迎市民捐献爱心。所有的物资将由广东狮子会统一运送到受灾严重的汕头潮南、梅州五华及肇庆怀集等地并亲自送到灾民手上，而阳光公益全程记录这一过程。广东狮子会是有资质接受社会捐赠并在省残联注册的慈善机构，目前有超100支分队，其中德爱服务队是顺德唯一的一支分队。而阳光公益摄影是在顺德区民政局注册的中国首个民间公益摄影组织。[3] 可见，慈善组织以各种方式提供个性服务。

人是第一生产力，人们在经历灾难灾害后各种心理障碍（诸如抑郁、焦虑、自责、内疚、愤怒等心理反应）的发生率会平均

---

[1] 红会：《市红十字会全力投入抢险救灾》，http://www.nbredcross.org.cn/art/2013/10/11/art_7259_417494.html，2013年10月11日。

[2] 《风雨之中有红会》，https://www.redcrossol.com/html/2013-10/59442279.html，2013年10月22日。

[3] 孙婷、何国劲：《公益组织为台风灾区募集物资》，《南方都市报》2013年8月27日，第LA02版。

增加17%，这种隐匿性的心理上受到的伤害可能会持续很长时间且久久难以愈合。[①] 这种心理阴影不是每个人都能进行自我调适的，许多人必须借助外界的力量才能去除心理上的阴霾，所以必须对灾民及其家属等相关人员的心理危机进行干预，及时对其进行心理"减灾"，弥合精神和心理上的创伤，稳定受灾民众的心理状态，给予他们心理上的救助，阻止或减轻长期心理伤害和严重心理障碍的发生，有效防止灾民出现社会功能减退，帮助其适应社会和工作环境，以更好地生活，全面实现海洋灾害后民众在精神、心灵家园等方面的恢复与重建工作。在灾后社会心理恢复方面，重大突发性海洋灾害的发生会给受灾群众造成相当大的冲击与压力，带来"心理的巨大混乱"，而脆弱的社会心态会造成"涟漪效应"，让人类承受的压力远远大于突发事件本身所带来的，不仅使其机体的免疫系统严重受损，而且也有可能使其整个心理系统出现严重障碍。一些非政府组织积极发挥其专业优势，致力于为受灾群众提供心理咨询服务，对其进行心理危机干预治疗；社区组织通过成员之间的心理沟通和互助安慰，同时借助专业的心理辅导来平复其灾后的混乱心态，使社区成员互帮互助共渡心理危机。此外，灾后心理抚慰更是社会组织的优势。由于政府忙于协调指挥，对受灾群众心理抚慰重视程度不足，因而社会组织扮演了"心理医生"角色，其中红十字会更是成立了心理救援队，例如浙江心理救援队、天津心理救援队、江西心理救援队等。[②] 媒体也为灾后社会心理的恢复提供有益的导向，帮助受灾

① 黄顺康：《公共危机管理与危机法制研究》，中国检察出版社，2006年，第182页。
② 荆丕福：《我国非政府组织应对海洋灾害研究》，中国海洋大学硕士学位论文，2015年，第35页。

群众尽快恢复到正常生活中来。

慈善组织在长期的海洋灾害防灾救灾实践中不仅积累了宝贵的经验，提高了自身灾害应对的能力，而且对于防灾的重要性有了越来越深的认识。他们十分重视民众防灾意识的提升和灾害中自救能力的培养，经常以防灾救灾知识进校园、海洋灾害知识专题讲座以及有关海洋灾害避灾自救的现场咨询服务等形式进行灾害知识、防灾知识和自救知识的宣传。在对民众的灾害知识普及方面，最具代表性的就是中国红十字会以及各地分会。每一年的"减灾防灾日"，各地红十字会都会开展各种形式的灾害知识宣传和防灾自救宣传活动，通过如现场演示急救操作、发放宣传材料等方式来增强公众的灾害意识和应对灾害能力；针对不同群体开展救护培训，其中沿海城市红十字会便把海上遇难救助作为其培训的内容之一，主要训练寻找溺水者或伤员的方法，呛水的预防和处理，溺水救护的入水、接近、解脱、拖带、上岸急救，肌肉痉挛的解救和各种游泳姿势等救护知识和技术的内容。这些海洋防灾和应急急救知识的宣传大大提高了我国民众对于海洋灾害的认识，提高了民众避灾自救的能力，同时也有利于民众加强自律，减少人为性海洋灾害的发生。

总之，社会组织无论是宣传教育、灾害监测预警，抑或是物资筹备与紧急救援、灾害善后，无疑都对弥补政府在海洋灾害应对的薄弱环节大有裨益。此外，社会组织参与海洋灾害治理工作机制的日益健全，也是我国社会治理活力提升的重要体现。

（二）志愿组织

志愿组织是内涵丰富、活动多样的民间组织，拥有广泛、充实和稳定的志愿者资源，能够有效地组织和提供大量的志愿者参与海洋灾害的应对与处置。曾任联合国秘书长的安南在"2001国际志愿者年"启动仪式上指出:"志愿者精神的核心是服务、团结的理想和共同使这个世界变得更加美好的信念。"① 海洋灾害的减灾救灾志愿者的人员构成比较复杂,民间机构组织提供了其中的大部分志愿者,而其他小部分志愿者不隶属于任何组织,是完全自发地加入到海洋灾害应急处置过程中的。民间组织在海洋灾害的应对与救助中,提供了大量的义务服务。各种不同类型的志愿者出现在海洋灾害应急处置过程中的现象不是偶然的,这充分说明了社会在应对海洋灾害时对志愿者群体给予的帮助有强烈的需求,同时也给予了志愿者这一公益群体以强烈的认同感。志愿者能够提供特殊的专业和技术支持,提供辅助性的工作服务,弥补人力资源的不足,体现社会的自治能力和水平。志愿者热心参与海洋灾害的积极应对,提供了大量的人力资源,大大增强了救灾力量,即使在某些情况下由于种种原因政府与专业的应急处置和救援力量不能及时投入工作,志愿者群体具有社会责任感的主动参与也会很好地控制住灾害发生现场,使灾害发生现场免于陷入失控状态。

海洋灾害应急救援中的许多具体性工作都必须由专业人员来承担。志愿组织一般会在许多专业领域储备着具有专业知识和丰富实践经验的专业人员。此外,志愿组织的组织架构相对扁平化,对于海洋灾害的应对处置反应灵活、及时、迅速,可依据海洋灾害应急救助的需要相应地调整应对策略,为受灾地区的民众提供较为个性化的各类服务。鉴于海洋灾害发生的时间、地点以及灾害所处的环境随机性很大,因而海洋灾害的应对和救援的

---

① 姜平:《突发事件应急管理》,国家行政学院出版社,2011年,第230页。

要求就很高，而能够提供专业服务和个性化服务的志愿组织的价值在其中就体现得更加明显。在海洋灾害应对、处置、救助过程中，一些志愿组织能够提前预见海洋灾害的发生、发展并及时向政府与社会提供专业化的咨询信息，为政府做出理性化、明智化决策提供前提依据。①

　　在海洋灾害暴发带来的灾难和造成的巨大损失面前，社会各界人士自愿、积极地参与到救灾工作当中，既有通过捐款捐物救济灾区，也有通过网络等媒体平台给受灾群众鼓励支持，更有直接个人或组团奔赴灾区充当救灾志愿者等各种参与救灾的方式。2008年北京奥运会帆船比赛在青岛举行，但在五六月份，青岛奥帆赛比赛海域出现大面积浒苔。这次浒苔聚集规模之大、持续时间之长、治理任务之重，均为历史罕见，是多年来青岛市面临的最严重的海洋灾害之一，对举办奥帆赛形成严重威胁。面对浒苔灾害，青岛市红十字会志愿者和机关、学校、企业单位志愿者及社会力量投入到清理浒苔工作中去。自6月下旬，青岛市红十字会组织机关工作人员和志愿者多次到指定区域清理浒苔并联系装卸车辆协助运输。在整个清理浒苔期间，青岛红十字系统共组织2000多名会员和志愿者参与，为取得抗击浒苔胜利做了积极努力。②

　　同样地，上文提到的2013年10月强台风"菲特"袭击浙江余姚时，新昌县红十字会户外救援队于10月9日下午赶往余姚参加救援。救援队得知受灾地区严重缺电后，专门组织4名志愿者

---

① 闫文虎：《国外重大灾害应急中的非政府组织动员及启示》，《学会》2010年第12期。
② 蔡勤禹、王付欣、刘云飞：《青岛红十字运动史》，人民出版社，2016年，第198页。

成立充电救援小组，携带发电机、充电器、功能插座、救援帐篷等装备，在余姚市兰江街道名仕花园社区驻扎，为周边居民提供手机等移动通讯设备充电服务。当天即有100多人陆续在移动电源供应点充电，部分群众还接受了救援小组的物资和药品帮助。[①]中国狮子联合会、温州海鹰救援队、宁波四明户外应急救援队、宁海心援志愿协会、爱心同盟、百川爱心志愿团、慈溪爱心俱乐部、慈溪慈航公益、余姚爱心之家、宁波日报社慈善义工大队、宁波三江汽车运动俱乐部等志愿组织，还有许许多多没有留下名字的志愿者团体和个人，在被大水围困的重灾区余姚，用自己的行动彰显着"团结、奉献、互助、友爱"的志愿精神。[②] 在他们的影响与带动下，越来越多的普通人也加入到了志愿者的行列。志愿们与灾民同舟共济，帮助受灾地区渡过难关，努力把洪灾带来的损失降到最低限度。

2014年7月，遭受台风"亚马逊"肆虐的海南成为民众和志愿者的聚集地。[③]公众民意表达活跃，传播着无穷的正能量，这不仅对公民社会发育起到"催熟剂"作用，而且在应对海洋灾害方面所起的作用也在日渐增强。

据统计，青岛红十字蓝天救援队、山海情救援队、水上救援队等先后参与"麦德姆"台风等突发事件应急搜救、救援任务93次，参与救援1065人次，被救人数186人。青岛第一海水浴场红十字救护队2014年全年救助遇险群众1528人次，成功抢救危及

---

① 张佳妮、梁凌凌等：《山城爱心涌余姚》，《今日新昌》2013年10月12日，第1版。
② 杨鲸霖：《2013余姚抗洪救灾纪事：众志成城战洪魔》，《余姚日报》2013年11月12日，第1版。
③ 单憬岗、黄小光、叶保良：《关注海南台风灾害：民间救援组织如何握成拳头？》，《海南日报》2014年7月30日，第7版。

生命者15人，确保了第一海水浴场全年无伤亡事件发生。①

　　福建省是海洋灾害多发地，每年遭受台风袭击和风暴潮灾数量多，由风暴潮引发的暴雨、水灾、海浪灾害也频发。为此，2009年9月，福建省成立"福建省红十字会水上安全救生志愿服务队"。成立之初，注册志愿人数有30人，经常开展水上安全理念传播、水上安全知识普及宣传、水上安全救生训练和涉水相关灾害救援为主的志愿服务活动，有效推动福建省水上安全救生志愿服务深入发展，并于2013年10月被中国红十字会总会授予"中国红十字（福建）水上救援队"称号，成为全国3支国家级水上救援队之一。截至2018年底，在成立的10年间，他们围绕着志愿服务宗旨，有效地开展多项活动：（1）坚持每年开展"水上安全知识进校园"普及活动，受益学生总数逾10万人，有效减少意外溺亡事件的发生；（2）坚持每年夏秋两季在闽江河岸开展水上安全救生志愿服务，累计志愿服务2万多小时。其间，他们成功挽救了30多名溺水者的生命，特别是2015年"苏迪罗"台风期间，出动救援艇5艘，安全救援转移300余名因城区内涝被困群众；（3）示范带动各地组建水上安全救生志愿服务队31支，同时主动承担海峡两岸红十字水上救援培训项目授课任务，为沿海省份福建、广东、浙江、山东和台湾红十字组织合作开展17期红十字水上安全救生员、教练员和急流救生员培训，学员达633名。为配合"一带一路"国家战略，红十字水上安全志愿服务队选派骨干教练承担2期中国—南盟国家红十字会水上救援培训班执教任务，先后为马尔代夫、斯里兰卡、孟加拉国三国培养红十字水

①　蔡勤禹、王付欣、刘云飞：《青岛红十字运动史》，第198—199页。

上救生救援志愿者骨干力量33名，为当地水上安全救生志愿服务及灾害救援行动打下良好基础。[①] 2021年，福建正式成立全国首个省级海上救助志愿者队伍，致力于台风风暴潮与寒潮巨浪救灾。[②] 可以说，社会组织不仅参与了海洋灾害救援，而且其专业化趋势不断加强。诸如青岛市红十字水上救援队、福建省红十字会水上安全救生志愿服务队等志愿组织在沿海省市都建立起来，成为保护沿海人民群众生命安全的守护者。

随着我国现代化进程的推进，信息交流与传递的作用在社会生活的各个方面越来越突出。在海洋灾害的应对工作中，能否在第一时间内将灾害信息传递出去，减少海洋灾害造成的损失，事关我国海洋灾害防灾救灾事业的全局。我国海洋灾害尤其是海浪、海啸灾害往往具有突发性和紧急性的特点，这就要求各个海洋灾害应对主体保持警惕，时刻关注沿海地区的水文气象监测，避免因信息不对称和失误导致灾情加剧的情况，把握住海洋灾害的救灾时机，提高救灾效率。在我国海洋灾害防灾预警和灾情信息发布方面，政府投入了大量的人力、物力和财力，占据着绝对的主导地位。但我们也不能忽视非政府组织在这一方面所做出的努力。在灾害信息监测方面，非政府组织通过设立相关的机构、组建志愿者团队等方式，加强对海洋灾害的监察、监测力度。国家海洋局2001年发布的《关于加强海洋赤潮预防控制治理工作的意见》提出政府与公民社会的合作，要求"动员和鼓励志愿者

---

① 中共福建省委文明办：《福建省红十字会水上安全救生志愿服务队》，http://www.wenming.cn/zyfw/2018sg100/zjzyfwzz/201811/t20181128_4914183.shtml，2018年11月28日。

② 林东晓：《全国首支省级海上救助志愿者队伍正式成立》，http://m.people.cn/n4/2021/0513/c1142-14991125.html，2021年5月13日。

和渔民参与赤潮监测监视工作，获取更多的赤潮信息，壮大赤潮监测力量，形成专群结合的监测监视网"[1]。在赤潮灾害多发的东南沿海地区，成立了赤潮监测志愿者服务队，如成立于2000年的"中国渔民蓝色保护者志愿行动"作为我国首个海洋保护的民间组织，始终专注向渔民宣传并介绍赤潮的危害及防治措施。[2]截至2019年，该组织已经设立"赤潮监护、净海、净滩、宣传、韭山列岛保护、海上搜救、野鸟保护等7支分队"，每年到市场、社区、学校开展宣传等志愿活动。[3]以"善待海洋，就是善待人类自己"为行动纲领的"中国渔民蓝色保护者志愿行动"组织，在2000年成立后的十几年间，在各渔区奔走，向渔民介绍防治赤潮危害的知识。在暴发赤潮灾害的海区，积极建议渔民隔离养殖生物与赤潮水体，并采取增氧措施；及时将养殖网箱迁往未受赤潮影响的区域，或将其沉到较深水层，以避开赤潮生物密集的表层水体；及时处理死亡的海洋生物，以免其尸体腐烂，再度引起污染。在这一方面比较突出的还有各类涉海性的行业协会。渔业协会的灾害知识宣传工作以及针对海水养殖科学知识的普及，也有效地减少了赤潮灾害的发生；油气开发协会所进行的职业技能培训，提高了行业内工作人员的素质，对避免船舶溢油和海上油田漏油有着积极的作用。再如，浙江省渔民组成的象山县赤潮监测志愿队、玉环县赤潮监测志愿队、三门县赤潮监测志愿队等，他

---

[1]　国家海洋局：《关于加强海洋赤潮预防控制治理工作的意见》，http://gc.mnr. gov.cn/201807/t20180710_2079948.html，2019年9月2日。

[2]　荆丕福：《我国非政府组织应对海洋灾害研究》，第31页。

[3]　干杉杉：《开渔节22年，海阔凭鱼跃——东海保护的宁波纪实》，《光明日报》2019年9月17日，第10版。

们随时关注当地海域的水质情况，出现不良状况时会及时上报相关政府部门，以保证政府能够迅速、及时地做出反应。灾情信息的传递工作也是非政府组织的一大任务。海洋灾害暴发后，大型的非政府组织往往会迅速地在官网上发布灾情信息，向群众传递防灾自救知识。这无疑有助于提高民众对海洋灾害的认识，降低财产损失，减少人员伤亡。

（三）企业

作为社会最大财富创造者的现代企业不仅仅是经济活动中的经营主体，在社会活动中也同样扮演着一定的角色，与人一样具有社会属性，被称为"企业公民"。作为企业公民，企业尽其公民的道德职责与义务，是突发事件应急管理的重要主体之一。海洋灾害的发生发展在给人类社会带来冲击的同时，也给企业造成损失，使企业的生产与经营活动遭受不良影响。在应对海洋灾害的过程中，企业的举动表现也会对企业的社会形象产生不同的影响。虽然企业以利润最大化为目的，但企业的社会责任要求企业做"企业公民"，支持、参与海洋灾害捐赠和救助事业是现代企业经营伦理道德建设的重要组成部分，也是现代企业文化和核心价值的有力表征。此外，企业具有很多经济资源、技术资源和人力资源等优势资源，参与海洋灾害的协同应对是其履行社会责任的有效方式之一。

企业参与灾害应对的主要方式是慈善捐助。企业慈善捐助的资源总的来说可分为三种：人、财、物。"人"主要是企业对于自身员工、零售伙伴等参与公益事业的鼓励和支持。企业员工可以以志愿者身份直接充当体力劳动者，也可以奉献自己的专业知识和技术。企业的支持也包括表彰员工志愿者或是组织员工参与公益事业等。"财"是指企业捐赠的善款，这是企业参与灾害应对最常见的方式。"物"则是指企业捐赠本身的产品、服务和我们常见的一般性的救灾物品。[①]

　　企业一直是慈善捐赠最大主体。2012年企业捐赠474亿元，占当年捐赠总额的58%[②]；2013年，企业捐赠689亿元，约占当年捐赠总额的7成[③]；2014年，企业仍是社会捐赠的最主要来源，捐赠约721亿元，占当年捐赠总额的近7成[④]。2014年，我国经济进入由高速增长转向中高速增长的"新常态"时期，而慈善捐赠并没有受到经济下行压力的影响，走出了相对独立的发展行情。马云和蔡崇信捐赠阿里巴巴2%的股权，按其时股价计算，捐赠金额达245亿元，成为我国有史以来最大单笔捐赠。我国慈善捐赠总量在没有大灾激发的情况下首次突破千亿，达1042亿元，开创了我国常态化捐赠的新纪录。[⑤]

　　在每次重大海洋灾害发生后，企业捐赠行动非常积极。许多企业还生产应急救援物资，拥有自己的应急救援队伍和应急救援装备，能够在海洋灾害应对过程中一展身手。比如2004年印度洋海啸发生后，企事业单位和员工纷纷行动起来，仅北京中国红十字会收到的来自企业捐款就非常多，如：中国国际贸易中心所属中国大饭店员工捐款34134.8元，SOHO中国捐款100万元，现

---

① 梁茂春：《灾害社会学》，暨南大学出版社，2012年，第5页。
② 彭建梅、刘佑平主编：《2012年度中国慈善捐助报告》，中国社会出版社，2013年，第35页。
③ 彭建梅主编：《2013年度中国慈善捐助报告》，企业管理出版社，2014年，第5页。
④ 《中国慈善捐助报告发布2014年捐赠金额再破千亿》，http://www.charityalliance.org.cn/gov/5905.jhtml，2015年9月19日。
⑤ 同上。

代传媒集团捐款10万元，中国国际旅行社总社员工捐款20万元，银达物业捐款20万元，燕化集团公司捐款20万元，首都钢铁公司捐款50万元，北京图书大厦员工捐款36768元，中国网通北京市通讯公司员工捐款58万元，等等。[①] 这些来自企业的善款，汇成善河，为善邦友邻汇去仁爱互助之情。

除此之外，企业把自己生产的产品捐赠出来，以满足灾民需要。2013年余姚遭台风袭击发生水灾后，浙江的娃哈哈、绿盛集团等企业纷纷捐献物资，解余姚燃眉之急。杭州中萃食品有限公司通过省红十字会向余姚灾区捐赠2000箱冰露矿物质水，价值3.6万元。杭州先安生物技术有限公司和杭州千惠贸易有限公司先后通过省红十字会，向余姚灾区捐赠消毒剂184箱，合计价值5.75万元。这些救灾物资均以最快速度运抵灾区，用于当地的救灾工作。[②]

在中国治理体系现代化建设过程中，需要构建一个政府、社会、企业三方"善政、善治、善商"的格局。从企业来说，商业与慈善结合不仅扩大了参与慈善主体范围，在以共同富裕作为迈向第二个百年奋斗目标的中华民族复兴过程中，需要企业将社会问题的解决和人类福祉的提升作为商业持续发展的前提，除经营好企业为社会创造更多财富和就业机会外，有余力还要将剩余的利润拿出一部分进行慈善，履行企业公民的社会责任，努力塑造一个更具可持续发展力的新型社会，这样的企业家可称之为社会

①　杨红星：《改革开放以来的红十字运动》（上），合肥工业大学出版社，2016年，第299页。
②　赵小燕、施佳秀、张骏：《浙江余姚遭"菲特"重创 获娃哈哈等各界力挺》，https://www.chinanews.com.cn/sh/2013/10-10/5362344.shtml，2013年10月11日。

企业家。他们致力于用商业手段解决社会问题，与非营利组织一道，促进着社会的进步。

海洋灾害治理主体多元化是当代一个显著特征，除上述慈善组织、志愿组织、企业外，以社区为代表的基层自治组织和一些社会团体，在救灾过程中为灾区提供生活保障、技术支持、医生培训、心理干预与咨询、救灾物品监督等多种个性化服务，对灾民起到了帮扶与救助作用。公民可以通过"响应政府动员、投身社会组织、扎根社区、依托企业"等形式，在"灾前、灾时、灾后"等灾害各环节都发挥重要作用，形成公民广泛参与海洋防灾减灾的格局。

第二节　应对海洋灾害的法制化建设

改革开放以来，我国的海洋法制建设开始逐渐步入正轨，各种海洋法规陆续颁布，海洋治理走上法治轨道，其中海洋灾害法规的建设也在不断摸索中。以与人的生产和生活最密切相关的《海洋环境保护法》颁布为标志，一系列相关的条例和规定陆续颁布，标志着我国海洋灾害法制化建设进入健康发展阶段，海洋灾害治理有法可依的局面已经形成。

一、改革开放前

中华人民共和国成立初期，国家对海洋的开发和利用较低，没有层次较高的法律颁布。不过，难能可贵的是，这一时期国家意识到海洋污染这一海洋灾害的人为致灾因素。由于海上石油污染问题的凸显，我国海洋生态环境保护工作在20世纪70年代受到重视。1972年，由卫生部牵头，我国首次海洋污染调查在渤海和黄海北部展开，重点关注水文气象，常规水质指标，水质中的石油、汞等有害物质，底质和生物体中的砷、汞及各类生物生态等。① 这次调查对预防、治理因海洋污染引发的海洋灾害具有重要意义。1974年1月30日，国务院颁布《中华人民共和国防治沿海水域污染暂行规定》，"这是我国有关海洋环境污染防治、保护海洋环境的第一个规范性法律文件，是我国海洋环境保护法史上的重要里程碑"②。1974年12月15日，国务院环境保护领导小组通过《环境保护规划要点和主要措施》、《国务院环境保护机构及有关部门的环境保护职责范围和工作要点》，确定国家海洋局的职责范围和工作要点。这些政策的颁布与实施体现了国家对海洋环境保护的重视，并将制定防治海洋污染的法规纳入到职责之中，为以后开展此项工作指明了方向。这个阶段可以称之为新中国海洋灾害法制建设的奠基阶段，为改革开放后的依法治海奠定了初步基础。

二、改革开放后

改革开放以来，我国海洋灾害法制建设以防止海洋污染、促

---

① 陈国达、陈述彭等：《中国地学大事典》，山东科学技术出版社，1992年，第630页。

② 马英杰、赵敬如：《中国海洋环境保护法制的历史发展与未来展望》，《贵州大学学报（社会科学版）》2019年第3期。

进海洋环境保护为突破口，以各项条例和规定为依托，结合其他
相关法规和预案，形成了一个海洋灾害法规体系。下面以防止海
洋污染法规为主，兼及其他海洋防灾减灾法规，来总结改革开放
以来的40多年中我国海洋灾害法规的发展历程。

（一）1978—1995年的起步阶段

改革开放后，国家开始重视制度建设，依法治海理念逐渐被
接受，建章立制获得较大发展，海洋法规制定数量大增，立法层
次提高。

全国人大根据宪法第十一条"国家保护环境和自然资源，防
治污染和其他公害"的规定，于1979年颁布了《中华人民共和
国环境保护法》，共七章三十三条，以国家法律形式对包括海洋
在内的各种水体进行保护。这是新中国历史上第一次为江、河、
湖、海等的保护提供专门法律依据。《环境保护法》第十一条规
定："保护江、河、湖、海、水库等水域，维持水质良好状态。保
护、发展和合理利用水生生物，禁止灭绝性的捕捞和破坏。"第
二十条规定："禁止向一切水域倾倒垃圾、废渣。排放污水必须符
合国家规定的标准。禁止船舶向国家规定保护的水域排放含油、
含毒物质和其他有害废弃物。"同时，随着国门打开，中国对国
际社会保护海洋环境发展趋势了解增多，参与国际社会海洋规则
制定机会大为增加。比如1982年联合国第三次海洋法会议产生的
《联合国海洋法公约》，"是一部关于海洋的宪法，它对迄今为止
国际海洋法问题做了最为详尽的规定和编纂，是国际社会管理海
洋的划时代事件"①。该公约对中国以后的海洋事业发展产生深远

---

① 朱庆林、郭佩芳、张越美编著：《海洋环境保护》，中国海洋大学出版社，
2011年，第66、70页。

影响。

随着国内和国际社会对环境保护的重视，我国加快了海洋环境保护立法工作。1982年8月23日全国人大常委会通过并公布了我国首部保护海洋环境的法律《中华人民共和国海洋环境保护法》，对海洋环境监督管理、海洋生态保护、防治陆源污染物、海岸工程建设项目、海洋工程建设项目、倾倒废弃物、船舶及有关作业活动等对海洋环境的污染损害、法律责任等部分做了详细规定，标志着我国在海洋灾害治理方面迈出了一大步，治理海洋环境污染有了强有力的法律武器。

《中华人民共和国海洋环境保护法》公布后，一系列配套的条例和规定相继出台，包括1983年《防止船舶污染海域管理条例》、《船舶污染物排放标准》、《海洋石油勘探开发环境保护管理条例》；1984年《船舶工业污染物排放标准》；1985年《海洋倾废管理条例》、《海洋石油开发工业含油污水排放标准》；1988年《海航污染损害应急措施方案》；1989年《防止拆船污染环境管理条例》；1990年《防止陆源污染物污染损害海洋环境管理条例》、《防止海岸工程建设项目污染损害海洋环境管理条例》等。[①] 这些由国务院和各部委制定的行政法规和部门规章，与《海洋环境保护法》一起，构成海洋环境保护法律体系，推动着我国海洋开发朝着依法管海和依法用海方向发展。

需要强调的一点是，随着社会对海洋环境的重视，海洋环境预报预警多部门、多渠道的混乱状况也开始显现，如一些非海洋环境预报部门的个人或研究小组私自公开发布海洋环境预报与

---

① 金永明：《新中国在海洋法制与政策上的成就与贡献》，《毛泽东邓小平理论研究》2009年第12期。

海洋灾害预报警报，在社会上造成了不良影响，给人民群众和各级生产指挥部门造成混乱，迫切需要以法规的形式予以规范。因此，"为加强我国海洋环境预报与海洋灾害预报警报工作的管理，避免多渠道发布海洋环境预报与海洋灾害预报警报给社会活动造成混乱和不良后果，防止和减轻海洋灾害给人民生命财产和经济建设造成的损失"，国家海洋局在1993年制定《海洋环境预报与海洋灾害预报警报发布管理规定》，共十三条，对海洋环境预报与海洋灾害预报警报的发布媒介、部门、种类和内容、范围等方面做出具体规定。其中，第二条规定发布媒介，即："海洋环境预报与海洋灾害预报警报的发布是指通过公共信息和宣传媒介发布系统，包括广播、电视、传真、电传、报刊、预报单（表）、邮寄等方式公开发布海洋环境预报与海洋灾害预报警报和为海上经济活动提供专项海洋环境预报服务。"第三条规定发布部门，即："国家海洋环境预报部门指，国家海洋预报台；国家区域海洋环境预报部门指，青岛海洋预报台、上海海洋预报台、广州海洋预报台；地方海洋环境预报部门指，各沿海省、自治区、直辖市、计划单列市海洋管理局（处、办）所属的海洋预报台、站。"[①]《规定》的颁布和实施对推动海洋灾害预报和预警的规范化具有重要意义。

（二）1996—2012年的发展阶段

以1996年《联合国海洋法公约》这一国际海洋宪法在我国正式生效为标志，我国海洋环境保护法规以及海洋灾害相关法规密

[①]　中华人民共和国自然资源部：《关于颁发〈海洋环境预报与海洋灾害预报警报发布管理规定〉的通知》，http://gc.mnr.gov.cn/201806/t20180615_1796723.html，2009年9月17日。

集出台，从而使得海洋灾害法规体系基本成型。全国人大常委会1996年5月批准该公约生效。我国根据该公约规范和其他海洋制度制定和修改了大批海洋相关法律，从而建立了我国海洋法律体系的基本框架，我国海洋法律体系因而基本成型。为了与《联合国海洋法公约》的要求相一致，以更好地履行公约要求，全国人大于1999年12月25日通过了《中华人民共和国海洋环境保护法》修订草案。新的《海洋环境保护法》自2000年4月1日起施行。①

这一时期海洋环境保护的法规密集出台，包括2002年制定《赤潮信息管理暂行规定》、《海洋倾倒区监测技术规程》、《海洋生态环境监测技术规程》；2003年制定了《放射性污染防治法》；2006年出台了《防治海洋工程建设项目污染损害海洋环境管理条例》；2007年对《防治海岸工程建设项目污染损害海洋环境管理条例》进行了修改；2009年颁布了《防治船舶污染海洋环境管理条例》等。2012年6月1日，国务院颁布《海洋观测预报管理条例》，建立了海洋观测网统一规划制度，海洋观测站及其设施和海洋观测环境保护制度，海上船舶、平台志愿观测制度，海洋观测资料统一汇交、共享和无偿提供制度，涉外海洋观测活动和对外提供属于国家秘密的海洋观测资料和成果的审批制度，海洋预报警报发布和海洋灾害风险评估制度。② 这填补了我国海洋观测预报领域的法律空白，对于加强海洋观测预报管理，规范海洋观测预报活动，防御和减轻海洋灾害，都有十分重要的意义。

---

① 金永明：《新中国在海洋法制与政策上的成就与贡献》，《毛泽东邓小平理论研究》2009年第12期。
② 刘赐贵：《学习贯彻〈海洋观测预报管理条例〉推动海洋观测预报事业再上新台阶》，《中国海洋报》2012年6月1日，第1版。

为了便于将《海洋观测预报管理条例》规定通过具体办法操作和落实，与其配套的一系列规定和办法将条例内容具体化，比如：观测类包括《海洋观测站点管理办法》、《海洋观测资料管理办法》、《海上船舶和平台志愿观测管理规定》等；预报类包括《海洋预报业务管理暂行规定》、《海洋环境预报与海洋灾害预报警报发布管理规定》、《海洋预报员业务发展专项管理暂行规定》、《海洋数值预报业务管理暂行规定》、《海洋预报减灾司部门预算管理办法》、《全国海洋预警报会商规定》、《全国海洋预警报视频会商暂行办法》等；减灾类包括《警戒潮位核定管理办法》、《海洋灾情信息员工作手册》等。

90年代，我国引入建设项目环境风险评价。2003年《中华人民共和国环境影响评价法》正式颁布，为沿海地区规划和建设工程进行环境评价，在污染未发生之前就先对工程建设可能造成的影响做出科学预判，预防或减少工程建设对海洋环境的污染，有助于遏制海洋污染加剧势头。

在这个阶段，2003年发生的"非典"事件是我国突发事件应对的一个转折点。"非典"发生后，我国在应对事件中暴露出诸多问题，比如事前缺乏应对突发事件准备、事件发生后信息渠道不畅通、应急法制缺乏等。"非典"作为一个突发性公共卫生事件暴露出的问题，在突发性海洋灾害等方面同样存在。因此，中央吸取教训，开始建立突发事件应急管理制度。2004—2006年中共中央十六届四中全会、五中全会和六中全会通过的《关于加强党的执政能力建设的决定》、《关于制定国民经济和社会发展第十一个五年规划的建议》、《关于构建社会主义和谐社会若干重大问题的决定》等文件[①]提出了完善应急管理体制机制，要健全应急预案体系，完善应急管理法律法规。[②]按照党中央精神，全国人大和国务院加快了立法和规章制度建设。2005年，国务院常务会议讨论通过了《国家自然灾害救助应急预案》；2006年，国务院发布实施《国家突发公共事件总体应急预案》。在这一背景下，国家海洋局着手编制海洋灾害专门应急预案。2005年11月15日，国家海洋局印发《风暴潮、海啸、海冰灾害应急预案》和《赤潮灾害应急预案》。这两大预案的编制发布事件还入选《中国海洋报》2005年海洋十大新闻之一。[③]可以说，海洋灾害部门应急预案的编制在海洋防灾减灾历史上具有划时代的意义，标志着海洋灾害应急进入按照预案应急的制度化时期。此后，我国海洋灾害应急预案体系不断完善。2006年，《风暴潮、海浪、海啸、海冰灾害应急预案》颁布，将"海浪灾害"纳入应急预案。2008年汶川地震后，胡锦涛总书记强调要"强化应对各类自然灾害预案的编制"[④]。因此，2009年在《风暴潮、海浪、海啸、海冰灾害应急预案》的基础上进一步完善了应急预案。同年，《赤潮灾害应急预案》修订完成。由此，我国突发性海洋灾害应急预案体系基本建立起来。这些应急预案是由国务院和各部委制定的，具有法律规范效力。随后，全国沿海省市在此基础上编制省市级海洋灾害

---

① 中共中央党史和文献研究院编：《中国共产党一百年大事记（1921年7月—2021年6月）》，人民出版社，2021年，第166—169页。

② 中共中央文献研究室编：《十六大以来重要文献选编》（下），中央文献出版社，2008年，第665页。

③ 国家海洋局大事记编委会编：《国家海洋局大事记（2004—2013）》，海洋出版社，2015年，第34页。

④ 胡锦涛：《在中国科学院第十四次院士大会和中国工程院第九次院士大会上的讲话》，人民出版社，2008年，第22页。

应急预案，为海洋防灾减灾做出部署，在实践中发挥了重要作用。

2003年"非典"疫情之后，国家加快了针对突发事件的立法。2007年8月30日，第十届全国人大常委会第二十九次会议通过《中华人民共和国突发事件应对法》，规定了突发事件的"预防与应急准备、监测与预警、应急处置与救援、事后重建与恢复"等应急流程，标志着我国突发事件应对工作全面纳入法制化轨道，我国应急管理迈上新台阶。

2010年"7·16"大连输油管道爆炸事故发生后，中央明确要求交通运输部牵头建立国家重大海上溢油应急处置部际联席会议制度。2012年，国务院印发《关于同意建立国家重大海上溢油应急处置部际联席会议制度的批复》正式确立该制度，明确部际联席会议制度负责组织、指导国家重大海上溢油应急处置工作，推动多部门协同联动，充分发挥应急处置合力。其中，原环境保护部负责陆源溢油对海洋污染的监督管理，组织、指导、协调相关应急监测预警等工作，负责海洋油气勘探开发对海洋污染损害的防治和应急处置有关工作。①

这个阶段是我国开发和利用海洋大发展时期，同时也是海洋遭受环境破坏和侵蚀的增加期。因此，我国加快立法和建章立制的步伐，遏制海洋环境污染不断扩大势头，建设人海和谐共生的优美生态环境。

（三）2013—2020年的成熟阶段

进入新时代，加快建设海洋强国的任务更加迫切，关心海洋、认识海洋、经略海洋的重要性使得海洋立法和海洋灾害制度

---

① 全国干部培训教材编审指导委员会办公室编：《应急管理体系和能力建设干部读本》，党建读物出版社，2021年，第153页。

建设进一步强化。一些已经颁布实施了多年的法规不适应新形势发展要求，需要进一步修改完善。

随着我国对生态文明建设的日益重视，海洋生态环境保护也愈发重要。《海洋环境保护法》在1999年进行了一次修订，但之后在实施中面临新的问题，于是2013年、2016年、2017年又进行了三次修订。尤其是2016年的修正，按照环境保护法的发展方向增加规定了生态保护红线、向公众公开相关信息、总量控制等制度，修改完善了海洋功能区划制度、海洋生态保护补偿制度、海岸工程建设项目的环保测评以及相应环境保护设施"三同时"制度；并规定了更多管制措施，突出体现了国家对于环境损害行为的严厉态度。2017年重点修正了关于入海排污口设置的相关规定。[①]

这一阶段对已颁法规进行修改完善是一个显著的特点。2013年、2014年和2016年三次对《防治船舶污染海洋环境管理条例》进行修订；2016年2月对《防止拆船污染环境管理条例》进行了修改，7月对《野生动物保护法》进行了修订；2019年对《中华人民共和国环境影响评价法》进行修订；等等。其中，《防治船舶污染海洋环境管理条例》迄今为止共经历了五次修订，使得应急预案、污染清除等规定更为翔实，成为防治船舶污染海洋环境管理的主要依据。[②]此外，还有一些法规被废止，比如执行了20多年的《海洋环境预报与海洋灾害预报警报发布管理规定》，国家海洋局宣布自2016年3月废止，其海洋预报和海洋灾害警报发布管理工作按《海洋观测预报管理条例》和《海洋预报业务管理

---

① 马英杰、赵敬如：《中国海洋环境保护法制的历史发展与未来展望》，《贵州大学学报（社会科学版）》2019年第3期。

② 同上。

规定》中的有关规定执行。①

　　同时，此阶段制定了一些海洋灾害相关的认定标准和海洋环境保护技术标准，或对已实施多年的标准进行修订。这些标准可以分为海洋观测与监测、预报预警和调查评估三类：（1）观测与监测类。比如《海洋观测预报与防灾减灾标准体系》、《海洋观测站点管理办法》、《海啸浮标作业规范》、《赤潮监测技术规程》等。（2）预报预警类。比如《绿潮预报和警报发布》、《海洋预报产品文件命名规则》、《中国近岸海域基础预报单元划分》、《黄海跨区域浒苔绿潮灾害监测预警会商业务规定（试行）》等。（3）调查评估类。比如《陆源入海排污口及邻近海域环境监测与评价技术规程》、《风暴潮、海浪灾害现场调查技术规程》、《赤潮灾害处理技术指南》、《海浪灾害风险评估和区划技术导则》、《风暴潮灾害风险评估和区划技术导则》、《海冰灾害风险评估和区划技术导则》、《海平面上升风险评估和区划技术导则》、《海啸灾害风险评估和区划技术导则》、《海洋溢油生态损害评估技术指南》、《海岸侵蚀灾害损失评估技术规程》等。通过对标准的新制定或者不断修订和完善，对各类海洋灾害监测预警和评估都制定了一个定量指标，在评估海洋灾害方面建立起一套科学标准，为科学应对提供了准绳，可以提前预防灾害发生，及时开展应急工作，也不断调整适应日益发展的社会对海洋环境的要求。

　　随着对海洋开发利用步伐的加快，政府也要面对可能出现的新问题，从而凸显了编纂和制定应急预案的重要性。2003 年"非

① 《国家海洋局关于废止〈海洋环境预报与海洋灾害预报警报发布管理规定〉的通知》，《国家海洋局公报》2016 年第 2 期。

典"事件发生后的几年间，针对风暴潮、海浪、海冰等海洋灾害制定了海洋预案，一定程度上做到未雨绸缪，提高了应对效率。进入新时代，2015年《国家海洋局海洋石油勘探开发溢油应急预案》，2018年《国家重大海上溢油应急处置预案》，2020年《海洋石油勘探开发溢油污染事故应急预案》等先后发布，进一步从制度上弥补专项预案不足，保障应对海洋灾害科学防控有据可依。

综上而言，改革开放以来我国以海洋环境保护法规为龙头，带动一系列规章条例的颁布和实施。我国海洋防灾减灾法规从奠基、发展、成熟到完善，历经70多年，特别是改革开放以后，我国经济中心向沿海地区转移，依海而富，依海而强，海洋开发力度得到空前提升，海洋污染也随之加剧，使海洋环境灾害成为立法重点。从立法层次上看，最高层次是全国人大制定的《中华人民共和国宪法》中有关海洋环境资源的法律规定；其次是全国人大常委会制定的《中华人民共和国海洋环境保护法》、《中华人民共和国突发事件应对法》等；再者就是国务院制定的有关海洋环境保护和海洋灾害应对方面的行政法规，如《海洋石油勘探开发环境保护管理条例》、《防止船舶污染海域管理条例》等；接着是国务院各部委制定的部门规章，如《建设项目海洋环境影响跟踪监测技术规程》、《海洋自然保护区监测技术规程》等。

保护海洋环境与防止海洋灾害也是沿海地方政府的责任。除了以上论述的国家层面的法规之外，在贯彻和执行国家法规的同时，辽宁、河北、山东、江苏、浙江、上海、福建、广东等沿海省市，聚焦海洋防灾减灾，制定地方性法规，推动海洋防灾减灾工作开展。以广东和山东为例，广东省与海洋灾害应急管理相关的法规包括《广东省海上搜寻救助工作规定》、《广东省突发事件应对条例》、《广东省渔业船舶安全生产管理办法》、《广东省自然灾害救济工作规定》、《广东省社会力量参与救灾促进条例》、《广东省突发气象灾害预警信号发布规定》、《广东省气象灾害防御条例》等；山东省结合本省海洋预报减灾工作实际，制定了《山东省海洋预报减灾体系建设方案》、《山东省海洋预报发布管理办法》、《山东省海洋灾情调查评估和报送管理办法》、《山东省风暴潮、海浪、海啸和海冰灾害应急预案》、《山东省海洋预警报会商规定》、《山东省海洋预报减灾数据信息管理办法》等具体实施规定细则。沿海城市制定的本市法规，如青岛市 1995 年制定的《青岛市近岸海域环境保护规定》、深圳市 2000 年制定的《深圳经济特区海域污染防治条例》等。

通过不同阶段和不同层次的立法，最终编织起严格的海洋环境保护法规体系，对于保护海洋环境资源，减少海洋污染，建立美丽海洋，起到了积极作用。

第三节 应对海洋灾害教育的开展

在沿海地区，进行海洋灾害教育是十分必要的。海洋灾害教育是灾害教育的一部分，它是以培养海洋灾害意识为核心，以掌握一定的防灾减灾知识与能力为目的，以便能正确认识海洋灾害发生、发展规律的教育活动。2005 年，国家海洋局发布的《关于加强海洋灾害防御工作的意见》提出要十分重视海洋灾害教育与宣传海洋灾害教育。下面主要从国家与社会视角，结合海洋灾害教育，分析政府和社会组织在灾害教育中如何发挥各自作用，形成政府、社会组织、公众有机配合的多途径海洋灾害教育方式，促进我国海洋灾害教育发展。

一、政府主导海洋灾害教育

政府主导海洋灾害教育是指政府应运用法律手段、行政手段、经济手段，发挥宏观规划、政策引导、组织协调、有效监督的作用，保障海洋灾害教育实效性。

随着中国海洋开发和利用步伐的加快，国家逐渐重视海洋灾害社会性教育，设立防灾减灾日，向社会公众普及海洋灾害常识，开展面临海洋灾害时如何开展自救与他救教育。2017年，国家海洋局围绕"5·12"全国防灾减灾日活动，积极开展海洋防灾减灾宣传教育，并在山东寿光组织开展了"5·12"海洋防灾减灾宣传主场活动，通过开通"平安之海"微信公众号、"平安之海"入驻网易新闻客户端等举措，将海洋减灾网的信息同步推送到微信、网易头条等新媒体平台，为公众提供灾害信息报送与获取功能，有效提升了公众参与海洋防灾减灾的便捷度，营造了全社会共同关注海洋减灾事业的良好氛围。[1]

（一）建立和完善海洋灾害教育的法规

政府利用法律手段推进灾害教育是现代社会的基本要求。鉴于灾害教育事业的交叉性、系统性，政府在法律方面的工作首先是整合与之相关的法律法规与政策，其中必不可少的有教育法律

---

[1] 中国海洋年鉴编纂委员会编：《2017中国海洋年鉴》，海洋出版社，2018年，第352页。

法规、海洋以及环境保护的法律法规、应对突发灾害的法律法规，将来要将与灾害教育相关的法规整合成专门的灾害教育法，进一步明确灾害教育主体责任和权利与义务的分担。

学校灾害教育是整个灾害教育的重要组成部分。目前，我国的教育立法工作取得了巨大进步，已形成了由教育基本法、教育单行法、教育行政法规及教育规章组成的不同层次、对应着不同教育阶段的法律体系，如教育法、义务教育法、高等教育法、职业教育法、教师法、民办教育促进法等。这些教育法规虽对灾害教育无明确规定，但在这些法规中都涉及教育要保证并实现人的全面发展，享受相应的获得保护生命能力的教育、接受职业培训增强职业能力的教育等内容。这些规定对于灾害教育无疑具有潜在作用，如基础教育及高等教育阶段应获得增强灾害意识、提高应对灾害技能从而提高自身素质，提高保护生命能力的教育；职业教育法明确规定公民有接受职业教育的权利。今后在教育法规的制定和完善过程中，应该特别加上灾害教育内容，更明确地强调灾害教育作为教育内容之一的重要性，这不仅关乎人的健康发展，也关乎整个家庭和社会的和谐。

为减少人为诱发的灾害，强化环境保护教育也是灾害教育的重要组成部分。因为环境的恶化必然对人的生命健康造成伤害。以涉海环境保护法律为例，有《海洋环境保护法》、《渔业法》、《水产资源繁殖保护条例》、《海洋倾废管理条例》、《海洋石油勘探开发环境保护管理条例》、《防止船舶污染海域管理条例》、《防止海岸工程建设项目污染损害海洋环境管理条例》，等等。[①] 这

---

① 许维安：《我国海洋法体系的缺陷与对策》，《海洋开发与管理》2008年第1期。

一系列的法规涉及海洋的开发与保护，要求公民、企业及其他主体在向海洋排放污染物、倾倒废弃物、进行海岸工程建设及石油资源开发过程中都要遵守法律规定，减少海洋污染与海洋生态破坏，从而减少人为因素诱发的灾害，也在保护我们自身生存的环境安全。因此，推进相关环境保护法规的科普，推动树立海洋环境保护的意识，是海洋灾害教育的重要一环。

在突发事件频发给人民生命财产造成重大损失的现实下，应对突发事件的法律法规建立和完善是社会进步的体现，是灾害教育应该着力加强宣传的内容之一。据统计显示，我国目前已经制定的涉及突发事件应对的法律35件、行政法规37件、部门规章55件、有关文件111件，国务院和地方人民政府也相继制定了突发事件应急预案。①2007年11月1日正式实施的《中华人民共和国突发事件应对法》无疑是突发事件应对的里程碑，不仅标志着我国突发事件应对工作全面纳入法制化轨道，我国应急管理迈上了新台阶，也使我国灾害教育有了相对接近的法律。灾害教育专门法的制定显得尤为紧迫。

由此可见，已有的法律法规中能应用于灾害教育的内容千头万绪，但其只是蕴含其中，而无专门灾害教育法。若要想以法治手段推进包括海洋灾害在内的灾害教育，就必须加强对这些法律法规中有关灾害教育的解读与宣传，并加紧起草制定灾害教育法，使其他法规与之相配套，从而奠定灾害教育法律基础，为灾害教育保驾护航。

---

① 《法制办就〈中华人民共和国突发事件应对法〉答问》，http://www.gov.cn/zwhd/2007-10/30/content_790684.htm，2007年10月30日。

（二）理顺海洋灾害教育的行政管理

包括海洋灾害在内的灾害教育是一项系统工程，需要政府的计划、组织、协调、管理。在灾害教育中，政府要坚持以提高国民素质、增强国民应灾能力为目标，建立灾害教育的学校教育体制及社会教育体制。针对学校教育，各教育主管部门要明确目标，细化执行；针对社会教育，各级管理部门要发挥牵头引导作用并得到宣传部门的有力配合；面向社会大众，政府要指导各级各类媒体宣传灾害教育的重大意义及避灾减灾的内容方式，使普通公民增强相关的灾害意识和防灾救灾技能技巧。在组织与协调的过程中，政府需要对各方主体、各级组织加以激励。对于社会公众及各类企业，政府可根据客观经济规律，运用经济管理手段，综合研究部署，运用税收、补贴、信贷等经济杠杆提高配合参与度。当前，政府在环境管理上的经济手段主要有排污收费制度、减免税制度、补贴政策、贷款优惠政策。这些可被借鉴应用到灾害教育中，通过奖励保障机制调动各部门的积极性。此外，最后的落实保障环节不可少。"赏罚分明"是历来管理的上策，对灾害教育贯彻执行不力的行政部门要进行行政处罚，落实责任制。

（三）提供海洋灾害教育的人、财、物基础

政府管理中的"计划、组织、协调、控制"实质是对人、财、物资源的配置过程。我国自古也有"兵马未动，粮草先行"的古训，意在说明任何事情的开展都离不开坚实的物质基础。同理，在灾害教育中，政府也须做好"人、财、物"的储备，以奠定坚实的物质基础。

首先，开发人力资源，为海洋灾害教育事业提供人才基础。

开展灾害教育，是提高国民素质的一种举措，主要目的是提高公民的灾害意识及防灾减灾技能。在"终身学习"的当今社会，灾害教育得益于正规教育与非正规教育的发展，致力于增强公民学习能力、生存能力、生活能力。针对具体的海洋灾害教育过程，学校及社会组织需要配备高素质的教育者，既要加强对在职教师的培训，又要调整高校专业设置，培养相关的专业人才。这都是海洋灾害教育事业的人力资源和人力基础。对此，政府需要理顺利益关系，调动积极性，同时制定相应的约束机制，做到权责统一。

其次，开拓多种渠道，多方筹集资金。在资金来源性质上，可以分为政府财政拨款和社会资金筹集。其中，政府的财政拨款是中央和地方的各级财政部门这一主体通过预算对资金的筹集、分配、使用和管理过程。针对海洋灾害教育事业，需要政府在宏观上给予财政支持，并合理分配中央和地方的财政拨款比例，同时在相关教育领域合理分配资金，并做好审计和监管，保证专款专用，以防挤占挪用等不法行为。在筹集社会资金方面，利用经济手段调控，通过税收优惠等政策，引导社会资本进入海洋灾害教育事业。

再次，加强灾害教育相关的技术研究。海洋灾害教育，涉及海洋环境、防灾减灾、教育技术等领域，新科技在这几大领域获得突出进步：伴随数字地球而出现的数字海洋，通过全球定位系统及地理信息系统，对海洋家底摸得相当清楚；防灾减灾的综合模拟程序、模拟演练也有开发；教育领域里教育与计算机的互动智能模式改变了教育的传统方式方法。这是各大领域分散的技术成就。针对灾害教育这一综合系统，政府需要倡导相关方的合作与共享，打破行业分割，真正走向综合性的优势互补，智力整合，知识共享，使科学技术在转变为具体社会应用中有更突出的作用，例如：学校要提高灾害教育的效率和实效，丰富教学形式和教学方法，其中的"产品"就需来自技术研发和设计。同时，结合不同年龄阶段及特点的教育，还需相应地调整技术产品的难易梯度——针对青少年形象思维发达的特点，设计"动态、形象化"的人机互动模式；着眼青少年抽象及逻辑思维不断增长的实际，为更高阶段的学生设计研发提高学习效率和实效的灾害教育产品。

（四）完善海洋灾害教育的监督机制

针对灾害教育的监督机制而言，既有各级行政主管部门的监督，又有具体各级教育行政部门的监督反馈。同时，通过加强媒体舆论的宣传，也可形成强大的监督力度。在灾害教育事业的推进中，政府一定要构建监督体系，增加公开性、透明度，对灾害教育的执行做好全方位跟踪调查，保证发挥落实督促作用。不可忽视的是，由于灾害教育管理体制没有完全理顺，灾害教育被认为是灾害管理部门和教育部门的事情，自己单位不是灾害管理部门便对灾害教育不重视，这种现象是普遍存在的。要知道，灾害多种多样，灾害也无时无刻不在发生，维护人的生命和健康是全社会的使命。所以，政府需要统一规范灾害教育，在政府职能部门如安全部门中专门列出灾害教育管理和监督职责，来督促各类单位和社区定期进行灾害教育和处置灾害的技能培训，化解灾害风险，减少灾害发生。同时，政府应该牵头建立一个由官员、专家、学习主体、社区管理员等组成的综合评价体系，并进行一系列的灾害素养调查，检测教育效果，对此做出评价分析，规范和监督灾害教育发展。①

可见，政府在包括海洋灾害在内的灾害教育中不仅不能缺位，而且发挥着主导作用。政府的重视和积极支持是保证灾害教育发展的重要保障，也是现代政府关注民生、履行责任的重要表现。

二、社会有效参与海洋灾害教育

在海洋灾害教育中，学校、社会组织、社区、家庭及公司企业等社会单元具体实施灾害教育，并与政府这一社会的组织者有机配合，形成灾害教育的合力。由社会来推动的灾害教育或曰社会灾害教育，可发挥多渠道、多形式、多层次的特点有针对性地开展，如针对成人的职业教育、成人教育及相关的培训；社会公众通过大众传媒方式，以社区为载体，在社会组织公益活动中进行灾害教育。在这方面，日美等国家的一些做法可以提供参考。他们都将灾害教育列为全民终生教育的内容之一，并通过政府和社会渠道以各种方式来进行灾害教育。例如，日本从小学教育开始培养防灾意识，各都道府教育委员会都编写《危机管理和应对手册》或者《灾害管理教育指导资料》等教材，指导各类中小学开展灾害预防与应对教育。日本政府将新闻媒体列为救灾的重要组成部分，在《灾害对策基本法》中将其广播协会指定为防灾公共机构，从而在法律上确定了公共电视台在防灾体制中的地位。②日本政府还通过广播、电视、报纸、杂志、互联网等媒体为公众提供各种防灾教育内容，构建起一个减少灾害风险的信息共享平

---

① 邓美德：《论中国灾害教育》，《城市与减灾》2012年第5期。
② 王卫东：《国外防灾教育"聚焦"普通民众》，《城市与减灾》2008年第2期。

台，利用各种方法和手段，让公众获得及时可靠的资讯，力争使每一个公民都能了解如何应对突发性危机的方法，减少灾害造成的损失。在每年的9月1日防灾日，日本各地方、各部门都要举行防灾演习。[①] 美国防灾教育也不惜花费巨资，建立有关灾害网站700个，对公众防灾减灾起到了很好的普及作用。[②] 这些做法对我国进行灾害教育有着一定的借鉴意义。

（一）非营利组织在海洋灾害教育中担任重要角色

社会组织是人在社会中存在的一种形态，既包含初级群体，如家庭、家族、村落等，也包含各类经济组织、政治组织、文化组织、公益社会组织等次级群体。限于篇幅，本文主要论述非营利组织。这些非营利组织按其功能可分为研究型、行业型、公益型等。下面以涉海组织为例，简要论述三类涉海组织在海洋灾害教育中的作用。

涉海研究型社会组织主要指由科技工作者自愿组成的为促进学术交流、成果转换、培养人才的科技学术性团体，如中国海洋学会、中国海洋与湖泊学会等。在灾害教育中，这类涉海组织根据其科技人才优势，在研发新技术、做好成果转化等科普教育中应发挥更大作用。同时，这类组织可通过内部刊物、开辟专栏等加强海洋灾害教育相关知识的普及，及时将相关科技理论转化为群众需要的科普知识，满足群众科普需求。

涉海行业型社会组织主要是经济领域各经济行业中自愿成

---

① 朱凤岚：《日本的突发灾害危机管理及其启示》，《华夏时报》2008年5月17日，第2版。
② 秦莲霞、张庆阳、郭家康：《美国气象灾害防治理念》，《中国减灾》2012年第11期。

立的经济团体，即行业协会。在灾害教育中，行业协会发挥着上传下达的作用，将政府有关灾害教育的政策等传达下来，并结合行业实际，通过职业培训等相关环节组织本行业的灾害教育。尤其是涉海的渔业生产行业，可普及倡导科学养殖，有效避免海水养殖造成的富营养化等问题；涉海的油气开发行业协会、涉海运输行业协会要通过多种形式，进行职业教育和岗位培训，加强相关安全生产教育，规范生产标准，并辅之以本行业的灾害应急预案的制定、演练，提高员工素质与技能，从而大大减少由人为疏忽、操作不当引发的事故、酿成的灾祸；涉海旅游行业协会要加强文明旅游规范引导教育，减少海滨、海岛环境破坏。

涉海公益型组织主要面向社会大众，组织开发项目活动，并辅之以日常生活中形式多样的宣传教育，加强相关灾害常识及技能的普及，形成长效机制，组织应急演练，同时将肆虐的灾害、温情的募捐、奉献的志愿者等相关素材拍摄记录下来，增强宣传的效果。全国性的从事人道主义救助的社会团体——中国红十字会要求结合各省实际，开展应急救灾演练，同时注重加强对各级各类救援队的救援能力的培训开发，制定明确的标准手册，严格执行，开展相应的培训演习演练，切实提高其救援能力。此外，上海海洋保护志愿者组织、三亚蓝丝带海洋保护协会等海洋公益组织在海洋生态环境保护的教育中都发挥了积极作用。

从海洋灾害教育中可以看到社会组织通过结合自身组织和服务人群的特点，发挥各自优势，为灾害教育贡献一份力量。今后，要探索不同社会组织之间的互助合作，以及与政府组织的协调配合，以形成长效的合作体制机制，协调联动，共同推动灾害教育事业的发展。

（二）学校应将海洋灾害教育作为一项必备内容

沿海地区的学校要结合海洋灾害特点，对学生进行普遍的海洋灾害教育。学校从受教育者的年龄、心理特点出发，对不同年龄的学生推进不同内容的灾害教育。对经验极少的学前教育阶段的学习者，主要由幼儿园从生活出发给予直观性认识，并辅之以简单的求救技能。对于初等教育即小学阶段的学习者，在学前教育积累的基础上进行灾害的科普教育，从中培养灾害意识及简单的避灾技能。伴随青少年认知心理的发展和逻辑思维、理性思维的形成，到中等教育阶段即中等普通中学教育和中等专业教育阶段，应该整合灾害知识，使学生系统学习灾害的基础理论，学习灾害伦理，掌握较高的避灾技能，提高相应的自救互救技能，并教育其担负对社会灾害应对的相应责任。而对于高等教育阶段的学生（包括成人教育），则从学科综合的角度学习灾害理论，涉及灾害的监测、预报和灾害的应对管理。

另外，沿海地区各级各类学校，针对不同年龄段的学生特点，尊重认知规律，通过课堂、课外活动等开展海洋灾害的相关知识技能的教学，在显性课程中提高教育的科学性、系统性，辅之以隐性课程的潜移默化。同时，加强学校的应急预案演练演习，在实践中增强学生的海洋灾害知识和防灾减灾技能。

我们可以通过表4-1将上述内容更清晰地展现出来：

表4-1　学校灾害教育及其内容

阶段	灾害教育内容
学前教育	对灾害的直观感性认识、简单求救技能
初等教育	培养保护海洋的朴素情感、灾害意识、灾害科普知识、简单避灾技能
中等教育	灾害基础理论、掌握较高避灾技能、自救互救能力、灾害伦理
高等教育	学科综合基础上的灾害理论、灾害管理知识技能、灾害法律法规等

各沿海省市相继开展了海洋灾害知识普及教育活动以及社会性讲座。2016年经过多次修改完善，形成了《青少年海洋意识教育指导纲要》审定稿。[1]《纲要》着力解决中小学生海洋意识教育方面的问题，对于今后指导全国各地加强青少年海洋意识教育将起到重要促进作用。2016年6月8日，第九届全国大中学生海洋知识竞赛正式启动，通过开展类似形式的竞赛系列活动，向大中小学生普及了海洋知识，传播了海洋文化，弘扬了海洋精神。

（三）家庭与社区是开展海洋灾害教育的有效载体

家庭是社会的基本细胞，家庭灾害教育是社会灾害教育的基本元素。无论对于未成年的孩子，还是成年孩子，父母一直是成长过程中的老师。每个父母，都会在孩子成长过程不厌其烦地提醒孩子注意各种安全问题，达成一个人成长过程中最早接受的灾害教育，成为孩子的第一任老师。沿海地区的家庭，要从小教育孩子认识海洋，了解海洋灾害，让孩子从小就意识到防灾的重要性，并将这种意识转化为实际行动。

社区是基本的社会单元，在国家颁布的《防灾减灾中长期规

---

① 中国海洋年鉴编纂委员会编：《2017中国海洋年鉴》，第352页。

划》里明确提出，要在全国创建5000个"综合减灾示范社区"，并且要为每个基层社区设置1名灾害信息员，及时发现，及时上报，及时组织，由细胞到组织，由组织到系统，由系统到机体，稳扎稳打，步步为营，最终通过创建"平安社区"这一细胞来创建"平安社会"这一机体。为此，沿海地区各社区要结合濒海特点和本社区实际，统领家庭，提高社区民众的参与度，使社区居民真正将防灾减灾知识运用到实际生产生活中。可借鉴美国、日本等国家的做法，组建"社区救急反应队"，并组织他们定期开展相关培训，加强临时组织、搜索营救、简单医疗、心理指导等方面的能力，还可通过及时考核监督、颁发资格证等推行实施。同时，还要着手做好社区内的联合，整合社区的灾害教育资源。例如发动社区志愿者，与社区内的学校合作，邀请专业人员做专题讲座等开展灾害教育，与社区企业合作，争取资金支持，举办相关的宣传教育活动等。社区要经常组织社区居民进行防灾演练，开展一些生动活泼的安全知识游戏和防灾抗灾竞赛，在丰富了社区居民业余生活的同时，又能让居民学到防灾抗灾的知识，锻炼抗灾救灾的能力。

灾害教育是关系每个生命个体生存质量的教育，不是某个单位或某个部门的事情，是全社会都要关注的事情，因此需要发挥家庭、社区、社会组织的功能，形成既有特点又能够合作的灾害教育方式，将灾害教育作为公民成长过程中的必备课，从而推进灾害教育的健康发展，提高民众的生存质量。

（四）公民个人是海洋灾害教育的践行者

国家海洋局2001年发布的《关于加强海洋赤潮预防控制治理工作的意见》提出，要加强公众教育与参与，提高赤潮灾害的防范意识,"沿海各地应加强赤潮知识的宣传和普及工作,增强社会公众的海洋环保意识,了解相关信息。积极开展科学养殖;组织进行赤潮应急措施的宣传和普及,提高赤潮防范能力"[1]。灾害教育归根到底是要公民认识到灾害破坏性,同时又要认识到可以通过教育学习,掌握规律,增强防灾减灾技能。沿海地区的每个公民都应学习简单实用的与海洋灾害相关的防灾技巧与实实在在的自救互救技能,这都是提高自我生存能力、提高自身素质的内容。

综上所述,在中国进行海洋灾害教育,政府应从宏观上主导,从法律、政策、行政、监督及经济和人力上对灾害教育给予支持;社会包括学校、家庭、社区、社会组织及公民个体要发挥主动性和能动性,积极参与灾害教育,从而与政府形成合力,促进全民灾害教育健康发展。

第四节　应对海洋灾害的国际合作

海洋灾害如台风风暴潮、全球气候异常导致的海平面上升等,具有地区性和全球性特征,需要国际社会一起协同应对。同时,沿海国家不同程度地遭受同一种海洋灾害的侵害,如海洋环境破坏、海底地震引起的海啸、赤潮、绿潮等,这都需要国际社会交流防灾减灾的技术和经验。我国自改革开放以来,在海洋灾

---

① 国家海洋局:《关于加强海洋赤潮预防控制治理工作的意见》,http://gc.mnr. gov.cn/201807/t20180710_2079948.html,2009年9月2日。

害研究和应对方面从封闭走向开放，主动加入应对海洋灾害的国际公约，积极与世界涉海组织和海洋国家在海洋灾害研究、防灾减灾方面进行合作，使中国海洋灾害防灾减灾研究水平和应对能力得到较大提升。下面将围绕着加入国际性海洋公约、开展海洋灾害研究国际合作和应对海洋灾害国际行动等方面来进行考察。

一、加入国际性海洋公约

国际社会早在20世纪50年代就已经开始了国际性海洋环境的立法工作。这些已经签订、生效的国际性海洋公约在应对海洋环境污染和海洋生态破坏方面发挥了积极的作用。改革开放后，我国与国际社会交往增多，积极主动参加到国际公约中，成为保护海洋环境的国际大家庭中的一员。根据公约的具体内容可以分为综合性公约、防止污染类海洋公约、防止倾废类海洋公约、极地保护类公约等。

（一）综合性公约

《联合国海洋法公约》是迄今为止最全面、最综合、里程碑式的国际海洋环境保护法，是国际上各主权国家进行海洋管理、保护海洋环境和资源的国际法依据。第三次联合国海洋法会议自1973年开始至1982年结束的九年时间内，我国积极地参与对海洋法的审议工作，并在该公约上签字。该公约的一部分内容专门规定海洋环境保护，即第十二部分"海洋环境的保护和保全"，"它在历史上第一次规定了各国有保护和保全海洋环境的一般义务，涉及有关国际海洋环境保护的原则性规定，要求各国应采取一切必要措施防止、减少和控制任何来源的海洋环境污染"[1]。中国于1996年5月15日第八届全国人民代表大会常务委员会第十九次会议批准了《联合国海洋法公约》，使得我国正式成为缔约国，对我国的海洋法制体系的建立、实施海洋保护的具体实践产生了深远影响。

《生物多样性公约》是1992年在巴西里约热内卢举行的联合国环境与发展大会上签署的一项专门保护全球生物资源的国际性公约。我国在1992年6月11日签署并于同年11月7日批准该公约。该公约指明各国对本国的生物多样性资源拥有主权权利，同时也有责任保护本国的生物多样性。[2] 我国加入并积极履行《生物多样性公约》，有利于保护我国的海洋生物资源多样性，加强海洋环境保护。

《联合国气候变化框架公约》在第45届联合国环境与发展大会上通过，是一项缓解全球气候变暖的国际合作的框架性法律公约。我国参加了该公约的审议与制定，并于1992年6月11日签署，自1994年3月21日开始对我国生效。该公约是以应对全球气候变暖，减缓海平面上升为目标的框架性法律公约，而1997年在日本东京通过的《京都议定书》是其具体实践。我国于1998年5月签署并于2002年8月核准了该议定书。积极履行该议定书职责，控制温室气体排放，是我国积极应对全球变暖，减少海洋灾害发生频率的正确选择。

---

① 朱庆林、郭佩芳、张越美编著：《海洋环境保护》，第66、70页。

② 王旭烽：《中国生态文明辞典》，中国社会科学出版社，2013年，第171页。

（二）防止污染类海洋公约

在海洋灾害中，除了无法避免的自然原因外，人为原因引起的海洋污染是最大的灾害。由于全球贸易的与日俱增，航海贸易数量非常大，海船造成的海洋污染也随之增加。中国加入国际防止海洋污染公约始于1954年的《国际防止海上油污公约》，但由于国际环境恶劣及中西意识形态严重对立，海洋防灾减灾国际合作受到影响。改革开放后，中国积极加入国际公约，与国际社会一起共同应对海洋环境污染。我国相继于1982年加入了《国际油污损害民事责任公约》、1983年加入了《1973年国际防止船舶造成污染公约1978年议定书》、1986年加入了《1969年国际油污损害民事责任公约的议定书》、1990年加入了《1969年国际干预公海油污事故公约》、1991年加入了《禁止在海床及底土安置核武器和其他大规模毁灭性武器公约》等。[①] 2001年，国际海事组织召开会议通过《船舶燃油污染损害责任国际公约》及其附件《燃油污染损害民事责任保险或其他财务担保证书》。同年，《2001年国际控制船舶有害防污底系统公约》也被通过，并于2008年9月生效。我国于2011年批准加入此公约。这一时期，我国加入的涉及海洋方面的国际公约多是关于防止船舶污染以及规制海洋倾废等海洋环境保护方面的公约，体现出这一时期全世界环保意识的发展和我国对海洋环境的日渐重视。

（三）防止倾废类海洋公约

《防止倾倒废物污染海洋公约》于1972年在伦敦签订，简称《1972年伦敦倾废公约》，是第一个专门广泛控制倾倒废物种类的

---

① 马英杰、赵敬如：《中国海洋环境保护法制的历史发展与未来展望》，《贵州大学学报（社会科学版）》2019年第3期。

国际性公约。我国于1985年9月6日加入该公约，并以此为依据建立了我国的防止倾废海洋法律体系。《巴黎陆源污染公约》是由法国首创并由相关国家在巴黎签订的一个地区性的国际倾废协定。1985年4月，联合国环境署召开会议并通过《保护环境免于陆源污染的蒙特利尔方针》，简称《蒙特利尔方针》。1989年联合国环境规划署制定《控制危险废物越境转移及其处置的巴塞尔公约》，简称《巴塞尔公约》，这是防止倾废物质跨境转移污染环境的国际性公约。我国政府于1990年签署了该公约。1996年11月7日签署的《防止倾倒废物及其他物质污染海洋公约的1996年议定书》是对《1972年伦敦倾废公约》的补充和修订。我国于2006年6月29日批准加入该议定书。

此外，联合国人类环境会议筹委会还签署了一系列区域性的国家级倾废法规，如1974年签署的《防止陆源物质污染海洋的公约》和《保护波罗的海区域海洋环境的公约》、1976年签署的《保护地中海免受污染的公约》、1989年的《保护东南太平洋海洋环境和沿海地区公约》以及1990年的《保护和开发大加勒比海区域海洋环境公约关于特别保护区和受保护的野生物的协定书》，等等。

（四）极地保护类公约

《南极条约》是保护南极的极地环境的国际公约，在协商国多次磋商下于1959年12月1日成功签署。《南极条约》协商国后来又依次签订《保护南极动植物议定措施》、《南极海豹保护公约》及《南极生物资源保护公约》。1983年，我国正式批准加入《南极条约》。此后，我国积极参加《南极条约》协商国会议，与其他协商国对南极环境保护事务进行交流与合作。1991年10月，各协商国通过《南极环境保护议定书》和"南极动植物保护"、"南极环境评估"、"南极废物处理与管理"、"防止海洋污染"及"南极特别保护区"5个附件,并于4日公开签字,由所有协商国批准后生效。我国也积极参加保护南极环境的相关会议,如全球南极遥感研讨会、南极海洋生物资源养护委员会及其科委会会议、国家南极局局长理事会等。

北极理事会是旨在保护北极地区环境的政府间论坛。我国于2013年成为北极理事会正式观察员国,为我国积极参与北极环境保护工作提供了便利条件。1991年,芬兰、瑞典、挪威、丹麦、冰岛、加拿大、美国和俄罗斯等八国签署《北极环境保护宣言》,并提出北极环境保护战略,要求进行广泛的国际合作来共同保护北极环境。1996年北极八国正式成立北极理事会并于2013年签署《北极海上油污预防与反应合作协定》。2013年,我国在北极环境保护工作方面取得了突破性进展:第一届中国—北欧北极研究合作研讨会在上海成功召开;参加中俄北极社会科学研讨会,就北极政策方面进行交流;中国极地研究中心正式加入了北极大学联盟。

除此之外,我国与一些沿海国家在海洋防灾减灾方面也加强合作。我国与美国、加拿大、韩国、日本、澳大利亚、挪威、瑞士、瑞典等国家签订多项海洋环境保护类的谅解备忘录或者双边协定,以共同保护海洋生态环境。在双边签订的海洋合作协议及备忘录中,有很多文件围绕海洋石油、海洋渔业、海洋科技合作等展开,这对保护海洋生态环境、防御石油污染和过度捕捞及应对海洋灾害具有一定的指导作用。

从以上论述可以看到,改革开放以来随着我国沿海地区快速发展和海洋强国战略的提出和实施，我国积极参与全球或区域海洋环境保护和灾害应对的合作机制，主动履行国际责任，参与全球海洋灾害治理，为构建人类海洋命运共同体贡献了中国智慧和力量。

二、台风风暴潮研究国际合作

台风又称热带气旋，是影响西太平洋地区最重要的气象灾害，而台风引起的风暴潮成为危害最大的海洋灾害之一，每年都会给西太平洋沿海国家造成重大损失。因此，研究台风及其运动规律，提高相关国家防灾减灾水平是十分必要的。为了交流台风方面研究和防灾减灾经验，国际上受台风影响的国家和地区成立了台风委员会。

为加强亚太区域内各国和地区的台风联防合作、提高台风的监测和预报预警能力，1968年联合国亚洲及太平洋经济社会委员会（简称"亚太经社会"）与世界气象组织联合组建了亚太经社会 / 世界气象组织台风委员会（简称"台风委员会"），负责协调亚太区域防御台风灾害的计划和措施，成员有包括中国在内的 12 个成员国和香港、澳门两个地区。其中，中国是该组织的发起国，在技术交流、培训项目、能力建设等方面为台风委员会做出了突出贡献。仅改革开放以来中国承办的台风委员会的会议就有 20 场，可见中国在该委员会中的作用和贡献。比如 1997 年在香港召开的第 30 届台风委员会，提出了西北太平洋和南海热带气旋命名的原则，制定了应采用具有亚洲风格的名字（各会员提供 10 个名字组成 140 个名字的列表）对西北太平洋（含南中国海）台风进行命名和除名的规则，以提高亚太地区民众对台风的警惕从而增强警报效果。① 为避免一名多译造成的不必要混乱，中央气象台和香港天文台、澳门地球物理暨气象台经过协商，已确定了一套统一的中文译名。② 这种对同一地区面临同样台风灾害的统一命名方式，可以避免对同一热带气旋不同名称带来混乱和资源浪费。仅在2009—2018年的10年里，中国为台风委员会组织的发展做出了许多突出贡献，如：创新性地发展了火箭弹下投探空等台风直接探测新技术，并使基于预报的敏感性观测成为可能；组织实施了台风强度变化的科学试验，开展了基于多源观测资料的台风结构和强度变化的分析研究，促进了台风学科和台风定强等基础业务的发展；高分辨率台风模式及集合预报等关键技术的研究取得新的显著进展，业务平台的建设促进了最新研究成果的业务应用和技术培训，台风预报误差普遍较10年前减少了30%以上；南海热带气旋强度分析及命名问题的讨论推动了台风生成预报的进步，使区域内的台风预报时效显著延长，为业务防台减灾决策赢得了宝贵的时间。③

　　台风引起的风暴潮是危害最大的自然灾害之一。国际社会对风暴潮的预报研究较早，其中美国国家及大气管理局开发的SLOSH风暴潮模式是一种开阔海岸和港湾混合风暴潮模式。20世纪90年代，我国从美国引进了SLOSH模式，并将其应用于雷

---

① 矫梅燕、雷小途等：《亚太防台减灾中国主要贡献概述》，《科学通报》2020年第9期。

② 沈四林：《西北太平洋和南海热带气旋的命名》，《航海技术》2000年第4期。

③ 矫梅燕、雷小途等：《亚太防台减灾中国主要贡献概述》，《科学通报》2020年第9期。

州半岛、长江口及杭州湾等地的风暴潮数值计算中[①]，对风暴潮灾害的预防和减轻损害发挥了重要作用。另外，中国也与沿海邻国开展风暴潮的研究合作。1996年《中朝海洋科技合作议定书》签订，双方同意促进中朝海洋科技合作第七次会议确定的"卫星海洋资料处理技术交流"项目，进行"浅海潮汐、波浪、风暴潮联合数值模式合作研究"。[②] 2003年，国家海洋环境预报中心和越南海洋水文气象中心开展中越海上海浪与风暴潮预报合作，并共同签署了"中越海上海浪与风暴潮预报合作研究"谅解备忘录，这被确定为中越双方的长期科技合作项目。

中日韩作为近邻海洋国家，在海洋防灾减灾方面有着许多合作。2009年10月，三国举行首届灾害管理部门负责人会议，决定会议隔年轮流在三国举行。同时，三国商定在以下领域开展密切合作：一是建立互访交流和会议机制，逐步建立共同访问灾区机制；二是加强信息共享，共享灾害管理领域的法律法规、体系及政策信息，共享灾害信息和巨灾风险研究成果，共同构筑灾害风险防范体系；三是加强减灾救灾能力建设，开展三国间的灾害管理人员培训，建立三国在灾区现场开展救援、保护居民的有效合作机制；四是加强卫星灾害监测，共享减灾地球空间数据。[③] 三国在海洋防灾减灾方面的合作稳步推进，项目都一一落实。2013年的第三届中日韩三国灾害管理部门负责人会议确定在技术和信息共享、教育和培训合作方面来提升三国的灾害管理水平，进而

---

① 秦子健：《雷达潮位仪研制及风暴潮警戒水位预报系统》，大连海事大学博士学位论文，2012年，第9页。

② 中国海洋年鉴编纂委员会编：《2013中国海洋年鉴》，海洋出版社，2013年，第344页。

③ 《中日韩合作（1999—2012）白皮书》，《人民日报》2012年5月10日，第22版。

规避海洋灾害。在2015年第四届中日韩三国灾害管理部门负责人会议上，三方探讨了《2015—2030年仙台减轻灾害风险框架》，并通过《第四届中日韩三国灾害管理合作联合宣言》，以进一步完善灾害信息交流机制、灾害人员交流和培训机制等。

随着海上丝绸之路倡议的实施，中国与沿线国家展开合作，以提升海上丝绸之路沿线国家对气候变化影响的预测工作，并印发《2019年风云气象卫星服务"一带一路"工作任务计划》，向全球105个国家和地区提供风云气象卫星资料和产品。其中，风云气象卫星国际防灾减灾应急保障机制全年共启动4次，用户拓展至27个国家，30个国家通过绿色通道快速获取风云卫星数据，其自主研发的"一带一路"沿线城市天气预报覆盖137个国家及地区。[①] 在灾害风险评估合作方面，开展海上丝绸之路沿线海洋和海岸带灾害风险分析评估、海洋灾害损失及其对海洋环境影响调查评估，重点针对海岸带侵蚀、港口泥沙回淤、地面沉降、海水倒灌、土地盐碱化、海啸、风暴潮及海平面上升等开展海洋灾害风险评估关键技术研究，为沿线国家制定工程防护规范标准提供科学指导和技术支持。[②]

中国在台风与风暴潮领域的国际合作中，不仅贡献了中国在海洋灾害方面的研究成果，促进世界海洋灾害研究，同时也学习和借鉴其他国家的研究成果，推动中国海洋防灾减灾事业的发展，另外还通过合作互助，推动海洋抗灾救灾等人道主义事业的

[①] 《中国气象局简介》，http://www.cma.gov.cn/zfxxgk/gknr/jgyzn/bmgk/202209/t20220905_5071864.html，2022年9月5日。

[②] 祝哲：《新战略、新愿景、新主张——建设21世纪海上丝绸之路战略研究》，海洋出版社，2017年，第234—235页。

发展。

三、海啸研究国际合作

海啸是由海底地震、海底或海岛火山喷发爆裂、海底塌陷、滑坡等引起的潮位异常现象，在海滨区域的表现形式是海水陡涨，骤然形成向海岸行进的"水墙"，瞬时侵入海滨陆地，给生命和财产造成巨大损失。国际社会对海啸的研究，在20世纪60年代中期开始合作。联合国教科文组织下属的政府间海洋学委员会就建立了太平洋海啸预警系统。1965年合作成立的国际海啸预警系统由太平洋海啸预警中心和美国、澳大利亚、加拿大、智利、中国、日本、法国、俄罗斯、朝鲜、墨西哥、新西兰等近30个国家和国际组织构成，而太平洋海啸预警中心是国际海啸预警系统的运行中心。中国于1983年加入国际海啸预警系统，成为国际海啸协调组的成员国。[1]

海啸虽然不像风暴潮发生的频率高，但是一旦发生，常常造成巨大灾难。2004年12月26日印度洋大海啸的暴发，导致25万人丧生，500万人需要紧急援助，180万居民无家可归。[2] 其中，印度尼西亚损失最为惨重，死难者约占遇难总人数的三分之二。[3] 此次海啸促使国际社会越来越重视地震海啸的预警工作。在联合

---

[1] 刘瑞峰、梁建宏等：《国际海啸预警系统（ITWS）》，《地震地磁观测与研究》2005年第1期。

[2] 赵旭东、王艳茹编译：《印度洋海啸预警系统10年发展概况》，《国际地震动态》2015年第2期。

[3] 彭梦瑶：《印度洋海啸两周年：科学家预言30年内海啸会重袭？》，《新华每日电讯》2006年12月27日，第4版。

国教科文组织政府间海洋学委员会的支持下，包括中国在内的国家于2006年建立起印度洋海啸预警系统，共有26个海啸信息国家中心，能够24小时不间断地接收和传递地震、海啸信息，并拥有25个新建的观察站，其数据可实时传送到分析中心。该系统不但可以根据海浪的强度分别发出"注意海啸"和"海啸警报"的信息，而且还可以在确认海浪不具备异常威胁时，及时传递解除警报的信息，以避免虚惊和不必要的损失。[①]另外，在联合国教科文组织政府间海洋学委员会的支持下，德国、美国、中国、日本等国家合作建立了新的全球海啸预警机制框架，即全球（Global）—区域（Regional）—次区域（Sub-Regional）—国家（National）四级海啸预警系统，由太平洋海啸预警系统扩展到一个包括太平洋、印度洋、加勒比海、东北大西洋与地中海共4个区域的全球海啸预警系统[②]，如此可以避免和减少海啸发生带来的财产损失和人员伤亡。

中国作为一个海岸线绵长的海洋国家，在海啸等诸多领域加强与外国合作，分享防灾国际经验，对于提高应对海洋灾害能力，有效避免和减轻海洋灾害损失是十分必要的。南中国海区域海啸预警系统一直是个空白，且由日本代为履行该区域国际海啸预警的职责。为了提高南中国海区域海啸防灾能力，减轻海啸灾害，我国大力呼吁建设南中国海区域海啸预警与减灾系统。2013年，我国组织召开了国家海洋环境预报中心—NOAA太平洋海洋环境实验室关于南海海啸预警能力建设合作项目第一次工作组

---

① 卞晨光：《印度洋海啸预警系统准备就绪》，《科技日报》2006年6月30日，第3版。
② 黄顺康：《印度洋"12·26"地震海啸灾难及其启示》，《甘肃社会科学》2005年第3期。

会议，通过了《南中国海海啸预警能力建设合作项目实施方案（2013—2017年）》。[①]2013年12月16日，由联合国教科文组织政府间海洋学委员会、美国国家海洋大气局国际海啸信息中心共同主办，我国国家海洋环境预报中心承办的"第二届南中国海区域海啸培训班——强化预警与应急标准化流程"在北京成功召开。此外，我国还参加了PacWave13太平洋国际海啸演习，先后编制了《2013年国家海啸预警演习总体方案》、《预报中心2013年国家海啸预警演习实施方案》，完成了Pacific2013太平洋海啸预警演习。2013年9月9—11日，我国参加在俄罗斯符拉迪沃斯托克召开的太平洋海啸预警系统政府间协调组第25次会议，达成两项决议：第一，从2014年10月1日起，在太平洋周边地区正式推行按照最大海啸波高划分的四级海啸预警划分标准，发布新版海啸预警图文指导产品，增加太平洋海上和沿岸危险性等级预报，使其可视化和指导性大大增强；第二，我国提交的《南中国海海啸预警与减灾系统建设框架方案》获得批准，同意由我国国家海洋局海啸预警中心牵头建设南中国海区域海啸预警中心。经联合国教科文组织政府间海洋学委员会的批准，中国负责承建南中国海海啸咨询中心，并牵头制定《南中国海区海啸预警与减灾系统建设方案》，增强对南中国海的海啸预警与防灾减灾预报工作。

中国不仅积极参与海啸的国际研究与合作，也对遭受海啸灾难的国家给予援助。2004年印度洋海啸发生后，中国进行了有史以来最大的一次国际捐赠。中国红十字会系统共筹集款物合计达

---

① 中国海洋年鉴编纂委员会编：《2014中国海洋年鉴》，海洋出版社，2014年，第442页。

4.43亿元（约合5000万美元），捐赠给受灾国家。[①]2011年3月，日本发生地震、海啸、核泄漏等特大灾难，引发中日韩三国及国际社会的广泛关注和积极援助。当年5月在东京举行第四次中日韩领导人会议期间，中韩领导人专程前往日本灾区慰问受灾民众，展现了三国同舟共济、守望相助的睦邻友好关系，极大地鼓舞了日本政府和人民应对特大灾害的信心和决心，也受到国际社会的广泛赞誉。[②]

合作共赢、守望相助是中国构建人类命运共同体、建设国际新秩序的不懈追求，在海洋防灾减灾研究与合作中得到了很好体现。

四、应对赤潮的国际合作

赤潮是海水中的某些微小浮游生物、原生动物或细菌，在一定的环境条件下突发性地增殖或聚积，从而引起一定范围内一定时间的海水变色现象。[③]通常水体颜色依赤潮的起因、生物种类和数量而呈红黄绿褐等不同颜色，不是全部都呈现红色。

"赤潮既是没有国界的海洋灾害，又是有国界的海洋灾害，前者是因为其发生无法控制，从一国可波及另一国；后者则是因为它是污染激发的，必定与污染源地相联系，并首先危害着制造污染的国家和地区。"[④]赤潮不仅严重危害海洋生态、海洋环境、

---

① 吴佩华：《中国红十字外交（1949—2014）》，第137—140页。
② 《中日韩合作（1999—2012）白皮书》，《人民日报》2012年5月10日，第22版。
③ 杨华庭、田素珍、叶琳等主编：《中国海洋灾害四十年资料汇编（1949—1990）》，第197页。
④ 郑功成：《中国灾情论》，中国劳动社会保障出版社，2009年，第104页。

渔业生产，也在危害着人类的健康。我国近海有害藻华的发生频率、影响范围和危害，随着海洋开发和陆地沿海的污染物入海，呈现出上升趋势。近海的有害藻华对海洋生态环境、海水养殖和人类健康构成了巨大的威胁，亟待开展深入研究。1991年，"中日赤潮研究会"成立，由中国国家海洋局第一海洋研究所吴宝铃教授任首届主席。[①] 我国积极吸取日本濑户内海成功治理赤潮的经验，控制陆源污染，减少赤潮的发生。

此外，我国积极参加各界有害藻华国际研究合作，与从事赤潮研究的各国科学家和相关管理人员交流最新研究成果，共同为应对赤潮灾害做出贡献。每一年度的中韩黄海环境联合调查，对黄海海水的各项指标进行检查分析，为防止赤潮灾害提供了有力的监控数据。在联合国海洋科学委员会和联合国教科文组织政府间海洋学委员会的联合资助下，1991年10月在美国罗德岛形成第一个研究赤潮的计划。1992年成立了联合国教科文组织政府间海洋学委员会赤潮工作小组，主要任务是培育对赤潮的科学研究和有效揭示赤潮的发生机制，以便对其进行预测和灾害缓解，而中国国家海洋局第一海洋研究所朱明远研究员曾担任赤潮工作小组副主席。另外，中国科学家还加入了国际海洋研究科学委员会与联合国教科文组织政府间海洋学委员会联合成立的赤潮工作专家小组、赤潮生理生态工作小组，着重进行赤潮生态学与海洋学的研究。1998年，"全球有害赤潮生态学与海洋学研究计划"科学指导委员会在美国成立，其中中国科学家张经担任委员。[②] 该

---

① 梁松、钱宏林、齐雨藻:《中国沿海的赤潮问题》,《生态科学》2000年第4期，第45页。

② 陆斗定:《全球赤潮生态学与海洋学（GEOHAB）国际合作计划》,《东海海洋》

计划为了解物理、化学、生态系统过程和人类影响对赤潮动力学的调节机制，改进对赤潮的监测、预报和灾害缓解的策略，有助于对海岸生态的保护，促进社会经济可持续发展。中国参与了该计划的核心研究计划项目。2009年10月，"全球有害赤潮生态学与海洋学研究计划"科学指导委员会在北京召开第二次开放科学大会，会议主题定为"有害藻华和富营养化"[①]，旨在推动对有害藻华的研究和国际合作，提高对有害藻华的评价、防范和预测能力。这对深化我国近海有害藻华形成和演变机制的研究，推动有害藻华研究领域的国际合作具有重要意义。

海洋环境保护是减少赤潮的治本之道。中国与海上丝绸之路沿线国家以及其他国家通过多边和双边合作来推动海洋环境保护工作。中国与海上丝绸之路沿线国家共建绿色发展国际联盟，许多国家、国际组织、机构和企业加入其中。[②]而且，中国在深圳成立"一带一路"环境技术交流与转移中心，推动区域信息共享、技术交流、产业合作，创建辐射"一带一路"沿线相关国家、开展环境技术交流转移的服务平台。[③]2018年11月，国务院总理李克强和加拿大总理特鲁多在新加坡进行第三次中加总理年度对话，共同发表《中华人民共和国政府和加拿大政府关于应对海洋垃圾

（接上页）2002年第1期。

① 张斌键：《全球有关专家学者聚首北京研讨有害藻华和富营养化问题》，《中国海洋报》2009年10月20日，第1版。

② 《中国环境年鉴》编辑委员会编：《中国环境年鉴2019》，中国环境年鉴社，2019年，第419页。

③ 《中国环境年鉴》编辑委员会编：《中国环境年鉴2017》，中国环境年鉴社，2017年，第478页。

和塑料的联合声明》①，就应对海洋垃圾和塑料污染这一全球性热点议题开展合作达成重要共识，成为中外合作的典型范例。

海洋的可持续发展是国际社会高度关注的问题。联合国将海洋与海洋资源的保护和可持续利用列入可持续发展目标，组织实施"海洋科学促进可持续发展国际十年（2021—2030）"计划，旨在扭转海洋健康衰退趋势并召集全球海洋利益相关方形成共同框架。② 其中，赤潮问题是"海洋科学十年计划"中重点关注的海洋生态环境问题之一。中国本着构建人类海洋命运共同体的责任，与国际社会一起合作，共同研究和应对赤潮灾害，为建设一个可持续发展的生态海洋贡献一份力量。

五、海洋灾害预测与预警的国际合作

自2004年印度洋海啸暴发和2011年日本"3·11"大地震引发海啸及核泄漏事故发生后，沿海国家越来越重视海洋灾害预警工作，积极开展应对海洋灾害的国际合作，乃至在全球范围内建立海洋灾害预警体系，以准确掌握及预报各类海洋灾害相关信息。我国参与的双边性海洋预警合作主要围绕具体海洋监测数据、建立观测网站等展开合作。

首先，在海洋数据监测合作方面，我国与韩国、泰国、印度尼西亚等国家都进行了海洋监测活动，为海洋灾害预警提供科学数据，提高海洋预警能力。2007年，中国、印度尼西亚海上联合

① 《中国环境年鉴》编辑委员会编：《中国环境年鉴2019》，第414页。
② 于成仁、吕颂辉等：《中国近海有害藻华研究与展望》，《海洋与湖沼》2020年第4期。

调查项目启动，并在印度尼西亚爪哇岛东南方水域布放一套为期1年的海洋观测潜标系统[1]，观察和研究爪哇上升流的变化，这对提高周围海洋气候和灾害预测水平起到重要作用。

减轻黄海大海洋生态系环境压力项目（简称黄海项目）是由全球环境基金资助，我国和韩国共同实施的地区合作项目。2009年，该项目在青岛召开了中韩大型藻华学术研讨会[2]，就浒苔藻华的监测与预测、浒苔的应急管理进行了深入的交流。2011年9月19日，中韩海洋科技合作联委会第十一次会议确定了海洋环境影响监测及预测的新增合作项目。2011年6—7月，我国与法国展开南海西南海盆深部地壳结构探测与研究合作[3]，为研究南海海底断裂系统引发地震和海啸等灾害提供科学资料，对于提高科学预警和防灾减灾能力有重要意义。2013年10月11日，我国与泰国签署《中华人民共和国国家海洋局与泰王国自然资源与环境部海洋领域合作五年规划（2014—2018）》，通过中泰气候与海洋生态联合实验室基础设施建设，加强监测泰国周边海洋环境、珊瑚礁和濒危生物，预报气候变化，为海平面变化、海啸等海洋灾害和海洋生态系统保护提供快捷监测和预警的相关服务。此外，该规划还决定继续执行"中泰南海和安达曼海海洋环境监测与预报系统建设"等七个在研合作项目。

---

[1] 中国海洋年鉴编纂委员会编：《2008中国海洋年鉴》，海洋出版社，2008年，第442页。

[2] 中国海洋年鉴编纂委员会编：《2010中国海洋年鉴》，海洋出版社，2010年，第411页。

[3] 中国海洋年鉴编纂委员会编：《2012中国海洋年鉴》，海洋出版社，2012年，第481页。

其次，通过合作建设海洋观测站，提高海洋灾害预警能力。2011年12月21日，我国国家海洋局与泰国农业大学签署《泰国湾西海岸中—泰综合海洋观测站建设合作备忘录》[①]，以监测海洋水动力、海洋生态系统、海岸侵蚀和海岸动态等为内容，择地建设综合观测站。2012年10月29日，我国派工作人员赴马来西亚进行预报系统安装，可以对马来西亚海洋的三维温度、三维流场和水位等进行时效长达72小时的预报，为马来西亚建立了第一个综合海洋环境预报系统，对于提升马来西亚地区海洋环境预报能力、海洋防灾减灾能力提供了科技支持。2012年，中国与斯里兰卡新增了海洋国际合作项目"珠江口咸潮预测预报技术平台"。12月，我国中国科学院及海洋观测站建设人员应邀访问卢胡纳大学，帮助卢胡纳大学建设海洋观测站，并将相应设备安装完毕，通过调试正常工作。[②] 该海洋观测站的顺利建设，有利于加强印度洋的气象监测，为中科院南海海洋监测数据的获得提供了便利，有利于提升我国南海地区和印度洋地区的海洋灾害预警能力。

通过合作，中国构建沿岸观测、海底观测、海上平台、浮标、船舶、航空遥感和卫星遥感立体观测网络，加大海啸监测力度，加强海洋灾害预测、预报预警及应急管理办法，建立健全海洋预报体系，提供分级分区的海洋预报服务，加强海上重要通道、国际航线等重点海域的观测能力建设。

---

① 中国海洋年鉴编纂委员会编：《2012中国海洋年鉴》，第475页。
② 中国海洋年鉴编纂委员会编：《2013中国海洋年鉴》，第468页。

六、西北太平洋行动计划

西北太平洋行动计划是联合国环境规划署设立的一个区域环境合作项目。1991年10月，中国、日本、韩国、苏联、朝鲜在苏联符拉迪沃斯托克首次召开西北太平洋区域合作项目各联络点会议，讨论了西北太平洋区域行动方案，确定了行动方案的活动区域。[1] 此后，经过几轮磋商，1994年9月14日，第一届西北太平洋行动计划政府间会议在韩国首尔召开，参加国家有中国、日本、韩国、俄罗斯以及观察员身份的朝鲜，国际海事组织、政府间海洋学委员会和世界银行作为观察列席代表参加。该会议通过《西北太平洋海洋及海岸区域环境保护、管理和开发的行动计划》[2]，其中我国作为主要发起国参加的项目有：近海与沿岸及相关淡水环境监测和评价项目、海洋环境保护公众宣传教育项目、区域内国家环境政策、法规与战略项目、海上油污染防备与应急反应项目、保护海洋环境免受陆上活动污染项目。[3]

（一）近海与沿岸及相关淡水环境监测和评价项目

2005年，我国组织专家编制了有关空气污染对海洋的影响、入海河流和直排污染源对海洋的影响、海洋遥感监测和海洋赤潮监测方面、地理信息系统和遥感应用等国家报告。2006年，我国组织专家完成《利用遥感技术进行水体富营养监测导则》中文

---

[1] 《中国环境年鉴》编辑委员会编：《中国环境年鉴1992》，中国环境科学出版社，1992年，第172页。

[2] 温璐：《西北太平洋行动计划与区域海洋环境制度的建立》，南京大学硕士学位论文，2012年，第13页。

[3] 许立阳：《国际制度背景下的我国海洋环境法律制度建设研究》，中国海洋大学博士学位论文，2006年，第12页。

翻译文本、西北太平洋沿海和海洋遥感以及地理信息系统应用国家报告、西北太平洋区域大气沉降和河流污染物排海的文献数据库建设，以及西北太平洋沿海、海洋生物多样性和自然保护区的国家报告。[①] 2016年7月，全球环境基金"实施南中国海战略行动计划项目"区域确认研讨会在泰国曼谷召开。由环境保护部牵头，外交部和国家海洋局等单位派员组成的中国政府代表团出席会议。[②] 会后，项目参与国均按要求提供了项目启动所需的备忘录和承诺函，为项目顺利开展提供了必要准备。

（二）海洋环境保护公众宣传教育项目

海洋垃圾是海洋环境污染的表现之一。西北太平洋行动计划在2005年召开的第十次政府间大会中通过了一项行动决议——区域海洋垃圾行动，旨在改变区域内海洋倾废状况。中国作为主要参加国，与日韩俄等国一起，主要在以下几个方面采取行动：（1）2006年建立西北太平洋行动计划海洋垃圾数据库；（2）2007年发表了含有各国法律文书、制度安排和有关海洋垃圾行动计划的地区概况；（3）发布沙滩、海岸线和海底的海洋垃圾及检测指引；（4）出版、印刷海报、小册子和明信片等，宣传回收塑料垃圾和其他海洋垃圾；（5）各国成立海岸清洁运动组织，举办研讨会和展览，提高公众的海洋环保意识；（6）2007年10月召开第十二次政府间大会，通过《西北太平洋行动计划区域海洋垃圾行动计划》，自2008年起正式启动。[③]

---

① 《中国环境年鉴》编辑委员会编：《中国环境年鉴2007》，中国环境年鉴社，2007年，第248页。

② 《中国环境年鉴》编辑委员会编：《中国环境年鉴2017》，第466页。

③ 温璐：《西北太平洋行动计划与区域海洋环境制度的建立》，南京大学硕士学位论文，2012年，第18页。

作为一项公益项目，中国参加了每项活动。2007年，我国参加日本和韩国共同组织的海洋垃圾国际研讨会及海滩清扫活动，修改并批准了西北太平洋垃圾行动计划。2011年9月，环境保护部在江苏省连云港市组织了西北太平洋海洋垃圾管理国际研讨会及海滩清扫活动。此次会议是落实西北太平洋垃圾行动计划、提高公众海洋环境保护意识的重要举措。2013年10月，西北太平洋行动计划第九次国际海洋垃圾研讨会暨海滩清扫活动在日本冲绳举办。2017年12月，联合国环境规划署西北太平洋行动计划第二十二次政府间会议在日本富山召开，会议讨论了海洋垃圾全球伙伴关系西北太平洋区域节点的设置、2018—2023年发展战略及特别项目开发等议题。①

（三）海上油污染防备与应急反应项目

1996年7月，西北太平洋海洋污染防治专家会议在日本新潟市召开，西北太平洋各国专家对西北太平洋海域溢油污染合作交换看法并提出相应建议。② 我国代表团在会议上介绍了中国海洋污染应急反应工作的最新进展，希望加强在海洋污染应急反应方面的进一步合作。这种会议每年举办一次，我国参加了历次会议，并参与讨论和制定一些防止海上油污的文件。比如，1998年在第三次会议上参与讨论了西北太平洋区域溢油应急计划草案、西北太平洋区域谅解备忘录等文件；2003年11月第八次政府间会议在海南三亚召开，审议通过溢油反应区域合作谅解备

---

① 《中国环境年鉴》编辑委员会编：《中国环境年鉴2018》，中国环境年鉴社，2018年，第425页。

② 《中国环境年鉴》编辑委员会编：《中国环境年鉴1997》，中国环境年鉴社，1997年，第130页。

忘录和区域溢油应急计划①；2004年和2005年参加第九和第十次政府间会议，讨论区域溢油应急计划的地理范围扩大的议题②。2004年11月，中、日、俄、韩签署了《西北太平洋地区海洋污染防备反应区域合作谅解备忘录》及《西北太平洋行动计划区域溢油应急计划》。按照海洋环境应急响应区域活动中心要求，我国交通部完成了溢油漂移模型、环境资源敏感图、溢油风险和最低防务水平评估等专题项目的研究工作，并派代表观摩了由日本和俄罗斯在俄罗斯萨哈林举行的第一次西北太平洋行动计划溢油联合演习。2008年和2016年，中韩两国在青岛和威海举行了两次西北太平洋行动计划——海上溢油应急联合演习，提升了两国在西北太平洋行动框架下海上溢油应急反应水平和协作能力。③

2007年发生的"河北精神"号溢油事故是西北太平洋行动计划确立以来最严重的船舶溢油事故。2007年12月7日，"河北精神"号油轮在韩国海域发生碰撞，导致11000多吨原油溢出，造成严重海洋污染。10日，韩国政府向西北太平洋行动计划海洋环境应急响应区域活动中心提出救助申请，应急计划随即在当天22时启动，得到中国和日本的60多吨原油吸附剂等救援物资和几十

---

① 《中国环境年鉴》编辑委员会编：《中国环境年鉴2004》，中国环境年鉴社，2004年，第193页。

② 《中国环境年鉴》编辑委员会编：《中国环境年鉴2005》，中国环境年鉴社，2005年，第273页。

③ 陈勇：《"2008中国（山东）海上搜救及西北太平洋行动计划中韩海上溢油应急联合大型演习"在青岛园岛湾海域举行》，《水上消防》2008年第5期；童翠龙、赵晨、张付寿：《2016西北太平洋行动计划 中韩海上溢油应急联合演习在威海海域成功举行》，《中国海事》2016年第7期。

名专家支持。① 这次行动一定程度上体现了西北太平洋行动计划
在应急反应方面所起的协调作用。

另外，我国积极参与其他项目，如区域内国家环境政策、法
规与战略项目，保护海洋环境免受陆上活动污染项目等，并在项
目研究和落实上主动承担责任，积极落实合作。

七、东亚海域行动计划

东亚海域行动计划全称为"保护与发展东亚区域海洋及沿岸
环境行动计划"，于1981年4月在马尼拉召开的政府级会议上获
得通过。当时，印尼、马来西亚、菲律宾、新加坡和泰国参加了
该行动计划。1994年10月修正行动计划后，澳大利亚、中国、柬
埔寨、韩国和越南加入。由于联合国环境署21世纪议程和防止陆
源污染海洋环境全球行动计划的实施是建立在区域性计划基础之
上的，所以东亚海域行动计划被认为是今后在东亚海域实施21世
纪议程和防止陆源污染海洋环境全球行动计划的重要文件之一。
中国作为东亚海协作体的主要国家，参加的主要项目有：海洋与
沿岸环境管理信息系统项目、开发溢油扩散模型项目、东亚海区
油污染监测项目、非油类物质污染监测项目、东亚海区的可持续
发展项目、东亚海区防止陆源污染海洋行动管理项目、东亚海区
沿岸资源管理项目、加强东亚海域沿岸及海洋环境保护公众参与
项目、污染物对海洋生物的影响项目、油污染与化学品泄漏事故
国家及区域应急计划项目、编写配套的沿岸区域管理培训教材项

---

① 温璐：《西北太平洋行动计划与区域海洋环境制度的建立》，南京大学硕士学
位论文，2012年，第16—17页。

目等共计11项。① 下面我们选择几个项目略做论述，以便窥斑见豹，对东亚海域行动计划在防止海洋污染、保护海洋生态环境方面所做工作有一个了解。

（一）海洋与沿岸环境管理信息系统项目

自1994年10月东亚海协作体会议召开以来，为实施"东亚海域行动计划"所进行的"沿岸及海洋环境管理信息系统"项目获得亚洲开发银行77.5万美元的资助，完成的主要工作是：（1）在泰国进行了集中培训，并分别在柬埔寨、中国和越南举办了由当地人员参加的培训班；（2）完成了南中国海区专家与研究机构名录；（3）向有关国家提供了信息系统的硬件和软件，以帮助建立起各国沿岸与海洋环境数据库；（4）成立了由各国派员组成的工作小组，以加强沿岸及海洋环境管理信息系统内的合作。② 在这个项目中，中国不仅加入培训和承担培训，还将中国海洋方面的专家入库，为东亚海域行动计划提供了人力和智力支持。

（二）东亚海域防止陆源污染海洋行动管理项目

1996年4月，东亚海协作体在马来西亚槟城举行了陆源油排放到近岸水域的生态后果和管理研讨会，我国代表团在会议上做了《中国的陆源油排放到近岸海域的国家报告》。③ 1997年8月18日，国家环境保护局召集国内有关单位，与东亚海协作体秘书处就东亚海区域实施《保护海洋环境免受陆上污染活动全球行动计划》进行协商，而东亚海协作体第十四次政府间会议主题就是

---

① 郑和平：《"东亚海域行动计划"国家联络点会议情况》，《交通环保》1996年第6期。
② 同上。
③ 《中国环境年鉴》编辑委员会编：《中国环境年鉴1997》，第130页。

东亚海区域实施保护海洋免受陆上活动污染海洋全球行动方案的行动计划。

自防止陆源污染海洋的全球行动计划开始以来，我国参加的相关会议有：1996年10月，联合国环境规划署在瑞士日内瓦召开的建立实施保护海洋环境免受陆上活动污染全球行动方案执行机构的非正式政府间磋商会；2003年，启动中国防止陆源污染海洋环境国家行动计划有关工作的讨论会；2004年，在青岛召开的中国保护海洋环境免受陆源污染国家行动计划研讨会[①]；2006年，在北京召开的保护海洋环境免受陆源污染全球行动计划第二次政府间审查会，通过进一步加强海洋环境保护的《北京宣言》；2012年，在菲律宾马尼拉召开的第三次保护海洋环境免受陆源污染全球行动计划政府间会议。此外，在环境署发起的一项"防止和减少海洋垃圾全球伙伴关系"计划的带动下，2012年6月，海洋垃圾全球伙伴关系正式成立，旨在通过减少和管理海洋垃圾，保护人类健康及环境。我国对此大力支持。在2018年4月召开的东亚海协作体第二次政府间会议上，讨论了东亚区域海洋垃圾行动计划，通报"全球海洋环境基金实施南中国海战略行动计划项目"进展情况等。[②] 在2019年6月第24次政府间会议上，通过了东亚海洋垃圾行动计划，决定在印尼建立"清洁海洋区域能力中心"。[③]

在西北太平洋行动计划和东亚海行动框架下，中日韩环境部长会议是东北亚地区环境领域最高级别的合作机制，是三国间21

[①] 《中国环境年鉴》编辑委员会编：《中国环境年鉴2005》，第237页。
[②] 《中国环境年鉴》编辑委员会编：《中国环境年鉴2019》，第409页。
[③] 《中国环境年鉴》编辑委员会编：《中国环境年鉴2020》，中国环境年鉴社，2020年，第441页。

个部长级合作机制中历史最长、合作机制最完善的会议。中日韩环境部长会议于1999年11月在菲律宾马尼拉举行的东盟与中日韩领导人会议（10+3）期间首次举办，除2020年由于新冠肺炎疫情原因未能如期举办外，会议每年召开一次，且从未因东北亚三国间的摩擦而中断，可谓中日韩合作的典范。① 中日韩三国在防止海洋污染方面的合作，主要体现在三个方面：第一，三国在西北太平洋行动计划中相互分工协调。在该计划4个区域活动中心中，中国承担数据和信息网络区域活动中心的相关工作，韩国承担海洋环境应急响应活动中心的相关工作，日本承担特殊监测和海岸环境评价区域活动中心的相关工作。第二，共同推动了西北太平洋行动计划区域溢油应急计划、区域海洋垃圾行动计划等方案的通过。在2003年第八次政府间会议上，中日韩一致同意通过区域溢油应急计划；在2008年第十三次政府间会议上，三国一致通过区域溢油及有毒有害物质污染应急方案。而在区域海洋垃圾行动计划方面，中日韩三国在2005年第十次政府间会议上，一致批准海洋垃圾活动；在2007年第十二次政府间会议上，一致批准区域海洋垃圾行动计划草案。第三，合作开展保护海洋环境的活动。例如，2010年3月中日韩西北太平洋行动计划区域活动中心代表共同参与了国际海岸清洁活动及海洋垃圾研讨会，共同讨论海洋垃圾及固体废物管理问题。②

通过以上论述可以看到，改革开放以来，中国在海洋防灾减灾方面与国际社会进行了多方面多层次交流与合作。这种全方

---

① 姜宅九：《共谋东北亚可持续发展蓝图》，《中国报道》2021年第8期。

② 冯东明：《中日韩三国开展东北亚海洋污染合作研究》，《重庆交通大学学报（社会科学版）》2011年第4期。

位、立体式的交流合作，不仅使中国能够及时追踪世界海洋环境保护的动向，有针对性地参与海洋环境保护合作，推动构建人类海洋命运共同体，而且使中国在海洋环境保护、海洋生态文明建设方面，可以借鉴国际上有益的经验，吸取在海洋环境方面的教训，为加快建设海洋强国提供有力支持。

第五章　现代应对海洋灾害个案研究

新中国成立以来，我国与海洋灾害的斗争从未停止。在与一场场海洋灾害斗争中，党和政府的海洋灾害治理能力不断提高。本章将结合不同年代对海洋灾害的应对，来具体考察新中国在不同时期的应对政策与措施，揭示我国逐步建立海洋各灾种防御体系、提升海洋灾害治理能力的实践逻辑。

第一节　1956年浙江抗击台风风暴潮

1956年是我国从初级社向高级社全面转化发展的一年，新的所有制形式和新的政治体制在全国普遍建立，为应对灾害提供了新的路径。在新的体制下如何应对特大灾害？我们选取1956年8月1日登陆浙江的特大台风为个案，深入探讨合作化乃至集体化时期国家是如何应对灾害的。之所以选择浙江这次台风，一是因为浙江沿海是我国台风多发地区，每年平均有3.3个台风登陆[①]；另一个原因是"八一"台风（编号5612号台风）是新中国成立后造成死亡人数最多、损失最大的一次[②]。目前，对于此次台风除了

---

① 浙江省气象志编纂委员会编：《浙江省气象志》，中华书局，1999年，第174页。
② 于福江等：《中国风暴潮灾害史料集（1949—2009）》，海洋出版社，2015年，第32页。

一些纪念性文章外，没有学者进行过深入研究。因此，本章选取此次台风登陆点——浙江省象山县[①] 为个案，来详细考察当时灾害情景，分析新生的人民政府和刚完成初级合作社的象山县人民是如何应对百年不遇的特大海洋灾害及其启发和教训。

一、预警与抢收

新中国成立后，我国气象事业有了较大发展，沿海地区普遍建立了气象观察站，对短期天气预测的准确率达到70%—80%，对灾害性天气预报准确率达到80%—85%。[②]"八一"台风登陆前，中央气象台在7月30日上午10时发布台风消息，即太平洋上的强台风中心将在福州到上海之间的沿海地区登陆，提醒江苏、浙江、福建等省及早预防。[③]7月31日，中央气象台和浙江气象台再次发布台风警报，称："这次台风实力强大，各有关方面应特别引起注意。"[④]8月1日下午7点，中央气象科学研究所发布台风紧急警报提示，预计8月2日早晨4时到8时，台风中心将到达象山港附近，以后台风中心将由西北转北西方向移动。"这次台风十分强大，福建以北到辽东半岛沿海各省都请注意收听本省人民广

---

① 象山县位于浙江省东北部的象山港和三门湾之间，三面环海、两港相拥，陆域面积1382平方公里，海域面积6618平方公里，海岸线322公里。当时隶属于舟山专区。

② 《努力发展气象事业》，《人民日报》1956年4月3日，第1版。

③ 《太平洋上的强台风将在东南沿海登陆》，《人民日报》1956年7月31日，第1版。

④ 《中心地区最大风力在12级以上》，《象山报》号外《抗台快报》1956年8月1日，第1版，转引自《海魂——象山抗击八一台风50周年记》（以下简称《海魂》），海洋出版社，2006年，第11页。

播电台广播,作紧急预防。"[1] 随即,台风警报通过浙江省村社有线广播网的16000只喇叭传播出去。[2] 应该说,中央和省气象台已经提前3天对这次台风登陆时间、地点和风力等做了日渐明晰的预报预警,并通过农村广播喇叭将台风信息传播到千家万户,为预防台风提供了有力支撑。

接到台风警报后,象山县开始紧张有序地进行抗台准备。因县委书记和县长正在杭州参加全省第二次党代会,抗台工作主要由县委副书记宋申鲁、宣传部长韩桂秋主持。他们召开抗台抢险紧急会议,决定停止县政府机关干部的"肃反"学习,组成"抗台抢收工作组",除留守值班人员外,全县543名机关干部分成7个工作队、34个抗台抢收小组,在部、委、办、局、科、室负责人的带领下于7月31日下午随身携带蓑衣、笠帽和镰刀等工具,分赴林海、丹城、大徐等地协助各村农业社抓紧进行抗台抢收工作。[3] 为了激励社员加快抢收进度,争取在台风到来之前让粮食归仓,一些合作社修订劳动定额,比如林海乡将原定割稻430斤为10分的劳动计酬定额,修改为割稻400斤为10分的计酬标准。[4] 在全县干部和社员争分夺秒的抢收下,经过一天两夜奋战,8月1日晚上绝大部分地区完成了抢收早稻任务。人们无不沉浸

① 《台风中心今晨到象山港,中午将越过上海》,《人民日报》1956年8月2日,第1版。

② 《农村有线广播网在同台风斗争中发挥了作用》,《人民日报》1956年8月14日,第7版。

③ 《县机关停止工作学习全部投入抗台抢收》,《象山报》号外《抗台快报》1956年8月1日,第1版;欧绪坤:《八一台灾的回忆》,转引自《海魂》,第11、98页。

④ 《林海乡修订割稻劳动定额》,《象山报》号外《抗台快报》1956年8月1日,第2版。

在丰收的喜悦当中，《抢收战胜大风灾》的诗歌中写道：

> 满天黑云多起来，乌风猛雨就要来；
> 大批干部下乡来，帮助社里割稻来。
> 个个农民都喝彩！
> 男女老少一齐来，沙沙沙沙响起来；
> 亩亩黄稻睡到来，打稻机，转得快，
> 粒粒谷子打落来！
> 来！来！来！大家一起来！
> 一颗不留割起来，与天争回谷子来！
> 人力战胜大风灾！①

人们对丰收的喜悦、人定胜天思想和群众改天换地的英雄气概在诗歌中都表现了出来。但是，一场特大台风正在逼近象山，真正的考验即将到来。

8月1日下午，中共象山县委根据气象台紧急警报，决定把"抗台抢收工作组"改为"抗台抢险工作组"，办公地点设在丹城镇门前涂龙王庙，并在此召开抗台前线指挥部紧急会议，上余、下余、金家、杨家和新碶头等村抗台抢险工作组组长和指挥部人员参加了此次会议。抗台前线总指挥韩桂秋在会上传达了县委紧急指示：第一，每村要派工作组同志下去，一部分去动员青壮年社员到门前滩塘坝上去抢险，保护塘岸，一部分去动员危房户转移到比较牢固的瓦屋里避难；第二，保卫门前涂海塘和延昌、高

---

① 《抢收战胜大风灾》，《象山报》号外《抗台快报》1956年8月1日，第2版。

平碶门等，组织青年作为突击队去守护海塘。① 象山县干部群众的迅速动员为国家迎击台风并取得抗台抢险的胜利增添了信心。

对于每年有数次台风登陆的浙江沿海民众来说，他们都会具备一些应对台风的经验，从抗台抢收到抗台抢险，其组织也是有条不紊，这是集体化时期发动社员应对台风等灾害的惯常做法，相比分散的个体经济来说，其组织和动员的效率是很高的。然而，此次台风的风力之大、破坏之强超出了象山人民的预防抢险能力，给他们留下了永远的伤痛和教训。

二、台风登陆

"八一"台风是在8月1日深夜登陆的。8月1日晚上12点，台风正式在象山县石浦附近登陆，中心气压923百帕，近中心最大风速60—65米/秒，风力12级以上。8月2日上午8点台风经过杭州，下午2点到达安徽芜湖附近，晚上8点时到巢湖，此后往西北方向移动，8月5日消失于陕西境内。② 此次受灾最重的是浙江，其次是江苏、安徽。受此次台风影响的省市共死亡4948人，其中浙江省4925人，上海市20人，江苏省3人。这是新中国成立后死亡人数最大的一次海洋灾害。③ 其中，象山县是此次台风登陆中心，受灾最重。8月1日深夜，狂风掀起巨浪将象山县门前涂海塘冲毁，海潮像脱缰野马深入海塘约10公里，持续时间约

---

① 蒋意元：《抗台救灾的日日夜夜》，转引自《海魂》，第111—112页。

② 中华人民共和国内务部农村福利司编：《建国以来灾情和救灾工作史料》，第166页。

③ 于福江等：《中国风暴潮灾害史料集（1949—2009）》，第32页。

15—30分钟，80多平方公里的南庄平原被海水吞噬，12个村庄全部被淹，"村庄都淹没在海水之下，同东海相连一望无际"。[①] 据经历此次台灾的林振环回忆：8月1日上午，象山县农林水利局20多人到林海乡一带村庄抗台。晚上八九点钟，狂风暴雨大作，所住的下余小学的校舍屋上瓦片被全部吹走，两旁的墙也逐渐裂开。

> 我们去海塘护堤的人，一出门就被大风刮倒在地……我们刚冲出校门，就被大风暴雨刮倒，只好在风雨中爬行，到晒谷场边，只听前面的同志喊'水……水'。马上水已涨到膝盖，行动十分艰难。我跌倒时喝进水是咸的，但没有意识到这是海水倒灌。我们摸到村民屋内，还想派人去动员其他村民出来逃命。正在这时，墙倒塌，大家慌了手脚，有人喊快上屋，于是争先恐后地抱着屋柱往上爬。上屋时整座屋架已在晃动，当我们爬到横梁，一个浪头冲来，木结构屋架一下子散开来了。我抱的这根檩木有3个人：我、周澄明和李彬。巨浪一个个朝我们打来，木头沉了下去，周和李两人都脱手落水，再也没有浮出水面。我死死地抱着木头，随木头翻滚，忽沉忽浮，呛得我鼻酸喉痛。开始时还听到周围落水人悲惨的呼喊声，以后便逐渐消失。后来身旁余来一根有档的木头，我连忙拉住，架在腋下才救了我这个不识水性人的命。但人和木头被狂风恶浪推着飞驰，水中磷光闪烁，隐约能看到木板、稻草、家具，人被撞着或盖住就会没命了。从门前涂到半河也有20来里，不到半小时就把我刮到半河的田

---

① 浙江省气象志编纂委员会编：《浙江省气象志》，第185页；张克田：《海魂——象山八一台风六十周年忆》，《浙江日报》2016年7月29日，第20版。

畈里……8月2日凌晨，听到嘈杂的人声，才意识到我在村庄旁边没朵到大海里去。①

林振环老人的回忆像一幕惊险的电影，狂风袭击、海潮翻涌、房倒屋塌和悲惨的呼喊声交织在一起，真实生动地向我们再现了那场灾害的悲惨场景。

这次特大台风给象山县带来的损失究竟有多大，8月17日《中共象山县委关于抗台救灾情况及下半年工作意见的报告》提供了翔实数字：

1. 人员伤亡极其惨痛：全县干部牺牲50人（其中县级1人，区级13人），受伤61人；群众死亡3349人（其中渔民23人），受伤5503人（内重伤1436人）；另外还有3个解放军牺牲。这次死亡最多的是南庄区林海乡（原海塘、桥头林二个小乡），全乡死亡2821人，该乡靠近海岸的二、三、四村3100余人口，只有700余人未死，50个干部也大都死在该地。

2. 海水越岸倒灌，冲破海塘191处63.88公里，碶门129处，被淹土地116611亩。其中有106493亩中稻颗粒无收，晚稻也不能插秧。平均每亩按300斤计算，就要减产3180万斤；并且还有1万亩左右田由于碱性过重，在今后一二年内的生产也成问题。同时修复这些海塘的人力、物力、财力也是惊人的。据初步计划需要劳力45万工，经费19万元。

3. 房屋倒塌77395间（其中草房43252间），损坏更是普

① 林振环：《终生难忘八一台灾》，转引自《海魂》，第105—106页。

遍现象。很多乡村几乎全部房屋都倒塌了，因此使部分群众处于无家可归的境地。

4.各项生产计划的完成受到了严重影响，甚至造成了减产的局面。在农业生产方面，除了116000余亩被淹土地外，其他农作物也遭到了不同程度的减产，如番薯平均减产20—30%，棉花、黄豆几乎全部减产，中晚稻的增产也受到了影响。渔业生产方面：船网遭到了严重损失，全县被冲走不见的船102只，被冲坏需要重修的307只。修补这批船只不仅需要33万元的资金，而且很多原料一时也不能办到。修船工人也大减缺乏。因此必然影响秋汛生产计划的实现。盐业生产：这次被水冲跑食盐9500担，制盐的灰卤全部冲失。林业生产：据新桥、墙头、黄避岙乡（是全县主要山区）的统计，拔倒大树39743棵，拔倒小树10399亩，全县5万多亩毛竹40%被风刮倒，如墙头区被刮倒的毛竹就有64余万斤，价值66万余元。另外，工业方面停止生产三、五天的厂是很多的。交通也曾一度处于停顿，电线全部遭到损坏和阻碍。

5.国家合作社和广大群众其他物资的损失也是惊人的。（1）国营企业和供销社的物资及财产损失数达6151158元（其中物资损失308676元，财产损失306482元），尤以中粮、水产和供销社三个单位损失最为惨重，中粮公司占172041元，水产公司占20万元，合作社占182795元。（2）农业社粮食被水冲走损失达696余万斤，还有尚未收进的早稻六七千亩，估计损失200万斤以上。（3）关于群众的牲畜、家具、衣服及锅、灶、碗、筷的损失更是无法估计，尤其是南庄区的部分乡，所有家畜、农具、家具、浮财几乎一扫而光，很多灾民只光着身跑了出来。①

结合灾情报告和有关数据,象山县损失极其严重,毁灭村庄12个,劫掠人命3402人,绝户241户,倒塌房屋77000多间,浸没稻田10多万亩。

分析造成如此重大损失的原因,从客观因素来看:一是受灾最重的地方遭受台风、暴雨、海水倒灌三重侵袭。"八一"台风是新中国成立后登陆最强的一次台风,最大风速达65米/秒。台风引起风暴潮,导致象山最高潮位达4.7米,而海塘只有3米高,造成海水倒灌,南庄平原纵深10公里、方圆80平方公里成为一片汪洋,平时十分热闹的镇市被夷为平地,平均水深在1米以上,有些地方水深达到5米,许多村庄被淹没在水下。②二是象山县原有海塘堤身单薄矮小,且多为土堤,标准低,质量差,经不起海浪冲击,每遇台风,大多靠人力,侥幸度汛。本次仍依照过去经验靠人力上坝护塘,结果堤毁人亡,许多护塘突击队员被海潮吞没而丧生。三是农村房屋多为木结构的砖瓦房和草屋,抗狂风暴雨能力弱,结果大片房屋倒塌,躲在房顶避灾的人们随着房塌落下被海潮吞没。这些客观因素有的非人力所能改变,有的属于经济落后,生产力尚不发达,难于达到较高防灾水平所致。

---

① 《中共象山县委关于抗台救灾情况及下半年工作意见的报告》(1956年8月17日),转引自《海魂》,第27—28页。
② 中共浙江省委党史研究室:《为什么说八一台风给浙江人民带来了刻骨铭心的记忆》,《浙江日报》2016年7月29日,第19版。

三、救灾决策

台灾发生后，如何将灾情尽快传递出去赢得救援时间显得十万火急。时任象山邮电局工会主席、负责电信工作的郑寿钢回忆：

> 8月1日夜里，电信室屋上的瓦片飞舞，电线折断，电话中断，在县委无法与上级联系的危急时刻，就启用无线电报与上级联络。我们的电报机是国民党遗留下来的N/A-0-报话机，后面要用两人手摇的马达发电。当时线路中断，待命的话务员、线务员很多，叫来摇马达的人很方便，但报务员很少，机要电报的报务员只有我1人……记得县委第一份向上级报告台风在象山登陆，遭受惨重损失的电报是我在8月2号凌晨发出去的。①

收到象山急电后，8月2日上午，舟山地委常委、专署副专员王道善②与驻舟山的中国人民解放军某军军长张秀龙、海军舟山基地司令马龙等在地专大院召开紧急会议，以确定救灾办法。会议首先由张秀龙军长以舟山军政委员会书记身份宣布舟山处于抗台救灾非常时期，讨论抗台抢险的紧急措施。接着，王道善汇报了救灾工作的当务之急和面临的困难，并提出军队派一艘抗风力较强的舰船将地委工作组送到象山海港，马龙司令当即对此表示

---

① 郑寿钢：《启用机要电报》，转引自《海魂》，第173页。
② 因舟山地区代理书记王裕民在杭州参加浙江省第二次党代会，由王道善主持舟山地区工作。

同意。经过讨论，最后由张秀龙军长宣布舟山地委抗台工作六条决定：（1）目前舟山地区处于抗台救灾非常时期，各级党委工作应以抗台救灾为中心；（2）当前救灾工作首先要救人；（3）组织地、县卫生防疫人员进驻重灾区，尽快医治受伤的干部和群众，开展消毒防疫，防止疫症传染；（4）发动群众抢修被台风冲毁的海塘、碶门、水库、堰坝和房屋；（5）财政、银行、商业和物资部门，要准备充实的资金和物资，支援抗台救灾；（6）地委以象山为抗台救灾重点，由基地派一艘千吨级扫雷舰送王道善和地委工作组去象山帮助工作。①

这次紧急会议抓住了救灾工作重点，为下一步救灾工作谋划了方案。负责谋划决策的军政委员会是在地方防灾救灾委员会成立之前的地方最高机关，是从战争年代军队管理形式演变为过渡时期协调党政军民一体化运作的机构，在面对大灾大难的非常时期，成为军队和地方政府联合决策的议事机构，为组织和调动军队、地方政府与社会各界参与救灾发挥了独特作用。

会议一结束，舟山地委等一行人即在军队帮助下赶往象山县抗灾指挥部所在地丹城镇，与在指挥抗台救灾的象山县委副书记宋申鲁做了交流。双方协商后，8月4日象山县委向全县发出《关于抗台救灾紧急通知》，强调："当前各级党委工作应以抗台救灾为中心，其他工作服从和服务于这一中心，集中人力、财力和物力搞好抗台救灾"；并对抢救灾民、安置受灾群众、打捞和掩埋尸体、卫生防疫、抢修海塘、维修房屋和渔船等各项任务和负责对应的部门，做了一一分工，为各乡和各部门救灾工作进一步明

---

① 张克田：《海魂——象山八一台风六十周年忆》，《浙江日报》2016年7月29日，第20版。

确了任务和目标。①

　　"八一"台灾因范围大损失重，自始牵动着中央政府和省政府。8月3日国务院在北京召开由内务部、农业部、水利部、中国人民救济总会、中国红十字会总会及气象科学研究所等部门参加的紧急会议，专门讨论和研究台风地区的抢救和善后工作。会后发布的《关于做好台风的抢救和善后工作的紧急指示》，宣布"抢救工作刻不容缓，电路中断的地区要抓紧修复，防汛工作更要加强起来，遭台风地区应当把抢救和善后工作列为当前的中心之一"等四条指示，并派出干部组成了五个工作组，分赴浙江、江苏、安徽、河南、河北和上海市了解灾情，协助工作。②8月5日，浙江省人民委员会也召开紧急扩大会议，讨论遭受台风侵袭后的救灾、防灾和迅速恢复生产工作，确定了抢险救灾、恢复生产的五项紧急措施。③

　　从中央到省、地、县对救灾工作给予了明确指示，并在人力、财力、物力上给予支持。这种"以条为主"、上下联动，人员上党政军民一体化动员的"举国体制"，以集中统一领导的方式在最短时间内实施快速有效动员，并通过组织的上下级关系以政令形式自上而下地部署和实施，减少条块分割导致的资源分散和拖沓延误，为迅速有效地开展救灾争取了时间。

---

① 张克田：《海魂——象山八一台风六十周年忆》，《浙江日报》2016年7月29日，第20版。
② 中华人民共和国内务部农村福利司编：《建国以来灾情和救灾工作史料》，第170—171页。
③ 《安置受灾人民，努力恢复生产》，《人民日报》1956年8月7日，第1版。

四、紧急救济

急救是灾害发生后一场与时间赛跑的救济行动，要求在尽可能短的时间内将灾民、受伤者和死难者抢救、安置、治疗、安葬，因而需要统一安排、分工和指挥，各方力量协调配合方能有序快速开展。8月2日下午，舟山地区干部和医务人员200余人的救援队伍到达丹城。按照救灾指挥部安排，他们与其他救援人员一起被分别编为寻找失踪人员遗体安葬队、受灾伤病人员医治队、消毒防疫队、接待安置灾民队、抢修海塘和放水队、安全保卫和处理大牲畜尸体指导组、救灾粮食物资和资金管理组等，并指定各队、组负责人，由各队、组负责人和象山县相应抗台救灾机构联系，开展救援工作。① 一场以抢救和安置灾民、打捞遗体和进行卫生防疫为主要内容的紧急救济工作全面展开。

（一）抢救与安置灾民

在这场台灾中，林海乡二、三、四村3100余人死亡，绝户241户，仅留700余人，损失最为惨重。8月2日凌晨4点多，林海乡副书记钱斌豪与其他干部一起找到两只河船，编好14只木排，连续奋战三昼夜，从被淹的海水里抢救出群众600多名。② 象山县朱华庭、周祖龙等机关干部和丹城乡9名青年，分乘两只河船，在海塘洋抢救出来两船灾民。还有一些默默无闻的群众，在灾难降临时挺身而出。8月1日晚，25岁的大碶头米厂工人韩善林正好值班，与几位青年累计救起85位落水群众。他的救人事

---

① 张克田：《海魂——象山八一台风六十周年忆》，《浙江日报》2016年7月29日，第20版。

② 《县举行抗台烈士追悼大会》，《象山报》1956年9月16日，第2版。

迹在《象山报》、《浙江工人日报》刊登后在全县传为佳话，被群众誉为"灾民救星"。① 由于社员大量伤亡，合作社已经无法再组织起来进行紧急抢救，临时搭配而成的抢救队成为主要抢救组织。

在受灾略轻的乡村，合作社则成为群众性救灾的主体。8月2日，停泊在象山港梅岙岙门里避风的普陀县六横区小湖渔业社一只大捕船，被大风浪冲到很远的河东。他们发现了被淹村庄灾民有的趴在露出水面的屋顶上，有的浸在齐胸齐颈的深水里，有的爬在树上，有的抱着草扇（盖草屋的）在水里挣扎。于是，他们奋不顾身，在5个小时里用小舢板来来回回救出灾民207人。② 丹西高级农业合作社在社长周云照、副社长周开法带领下，组织青年社员，出动了28条河船，救出灾民3000多人。③ 8月3日，爵溪渔业社团支部书记、青年队长严云福组织青年突击队20多人，凌晨出发爬过前岙岭，在南庄附近的小岙里找到2只河泥船，经过一天的抢救，一共救上灾民169人。④

军队参与救灾是在革命年代形成的优良传统，新中国成立后这种传统得到延续。在台风到来前，石浦镇当地驻军就派出70名战士支援农业社抗台抢收。⑤ 台灾发生后，驻守浙江的陆海空军共出动官兵6.3万余人、飞机16架次、汽车40余辆、舰艇多艘投入抢险救灾。⑥ 其中，驻象山的某军某连指战员，组成40多人突

① 陈斌国：《米厂工人——灾民救星》，转引自《海魂》，第74—75、86、99页。
② 虞定槐、陈亚南：《他们救了207个人》，《舟山报》1956年9月1日，第3版。
③ 乐家凯：《"八一"台风亲历记》，《宁波通讯》2016年第14期。
④ 德奎：《在抗台救灾的日子里》，《象山报》1956年9月10日，第2版。
⑤ 《解放军支援抗台抢收》，《象山报》号外《抗台快报》1956年8月1日，第2版。
⑥ 于福江等：《中国风暴潮灾害史料集（1949—2009）》，第32页。

击队于8月1日下午赶到门前涂第一线抗台救灾。[①] 当天晚上，石浦镇北门外的40余户居民住房倒塌，在附近的解放军某部分两路赶来抢救，一次又一次地将老人、小孩、妇女等100余人安全地转移到营房。[②] 8月2日，他们又救起落水群众300多名，战士何文斌在救灾过程中英勇牺牲。[③] 军队参与地方抢险救灾，成为新中国成立后军队服务地方建设的主要方式，为夺取抗灾胜利发挥了重要作用。

通过干部、群众和解放军连续抢救，计有被洪水围困的11573名灾民于8月2日和3日得以脱险，而安置被营救出来的灾民成为又一个急需解决的问题。象山县政府针对灾情轻重，分别进行处理。对于受灾最重的南庄区，象山县委提出"出来进去，就地安置"方针，防止灾民外出逃荒，造成土地撂荒。鉴于南庄区许多干部死亡的实际，县委重新建立了南庄区工委，组织群众排除污水、开展防疫和发放救济款，帮助灾民修理被损坏的瓦房，重新搭建倒塌的草房；解决灾民吃水问题和劳动力生产出路，以便让灾民尽快回村安置，此为"进去"。[④] 对于人口严重减少的村庄，则采取"出来"的办法进行安置，将原来19个小村分别并入下余、上余、新碶头，组建成新村。[⑤] 这样，抢救出来的11573名灾民初步得以安置。对于其他损失不严重的灾区，安置的办法是以乡为单位，无家可归的受灾户有的在邻居家里搭伙，有的安

---

① 乐家凯：《"八一"台风亲历记》，《宁波通讯》2016年第14期。
② 席祖英、姜树志：《亲人般的救护》，《舟山报》1956年9月7日，第3版。
③ 乐家凯：《"八一"台风亲历记》，《宁波通讯》2016年第14期。
④ 《中共象山县委员关于动员民工抢修海塘的紧急通知》（1956年8月7日），转引自《海魂》，第33页。
⑤ 陈斌国：《门前涂塘话沧桑》，转引自《海魂》，第230页。

置在祠堂、学校、庙宇、营房等处合伙，许多灾民临时住在邻乡的合作社里。国家民政部和浙江省民政厅、农业水利厅联合发放生活救济款198058元，建房救济款138028元，生活贷款140758元。[①] 象山县供销社派专人到宁波、温州等采购木料、炊具等生产工具和生活用具，为灾民灾后生活提供方便。

灾民如何吃饭同样重要，若不能及时得到赈济，就有大量饿死的危险，历史上因灾而大量饿死之情形历历在目。为避免历史悲剧重演，中共浙江省委与空军某部合作，动用飞机于8月4日下午5点，将准备好的食品空投至象山县丹城东塘灾民集中地。此次空投计6000斤馒头、面包、炒米，由象山县临时安置委员会分发到5000多个饥肠辘辘的灾民手中。[②] 另外，空军还向东海中的南韭山等岛屿空投了1000斤馒头。已经饥饿了两三天的灾民分到救济食品时，其感激之情无以言表。

群众间互助互济是中国自古以来的善风良俗。在合作社建立后，这种中华民族优良传统仍在延续，并作为新中国一条基本救灾方针写入文件。当受灾最重的林海、南庄等乡灾民从海潮中挣扎到丹城镇的时候，丹城镇的居民和干部捐出5000件衣服给灾民御寒，丹西农业生产合作社主动借出18000斤粮食给灾民作为口粮。[③] 舟山地直机关全体干部为灾区捐出4500多件衣被，驻舟山陆海军部队捐25000多元和衣被等3500多件，上海、杭州、宁波等地市民捐赠衣物80000多件、捐款23699元，同时还有大量食

---

① 《海魂》编委会：《洒下温暖在人间》，转引自《海魂》，第34页。

② 张克田：《海魂——象山八一台风六十周年忆》，《浙江日报》2016年7月29日，第20版。

③ 《灾民已经开始重建家园恢复生产》，《象山报》1956年8月10日，第3版。

品、药品等。① 群众互助互济弥补了政府救济不足，也填补了新中国成立后慈善组织停止活动或解散留下的救济空缺。

通过各级各部门同心协力，灾民基本生活问题临时得到解决，避免了灾后群死现象发生。在抢救过程中，各级政府发挥着主导作用；合作社成为群众性救灾的主要形式；群众性互助互济主要通过单位将捐赠交给合作社并通过合作社而非社会中间组织来居间传递，从而形成了"政府—单位（合作社）—个人"的救助模式。

（二）打捞掩埋尸体与卫生防疫

8月的象山，天气炎热，被冲散在各处的尸体极易腐烂，从而滋生传染病。为尽快寻找、打捞和处理尸体，象山县政府做了明确分工："寻找遇难干部群众遗体，由县、地组织部、人事科和民政科负责，程步升同志主要抓这项工作，首先将牺牲的几十名干部遗体找到并安葬好……掩埋猪、牛、羊、狗等尸体和消毒防疫工作由区、镇、乡政府负责，各自处理各自地区。"② 为此，县政府动员了500多名青壮年农民和机关干部一起，组成8个安葬队，分头打捞、安埋尸体。为了提高打捞队员积极性，规定打捞一具尸体5元，后来涨到10元，最后是20元。③ 一位当年参与尸体打捞的人回忆："行动开始的第一天上午，我们每个人发到一小块白毛巾、一只白口罩和一小瓶白酒。我清楚地记得，当时这瓶白酒的价格是0.12元。政府还表示，我们每掩埋一个遇难者遗

---

① 《海魂》编委会：《洒下温暖在人间》，转引自《海魂》，第34页。
② 张克田：《海魂——象山八一台风六十周年忆》，《浙江日报》2016年7月29日，第20版。
③ 蒋意元：《抗台救灾的日日夜夜》，转引自《海魂》，第112页。

体，给我们补贴5元钱。""在清理遗体过程中，我们分成3个组，分别是打捞组、抬运组和掩埋组进行流水作业。打捞组负责寻找、收集和打捞遗体，交给抬运组送到掩埋点，然后由掩埋组挖土坑掩埋。"[①]另一人回忆："最困难的要数打捞耕牛尸体了，它体积大，分量重，4人抬不动。我们就把它放在稻床上，连推带拉，将其埋掉。"[②]通过连续酷暑作业，安葬队将打捞出来的尸体消毒掩埋，避免了尸体腐烂造成传染病，也使失去亲人的灾民看到亲人入土为安，为将来祭奠亲人有所依归，心理也得到些许安慰。

洪水肆虐后的卫生环境很差，若不及时进行卫生防疫会使灾民刚脱台灾又陷疫灾。浙江省卫生厅和浙江省军区后勤卫生处在8月2日发出通知，要求各地迅速抽调医务人员深入灾区抢险救灾，先后组织了三批近百个医疗队到浙江沿海受灾严重地区进行抢救和防疫工作。[③]其中，来自杭州、舟山的67名医务人员和象山县40余名医生组成医疗防疫大队奔赴象山重灾区。浙江省医药公司调来1000余斤"六六六"粉、500斤漂白粉和400余斤"二二三"乳剂等药物用来消毒防疫。[④]经过白衣战士连续奋战，5614名干部群众得到治疗，特重伤病干部和群众转移到舟山医院和驻舟山陆海军医院治疗。[⑤]

通过此次急救可以看到：政府部门以其上下级之间领导与被领导及指导与监督关系，在救灾资源动员和调配方面发挥作用；

---

① 沈积鑫口述：《让遇难者早日入土为安》，转引自《海魂》，第135页。

② 周祖龙：《舍生忘死，一心抗灾》，转引自《海魂》，第110页。

③ 《安置受灾人民，努力恢复生产》，《人民日报》1956年8月7日，第1版。

④ 欧绪坤：《八一台灾的回忆》，转引自《海魂》，第99页。

⑤ 张克田：《海魂——象山八一台风六十周年忆》，《浙江日报》2016年7月29日，第20版。

以地方政治能人为主体的县乡社干部，在救灾中发挥了组织和带头作用；合作社为群众性救灾起到了组织和动员作用；军队在非常时期参与地方抗灾救灾任务，成为地方抗灾救灾的一支重要力量；海陆空立体救援，缩短了空间上的距离，为救灾赢得了宝贵时间。新中国成立后这种党、政、军、民一起动员起来，合力救灾的举国动员模式，可以凝聚力量，减少掣肘，对于应对突发性灾害事故快速有效。

五、生产自救

早在革命战争年代，中国共产党的根据地军民即将社会救济与灾民生产结合在一起，并通过民众性的互助合作形式组织起来，恢复生产，开创了一条群众性的生产自救新途径。新中国成立后，新生的人民政府延续了这种救灾方式。在1953年第二次全国民政会议上，新中国的救灾方针被确定为"生产自救，节约渡荒，群众互助，辅之以政府必要的救济"。[1]1955年11月18日召开的全国救济工作会议上，中央人民政府内务部指出：有灾地区应当"开展以农业合作社为中心的生产自救运动"。[2]象山县根据中央救灾方针，将本次救灾工作方针确定为："生产自救，社会互济，政府适当给予救济"。他们根据受灾的土地、房屋、粮食、劳力及耕牛、农具等五个方面的损失，将灾区分为四类：

---

[1] 夏明方：《历史视野下的"中国式救灾"》，《中华读书报》2010年12月15日，第13版。
[2] 中华人民共和国内务部农村福利司编：《建国以来灾情和救灾工作史料》，第148页。

一类：土地、房屋、粮食及耕牛、农具冲光，人口死亡很多，劳力大大减少的严重灾区有海塘全乡（2、3、4村），东陈乡西港村，昌国乡（万全？）塘村，民主乡的柱岙、碶门头、下盆岙村，黄避岙的高泥、兵营及鲁家岙村，墙头乡的下沙村共计12个村，受灾人口6392人。

二类：土地淹光，房屋、粮食大部倒光冲光，劳力农具损失不多，这样的重灾区有10个乡，受灾人口23831人。

三类：土地绝大部分被淹，今年生产已无收入，房屋部分倒塌，粮食、农具、劳力损失较少，这种较重的灾区共20个乡（镇），受灾人口63366人。

四类：房屋部分倒塌（少数乡村也有全部倒塌的），土地没有被淹，只是部分减产；粮食、农具、劳力损失较少，这种轻灾区共54个乡（镇），人口167200。但这些地区仍有二、三类型的重灾村和重灾户。①

针对不同灾情而采取不同救济措施：在一、二类重灾区，以救济为主，安排生产生活，待生产搞起来后，以生产自救为主，政府再适当给予救济和贷款扶助；在受灾三类地区，以生产自救为主，适当给予贷款扶持，政府救济为辅；第四类地区的受灾户参照第二、三类处理。针对灾情不同区别对待，有的放矢，避免救灾中的"大锅饭"和平均主义，可以提高救灾效果。

（一）抢修海塘

由于海水倒灌，南庄平原海水深达1—5米，急需排水修塘。

---

① 《中共象山县委关于抗台救灾情况及下半年工作意见的报告》（1956年8月17日），转引自《海魂》，第28—29页。

8月2日上午9点，象山县委在县级机关和丹城镇抽调一批年轻力壮并会游泳的青壮年，在丹城五村支部书记周云照的带领下，18名青壮年撑着3只河船划行到门前涂碶门开闸放水。[1] 浙江省地县水利工程技术人员组成排涝抢险队，利用省、地调拨给象山的24台中型抽水机，很快将南庄平原的海水污水排出，为下一步抢修海塘和恢复生产提供了基本保障。

为了动员全县力量抢修被冲毁的海塘，8月初象山县成立"南庄区海塘抢修指挥部"，并于8月7日由中共象山县委发出《关于动员民工抢修海塘的紧急通知》，要求各区、乡出一定数量的民工，于9日到县报到（其中吸收部分能修理工具的手工业工人）。11日，4873个农民组成的民工大队，自带工具、被褥和炊具，开赴南庄平原，用谷草支起凉棚驻扎下来，并于12日开始全面动工。他们每天凌晨3点半起床，4点吃早饭，4点半上工地干活。[2] 经过六七天的紧张抢修，到17日和18日，长达7000米的门前涂和中央港两处海塘，重新屹立在南庄平原上，保卫着南庄平原6万亩耕地和上万群众的安全。为了加固海塘，该年冬季又在门前涂老海塘外面建筑成一条高5米、顶宽4米、长2654米的门前涂新海塘，以提高防潮抗台能力。至1956年底，全县共投入37万工，完成土石方37万立方米，修复加固海堤140条83.34公里。[3]

在修复旧海塘和建设新海塘过程中，象山县将所有民工"以社为单位组织好，下设小队，配强骨干确定负责人，随带修理海

① 欧绪坤：《八一台灾的回忆》，转引自《海魂》，第99页。

② 《经全县4000多民工英勇劳动，被洪水冲毁的南庄海塘已抢修完成》，《象山报》1956年8月21日，第3版。

③ 象山县水利局：《50年奋斗，50年辉煌》，转引自《海魂》，第38、40、180页。

塘所需全套工具，由2个乡干部带领（乡长或副乡长）。民工待遇，除伙食日用品等自带外，每人每日由县补贴1元。灾民能修海塘，其待遇除伙食由公家救济外，另补贴1元"[①]。这种由政府领导以社为单位修复海塘的行为，是集体化时期全国各地修建大型水利设施普遍采用的方式，避免了一家一户的小农经济时期人力资源分散所致大型水利设施修建的延误、迟缓或空缺，将个体力量通过合作社方式组织起来，农民以很低的报酬参加大型水利等公共设施建设，成为以后30余年农村改变基础设施落后面貌的主要方式。

（二）生产自救

象山县以生产自救代替"等、靠、要"的消极救济思想，在农业方面，积极抢救连作晚稻，全县半个多月完成7万余亩晚稻抢种，占可种土地的60%以上，番薯的培土、施肥也普遍进行；在渔业方面，新桥、石浦、南田、定山四区积极修复生产船只和渔网，力争早日出海生产；在盐业方面，倒塌的灰坦盐场整修后从8月12日起全面开始晒盐；在林业方面，组织社员将倒伏的竹木扶植起来，把已死的竹木及时处理，并在冬季开展绿化运动，完成1956年的绿化任务；在工业方面，暂时停工的工厂在8月4日以后先后恢复生产，电话部分线路恢复通话。[②] 象山县农渔盐工等各业通过生产自救，既减少了灾后损失扩大，也给灾民战胜灾荒、重建家园以极大信心，可以较快地步入正常的生活轨道。

[①]《中共象山县委员关于动员民工抢修海塘的紧急通知》（1956年8月7日），转引自《海魂》，第24页。

[②]《中共象山县委关于抗台救灾情况及下半年工作意见的报告》（1956年8月17日），转引自《海魂》，第29—31、39页。

生产恢复过程离不开有关部门的支持与协作。象山县农林水利局派出了2个工作组到梅溪、丹城被海水淹过的地区，测验土壤的含盐程度，以便改种其他作物，同时派人到上虞等县去采购荞麦和玉米种子。中国人民银行浙江省分行在原有农业生产贷款基础上增拨600万元，帮助灾民克服生产和生活困难。浙江省供销合作社提出"非灾区支援灾区，轻灾区支援重灾区"的口号，从受灾轻的县市调拨一批元钉、铅丝、木材等建筑器材支援重灾区，并将库存化肥和从上海调拨的1156万斤化肥分配给象山、宁波、嘉兴等市县合作社。浙江省供销合作社还为渔民采购毛竹、淡竹；木材公司为渔民修船提供木材；水产供销公司向渔民预购鱼货，付给定金；保险公司做好渔民受灾损失的赔偿工作；水产局开办渔业社收音员训练班，传授收音技术和气象知识。[①] 为了减轻灾民负担，象山县拟订了粮食征购的减免原则：重灾区免征免购，轻灾区减征减购，少灾区减征照购。[②] 通过部门之间、合作社之间的协调配合，灾区各项生产在较短时间内得以恢复。

生产自救不是简单地自力更生，而是以自救为主、外来救助为辅，形成"条块结合，以块为主"模式。政府通过自上而下的政策和指令，业务部门则将生产物资发放给合作社，由合作社组织社员进行生产。这种集中领导和统一管理与分散物资给各社的"条块结合"模式，成为集体化时代救灾体制在基层的主要运行模式。

---

① 《洪水推到那里庄稼就种到那里》，《人民日报》1956年8月12日，第3版；《浙江商业部门大力支援灾区》，《人民日报》1956年8月13日，第3版。

② 《中共象山县委关于抗台救灾情况及下半年工作意见的报告》（1956年8月17日），转引自《海魂》，第33页。

六、精神抚慰

灾害发生后，面对自己的家园被毁、亲人死亡或失踪，灾民极度的伤心、无助、恐惧，会导致神情沮丧、精神萎靡，对生活和未来失去信心。在这种情况下，安慰和鼓励是疏导心理的有效手段。新中国成立后，国家特别注重对受灾地区进行慰问，政府和各单位会组织各种形式的慰问，唤起灾民生活勇气和重建家园的信心。

"八一"台灾发生后，先后有地方、中央和部队、省医疗队等机构和单位到象山进行慰问。最早在8月4日，由浙江省委、省政府向象山灾区空投《致受灾人民的慰问信》。8日，浙江省人民委员会秘书长彭瑞林率领慰问团到达象山，向受灾地区人民传达全省人民的关怀，向与台风作斗争的广大群众、干部、人民解放军官兵表示敬意。[①] 慰问高潮出现在8月13日，先是中共中央专门派出的4人工作组于该日到达丹城镇，慰问中共象山县委和县人民委员会，走访了解灾情，带来中央对灾区人民的关心和问候。[②] 接着是13日下午，驻守舟山的陆海军部队慰问团18人到丹城镇进行慰问，首先慰问了中共象山县委及县人民委员会，并转交了战士们捐献的衣服和现金，还带来电影放映队给灾民带来文化食粮。[③] 同一天，省医疗队来到象山，晚上在抢修海塘指挥部

---

① 《关怀受灾人民，河北浙江组织慰问团分赴灾区慰问》，《人民日报》1956年8月10日，第3版；《浙江省台风灾区慰问团在舟山等地进行慰问》，《人民日报》1956年8月20日，第3版。

② 《国务院灾区工作组已到象山》，《象山报》1956年8月14日，第3版。

③ 《驻舟山陆海军组成的慰问团已到象进行慰问》，《象山报》1956年8月14日，第3版。

召开文娱晚会，医生护士亲自登台为抢修海塘民工送上歌戏。中共舟山地委和舟山专员公署也在8月14日向象山县发出《向受灾人民慰问》信，写道：

> 父老兄弟姊妹们：这次台风给我们带来的灾害是很大的，但是在党和政府的领导与支持下，依靠合作化的优越性，加强团结，互助互济，灾害是可以战胜的。最近党和政府已经集中全力着手进行了许多善后工作，初步安置了灾民，现在又拨来了救济金、生活贷款和粮食，以协助大家恢复生产。目前只要我们动员起来，树立信心进行生产自救，就可以迅速恢复生产，争取早日重建家园。①

各级政府和人民团体、解放军到受灾地区进行指导和慰问，或以信函形式表达问候，对于受灾地区干部群众是一种抚慰，使他们在最困难的时候感觉有了依靠，可以得到心理慰藉，有助于他们早日走出灾害造成的恐慌、悲观、失望和无助的心理阴影，提升战胜灾害和重建家园的信心。这种"精神救济"与物质救济和生产自救一起，成为新中国成立后灾荒救济不可或缺的组成部分。

新中国成立后浙江遭遇的这场百年一遇特大台风，给象山县人民造成严重的物质损失、人员伤亡和精神创伤，但是在党和政府的坚强领导下，象山人民众志成城，依靠社会各界的支援，仅

---

① 《向受灾人民慰问》，《象山报》1956年8月14日，第3版。

用三个昼夜就修复了门前涂海塘，仅用半个月时间就成功排除了疫病的危害，仅用半年多时间就恢复了家园，取得了抗台斗争的伟大胜利，为巩固新生的人民政权和进行合作化奠定了基础。总结这次抗台经验和教训，对于以后应对重大灾害，化解社会风险，保障社会和谐发展是十分必要的。

第一，坚持党的领导是夺取抗台胜利的政治保障。在这次应对台风灾害斗争中，无论在抗台抢收还是在抗台抢险，以及生产自救和灾后恢复重建家园过程中，中共象山县委及时组织抗台机构，深入一线进行领导，各级党员干部也迅速动员起来，冲锋在前，50余名党员干部还为救灾献出宝贵的生命。他们在困难面前永不退缩的先锋作用，激励和带动着广大群众，彰显了共产党员的英勇风采，发挥了头雁效应。

第二，快速有效的动员机制是抗灾救灾的组织保障。在应对台风过程中，政府各级部门及各级党团组织以纵向方式，通过紧急决策、指示、通知等形式自上而下进行传达和部署，快速地将上下级间的党员干部和各级团员动员起来；各村群众凝聚在合作社内开展救灾自救，浙江省内外各界群众通过单位组织开展捐赠和慰问，从而使社会快速形成了纵横联动的救灾动员机制，为战胜灾害提供了组织基础。

第三，应对台风是一项系统工程，需要有力的领导、物质的基础、精神的鼓励，更需要科学的指导，才能避免群死群伤事件发生。在以后几十年的抗台实践中，象山人民不断完善应对台风等自然灾害的措施和方法，总结出"防、避、抢相结合，以防为主"的抗台原则，确立了"以人为本，科学防台"的指导思想，极大丰富了抗台救灾经验内涵，把人员伤亡降低到了最低程度。

第二节 1969年渤海湾冰灾及救助行动

1969年渤海湾冰灾是新中国成立后遭遇的最为严重的一次海冰灾害。与第二章所述1936年冰灾相比，这两者发生的地点相同，都是在渤海湾内，成冰时间也是1—3月间。但是，1969年冰灾是新中国的抗灾救灾行为，与1936年冰灾的应对有着许多不同。在此次灾害中，党和政府应对得当，尽可能地减少了损失，并从中汲取经验教训，将我国海冰防灾减灾推向新的发展阶段。

一、冰灾的发生

新中国成立初期，我国气象部门为保障海上航行安全，在沿海设有海洋观测站。其中，渤海海冰监测点分别位于大鹿岛、小长山岛、老虎滩、长兴岛、鲅鱼圈、营口、葫芦岛、芷锚湾、秦皇岛、塘沽、岔尖、龙口、乳山口等地，记录并保存了1969年2—3月间海冰灾害的数据。这些数据除了日均气温、结冰日和风速外，还有风向、冰密集度等元素，体现当时海冰的变化，为后来的救灾工作提供了决策依据。（见表5-1）

事实上，1969年1月8日，渤海湾首现冰情，与常年冰期相似，也是常态。但在1—2月份，渤海湾受两次冷空气影响，使得渤海海冰自2月15日迅速增厚，导致渤海被20—40厘米海冰覆盖。这次冰灾的特点是：持续时间长，从2月上旬至3月中旬，约40—50天；冰封范围广，严重时流冰外缘线达渤海海峡以西37

表5-1 1969年2月海冰灾害期间渤海各观测点冰情记录

海冰观测站	日均气温	结冰日	日均风速
大鹿岛	零下7.3摄氏度	固体冰28日	8.4级
小长山岛	零下6.3摄氏度	固体冰23日	7级
长兴岛	零下7.9摄氏度	固体冰＋浮冰25日	7级
鲅鱼圈	零下8.8摄氏度	固体冰＋浮冰27日	8.1级
营口	零下12摄氏度	固体冰28日	3.7级
葫芦岛	零下9摄氏度	固体冰＋浮冰27日	6.9级
芷锚湾	零下8.1摄氏度	固体冰＋浮冰28日	6.4级
秦皇岛	零下7.1摄氏度	固体冰＋浮冰23日	4.7级
岔尖	零下5.2摄氏度	固体冰28日	5.9级
龙口	零下4.7摄氏度	浮冰27日	8.3级
乳山口	零下3.8摄氏度	浮冰26日	7.5级

资料来源：《黄渤海冰情资料汇编》（第一卷），海洋出版社，1972年，第291页。

公里处，整个渤海海面几乎全被海冰覆盖；冰的厚度大，冰质坚硬；海冰造成的危害大，经济损失严重。[1] 在海冰的强力作用下，航道几乎全部被封锁，如塘沽、秦皇岛、葫芦岛、营口、龙口等港口受阻，渤海海上交通处于瘫痪状态。[2] 由于对此次海冰灾害严重性认识不足，成冰初期也仅有小型船只被禁止通航，而大型船舶仍在航行。随着两次冷空气的到来，整个渤海湾冰层加厚，造成辽东湾以及山东北部港口基本处于封港状态，导致进出渤海湾的船只受损严重，如天津港内123艘货船被困无法出港，其中

---

[1] 张方俭、费立淑：《我国的海冰灾害及其防御》，《海冰通报》1994年第5期。
[2] 中华人民共和国国家统计局、中华人民共和国民政部编：《中国灾情报告（1945—1995）》，中国统计出版社，1995年，第248页。

有58艘船只为海冰夹困，部分船只挤压损毁严重①；进出塘沽港的客货轮中，有一半以上被海冰夹住，无法航行，仅有25艘被困船只由破冰船破冰后得以驶离；"若岛丸"等5艘万吨级货轮螺旋桨被海冰碰坏，1艘巨轮被海冰挤压破裂进水，7艘船只受海冰推移搁浅。此外，因受海冰挤压，船体变形、舱室进水、螺旋桨损毁的船只众多，皆被困海上。② 而且，渤海石油平台也遭到了严重损坏。"海1井"开钻于1967年初，日产油35.2吨，是我国海洋石油工业的重大突破，与后来的"海2井"被合称为海洋石油工业的两朵"姐妹花"。然而在此次冰灾中，"海2井"生活平台的钢管桩于2月21日被全部撞断，设备平台与钻井平台连接架也在3月8日被撞毁，造成损失近亿元。③ "海2井"平台是由15根直径为850毫米，长41米，打入海底28米，锰钢板制成的空心钢管桩支撑，其结构是导管架固定成三个互不连接的钻井平台、生活平台和设备平台。④ 即使这么坚固的结构平台，仍在海冰的冲击下倒塌，由此可以看出海冰的水平推力之大。3月27日、28日，冰量虽然显著减少，但流冰在风浪和涌浪的作用下，将"海1井"平台支座的拉筋全部割断。总之，此次冰灾导致港口封冻，船舶、油井台等受损，航道中断，航标被冰夹走，直接经济损失估计近亿元，在20世纪60年代的经济困难时期，亿元的损失可谓惊人数字。

---

① 天津档案馆编：《天津地区重大自然灾害实录》，天津人民出版社，2005年，第308—309页。

② "海洋梦"系列丛书编委会：《海上探险与航海》，合肥工业大学出版社，2015年，第13页。

③ 《百年石油》编写组：《百年石油》，当代中国出版社，2002年，第194页。

④ 张方俭、费立淑：《我国的海冰灾害及其防御》，《海冰通报》1994年第5期。

我国渤海海域每年冬季都有海冰出现。一般年份，我国海冰出现的范围较小，厚度较薄，对港口、航运和海上工程没有影响。然而，据史料记载，渤海从20世纪30年代至今，已经发生了5个冬季海冰厚冰现象，约平均10年发生一次[①]，导致沿岸港口、航道、船舶、海上设施被坚冰封锁，造成严重损失。1969年初发生的冰灾，就是广大海面被厚冰覆盖所导致的。在冰灾发生前，尽管监测点有记录，气象部门有预警，但是仍然没有避免严重受灾损失，一方面是由于对海冰灾害缺乏科学的认识，对其成灾的严重性估计不足，存在侥幸心理；另一方面，海冰作为一种灾害，其所形成的破坏性有时超过人们的抗灾能力，比如油井平台尽管很坚固，但仍被冲毁，显示了海冰的破坏性。这次冰灾也警示人们，需要防患于未然，在防灾方面需要更有预见性和先期较大的投入，才能够减轻灾害损失。

二、抗灾救灾

面对这场严重冰灾，各级政府克服困难，带领人民群众，为受困的船只和船员提供救助，展开了抗灾救灾斗争。2月21日，海冰摧毁了"海2井"生活平台后，交通部于当日晚召开了紧急电话会议，听取灾情情况，并将情况向周恩来总理做了汇报。周总理当即决定国务院成立破冰抢险领导小组，并在天津市成立破冰抢险指挥部，同意调动空军、海军和交通部的飞机和船只。[②]在中央的统一指挥下，政府、军队和涉海单位一起展开了一场冰

---

① 邓树奇：《渤海海冰灾害及其预防概况》，《灾害学》1986年第6期，第80页。
② 张方俭、费立淑：《我国的海冰灾害及其防御》，《海冰通报》1994年第5期。

灾救援行动。

（一）援救被困船只

为了了解此次冰灾的具体情况，更好地完成救灾工作，国家海洋局抽调所属10个单位的23名工作人员，组成渤海冰封调查小组，在破冰抢险指挥部的统一领导下，率先对渤海冰封进行了调查，为援救提供科学支撑。调查小组搭乘中国人民解放军及航运部门参加破冰抢险任务的舰船及飞机，沿渤海湾、新港—大连、新港—龙口—烟台、新港—秦皇岛、大连—秦皇岛等航线进行观测调查，还访问了冰期航行的来往客轮，对被访船名、船只性能、被访人信息、访问时间以及访问人都做了记录。[①] 经过调查访问，调查组分析得出此次冰灾的原因、影响和冰封概况。

在调查清楚受灾分布和灾情重点后，破冰抢险指挥部首先开展"破冰救援，打通航道"行动，以拯救船只、挽救生命。上百艘船只受冰情影响，被困于海面，急切等待救援，有的缺少淡水等物资补给，有的船体受挤压严重，有的失去控制漂于海面。救援小组以毛泽东主席"集中优势兵力，打歼灭战"的理论为指导，根据性能情况对参加救助的15条船只进行编组，区分任务，采取了先外轮、后国轮，先港外、后港内，先搁浅、后受阻，以大带小、以强带弱的方法，突出重点，形成拳头，打歼灭战。[②] 当时，中国航运业不发达，没有大型破冰船，只能依靠救助船、拖船以及人工开辟，拖轮"海拖221号"、"烟救9号"、"津救3号"等15条救助船发挥了重要作用。

---

① 国家海洋局编：《黄渤海冰情资料汇编》（第二卷），海洋出版社，1974年，第3页。
② 天津档案馆编：《天津地区重大自然灾害实录》，第323页。

在开辟航道方面，主要力量集中于开辟航道带引商船，先解救被困的大吨位外轮，通过外轮进一步打开航道，再利用外轮引带其他外轮和国轮，打通了塘沽港二号沽至锚地的航道，引进英轮"幸福贸易"和锚地进港船只，营救搁浅在港口的日轮"瑞明丸"，保持了航道基本畅通，其中秦皇岛港的成功引航为其他港口提供了经验。当时，秦皇岛港外的英轮"幸福贸易"号在渤海海域遭受海冰夹击，在海冰挤压下失去自控能力向西南漂流，"大庆22号"拖轮从距离其81海里的位置出发，破冰前行，接近该船后，将我国拖船的淡水节省下来提供给英方。经过与厚冰搏斗十多个昼夜，将其拖入天津港内。日本商船"潮海丸"在距离秦港13—15英里处遭遇海冰夹击，寸步难行，"海拖229号"、"海救401号"和"风雷号"拖轮三驾齐驱为"潮海丸"引航进港。日轮"若岛丸"被困于三号沽，2月25日"海拖221号"拖轮担任指挥，9艘拖轮紧急抢救，由于船只性能的局限，也被困于冰区，但船上救险人员下船凿冰开道，淡水缺乏时，船员便化冰取水，机器损坏时，船员在冰上侧身而卧进行抢修，最终顺利解救"若岛丸"号。在各港口的共同努力下，基本保证了航道的畅通以及天津大沽锚地船只的物资供应。截至3月4日，共救援船只15艘，其中包括10艘外籍船只。①

经过破冰抢险人员的日夜抢救，至3月28日时，天津市联合破冰抢险指挥部共护送进、出港船只131艘（含外轮101艘），其中抢救遇险船只10艘（含外轮6艘），对被困的7艘船只（含外轮4艘）进行了补给（淡水400余吨，主副食27种，共计6454.8斤）。

---

① 天津档案馆编：《天津地区重大自然灾害实录》，第322—324页。

这次抢险共投入人员1100余人，船只15艘，飞机3架，对遇险损伤的船只进行了维修；先后出动飞机37架次，进行空中侦察和投掷炸药破冰。[①] 通过抗灾救援，这次冰灾被困船只或靠岸、或驶离冰区出航，减少了船只长期滞留造成的航运损失和船只本身的毁损。

（二）抢救油井平台

海冰灾害不但阻碍了海上交通运输，使航船受损，也对海上油井平台造成破坏。受冰情影响，海上石油钻井平台"海2井"与"海1井"遭遇不同程度的冲击，从而使年轻的中国海上石油事业面临巨大困境。在救援小组救援被困船只的同时，破冰抢险指挥部紧急组织船只和工人前往油井平台，抢修油井，救助油井附近被困的船只人员。2月15日，渤海的冰封线开始急速向东扩展，"海1井"和"海2井"均受到不同程度的撞击。17日，留守于"海2井"生活平台上的徐武连等3人一天4次向海洋指挥部报告了冰情。20日凌晨4点，生活平台的5个桩腿已断了2根，平台岌岌可危，驻留人员向指挥部发出内容为"大线断，再见"的电报，表明平台危在旦夕。21日，接到电文的破冰抢险指挥部即刻报告中央。周恩来总理立即指示成立了中央临时破冰领导小组组织抢险，派出海陆空三军部队紧急支援：首先调遣了正在黄河口执行任务的济南部队工程兵携带炸药包，连夜赶往天津；驻津部队利用雷达密切观察平台，通过电报与中央临时破冰领导小组日夜保持联系；正在开辟由大连通往秦皇岛航道的北海舰队216拖轮，接到命令立刻调转船头，向"海2井"平台挺进；交通部

---

① 天津档案馆编：《天津地区重大自然灾害实录》，第308—310页。

航运局亦派出了支援船只。24日，在天津市政府、天津驻军连夜筹备下，港务局、航道局、上海海运局、石油部641厂、陆海空三军共同组成了天津市联合破冰抢险指挥部，坐镇新港，指挥抢险。经联合破冰抢险指挥部商讨决定，组织起一支抢险突击队，前往平台加固。抢险人员利用绳索，登上生活平台，解救3名留守人员，并将电台、粮食、床铺等用具抢运到设备平台。抢修人员赶至平台时，"海2井"平台的34根拉筋有19根断裂，150吨重的钢筋和井架来回摇晃，情况不容乐观。抢修队员在完全依靠人力的情况下，搬运钢材、焊接钢架，在十多天的时间内，"海2井"设备平台状况一度有所改善。[①] 但由于当时科学技术水平有限，最初设计也并未考虑到防冰要求，经过冰流长时间的反复冲撞，"海2井"平台基础已经遭到严重破坏。3月8日，天气再次突变，气温骤降，海面上刮起9级大风夹带暴雪，抢险队与救援船在不得已的情况下只得撤离平台。当日6时41分，经过十多天加固的平台朝西北方向倒塌。[②] 这是我国海上石油遭受的一次重创，也是本次冰灾造成的最大损失之一。

"海1井"位于歧口以东洋面20公里处，由于该处受海冰灾害影响较弱，因而损失情况较轻，但也不容乐观，如"海1井"的钢管拉筋几乎全为流冰割断。[③] 当时，"海1井"平台已经完钻，正在进行试油作业。一旦平台冲倒，油管断裂，便会造成井内原

① 秦文彩、孙柏昌：《中国海：世纪之旅——中国海洋石油工业发展纪实》，新华出版社，2003年，第64—68页。

② 《当代中国的石油工业》编辑委员会编：《当代中国的石油工业》，当代中国出版社，2009年，第128页。

③ 河北省地方志编纂委员会编：《河北省志·海洋志》，河北人民出版社，1994年，第146页。

油泄漏，引发海洋的大面积污染，钻井平台上的百余名石油职工的生命安全也会受到极大威胁。周总理专门派遣我国著名石油专家康世恩现场指挥水泥压井工作。海洋指挥部派出由试采队、工程队共18人组成的第二支抢险队直奔"海1井"。经过十几日与海冰作战，抢险队终于起出油管，用水泥压井，安全完成了保护"海1井"平台的任务。本次抢险工作总体应对得当，未造成人员伤亡，且保全了"海1井"石油平台，减少了损失。当年的海军216船长倪良坤灾后回忆道："那次破冰抢险，我从大年初一早上3点离开旅顺基地，有一个月没下指挥台。职工抢险的事迹太动人了。记得在收到周总理签发的和上级指挥抢险、固井的30封电报中，表扬电就有8封。"① 在周恩来的亲自部署下，中央和地方政府与涉海单位和军队密切配合，保住了我国刚刚建立起来的海上油井设施，为我国石油工业实现石油自给做出贡献。

　　1969年渤海冰灾是新中国成立后发生的最严重的一次冰灾。在救灾过程中，政府共消耗船用柴油707吨，航空汽油13.4吨，煤2330.5吨，炸药492公斤，钢材15.5吨，水泥3吨，干子土12吨。② 实际上，1969年的中国在政治上不稳定，各行各业受到极大冲击，国家物资极为稀缺，但是在重大灾情面前，周恩来总理以国家和人民利益为重，亲自部署破冰抢险工作，国家海洋局、天津市政府及各个涉海单位和军队紧密合作。在此次救灾中，天津航道局出动所有破冰船只，解放军及航运部门还动用了军用飞机，采用飞机炸冰、船只破冰、疏导引航和接救遇险人员等措

---

① 秦文彩、孙柏昌：《中国海：世纪之旅——中国海洋石油工业发展纪实》，第64—70页。

② 天津档案馆编：《天津地区重大自然灾害实录》，第327页。

施，从而减少受害损失。这次救灾工作综合反映了中央政府领导、各级政府负责、单位组织参与的抗灾救灾体制，以及在重大危机事件发生后成立一个临时应急管理指挥部、统一调动指挥抢险救灾的机制，这种体制机制体现了时代的特色。

三、灾后反思

"一个民族在灾难中失去的，必将在民族的进步中获得补偿。关键是要善于总结经验和教训。"[1] 1969年冰灾之后，国家海洋局开始重视冰灾预警和预防工作，推动海冰防灾减灾工作开展。

健全海冰观测网，研究海冰发生、发展机理和规律。国家海洋局所属的海洋环境预报中心、原东北海洋工作站以及中科院与石油部等涉海单位，在渤海沿岸已设立的20余个观测点基础上，开展了海洋科学预报方法、海冰生消工作及物理化学性质、冰压力实验等科研工作。[2] 1969年之后，海冰冰情调查研究工作一年开展两次，分别在冬、春季节。[3] 海冰灾情调查进入常态化，对于海冰防灾减灾，保护航行安全、海上生产都具有十分重要的意义。

建立海冰预测与预警制度。国家海洋局海洋环境预报中心召开包括海军在内的海洋预报、调查、观测及海冰研究单位参加的海冰预报会商会，发布渤海冬季长期海冰预报，海冰超长期预报、年度预报、月预报、旬预报、临时补充预报等相继开展，海

---

[1] 全国干部培训教材编审指导委员会编：《突发事件应急管理》，人民出版社、党建读物出版社，2011年，第228页。

[2] 张方俭：《我国的海冰》，海洋出版社，1986年，第134—135页。

[3] 杨文鹤：《国家海洋局大事记（1963—1987）》（内部资料），第28页。

冰预报短期与长期结合，辅之以临时性灾情预报，为海上安全指挥与海港、交通运输、海洋石油部门安排冬季生产提供依据。出动破冰船和飞机进行实地调查，海洋站海滨冰情观测和接收卫星云图，都为海冰预报和海冰研究提供了海上冰情实况资料。[1] 海冰预警预报工作开始常态化，可以将海冰发展情况及时通报相关部门，为决策提供科学有效信息。

建造大型破冰船。对于冰灾，单纯靠人力救灾无法适应救灾需求，在"独立自主、自力更生"方针指引下，我国独立开展破冰船设计与制造工作，1969年12月26日，"海冰101号"于上海求新造船厂胜利下水，排水量为3200吨。[2] 这标志着我国拥有了自主破冰船设计与建造技术，也提升了海冰防灾减灾的能力。

建立防灾救灾指挥和救助系统。海冰在黄渤海每年都会产生，可谓大灾有周期，小灾年年有。对海冰灾害防御与救助需要制订防御计划和执行方案，建立具有权威性的统一指挥系统和救助组织，储备必要的防灾救灾技术装备，做到防患于未然，方能将海冰造成的损失减至最低。

第三节　2008年青岛抗击浒苔突发灾害

2008年北京奥运会帆船比赛于8月9日至21日在青岛奥林匹克帆船中心举行。然而，5月31日，在大公岛以东60海里海域，

---

① 邓树奇：《渤海海冰灾害及其预防概况》，《灾害学》1986年第6期，第80页。
② 新华社：《毛主席的"独立自主、自力更生"伟大方针的新成果 我国大型破冰船胜利下水》，《人民日报》1970年1月2日，第3版。

飞机航拍及附近渔民发现大量成片海藻，经科研人员分析确认其为浒苔。即日起，国家海洋局等涉海单位通过船舶、飞机、卫星、雷达等进行实时监测，对相关区域水质、浒苔分布及漂移趋势做出准确预报。浒苔在海流和风力的作用下向青岛迅速漂移，同时快速生长繁殖，于6月14日侵入青岛近海和奥帆赛场水域。[①] 截至6月28日，浒苔影响面积达到峰值24万km²，其中16km² 分布在50km²的奥帆赛海域，使即将举行的奥帆赛面临严峻威胁。[②] 大量浒苔涌上岸滩，堆积在青岛前海一线，使沙滩和海水浴场被覆盖，变成"绿色草原"；帆船运动员海上训练场地被占据，无法开展正常训练。这次浒苔聚集规模之大、持续时间之长、治理任务之重，均为历史罕见，是多年来青岛市面临的最为严重的海洋灾害之一。

浒苔暴发后，青岛市按照中央和省政府要求，以"确保来青各国帆船队赛前正常训练，确保奥帆赛、残奥帆赛如期顺利举行"为目标，加强领导、广泛动员、明确责任、狠抓落实，扎实有效地开展浒苔治理工作。经过全市上下努力，7月11日，堆积在岸边的浒苔已基本清理干净，海上3万米流网墙成功合围，实现了50km² 奥帆赛场海域的成功保护。12日，奥帆赛海域浒苔清理干净，并实现了奥帆赛场海域"日清日毕"。同日，围油栏成功合围，形成了对奥帆赛场海域的第二道防线。14日，四方堆场浒苔清运完毕；沿海一线受损的沙滩、岸线、绿地及基础设施全面修复。16日，时任山东省委副书记、省长姜大明来青岛察看浒苔处置工作，宣布处置浒苔战役取得决定性胜利。20日，时任中

---

① 宋学春：《青岛数万人清理浒苔》，《人民日报》2008年6月30日，第11版。

② 李玉：《一场争分夺秒的决定性胜利》，《青岛日报》2008年10月9日，第1版。

共中央总书记、国家主席胡锦涛到青岛视察时对浒苔处置工作给予充分肯定。8月9日，奥帆赛在青岛如期开幕。[①] 青岛处置浒苔的过程，是新世纪我国应对海洋灾害体制和机制的大操练，与前述改革开放前相比，可以看到在应急预案、应急体制和机制等方面发生的深刻变化。

一、海陆统筹处置浒苔

2008年青岛处置浒苔行动，体现了"非典"事件后我国在应急管理方面改革的成果，在应对浒苔中创造的经验为以后面对此类海洋灾害提供了宝贵经验。

（一）迅速启动应急预案

在黄海中部监测到漂浮浒苔后，青岛市政府按照《青岛奥帆赛场及周边海域浒苔等漂浮物应急预案》要求，第一时间启动了应急监视监测机制，对浒苔发展及漂移状况进行跟踪监测。在6月12日浒苔侵入大公岛周边海域时，迅速组织渔船开展拦截打捞，并根据浒苔发展和处置形势，于14日启动应急预案III级应急响应，18日又紧急启动了II级应急响应，20日启动了I级应急响应，在短时间内迅速传递信息、发动渔民、调集渔船、调配物资，为处置浒苔争取了时间。

（二）建立应急指挥体系

灾害应急工作起初由青岛市海洋与渔业局组织进行，随着形势愈发严峻，6月26日和27日，青岛市应急指挥部与山东省应急

---

① 青岛市政府应急管理办公室、青岛市档案馆编著：《青岛建置以来重大突发事件与应对》，第86页。

指挥部相继成立，为应急工作确立有力的组织保障。青岛市应急指挥部由市长任总指挥，3名市委常委、3名副市长、北海舰队副政委、警备区司令员任副指挥，由市政府办公厅、市政府应急办、市建委、市海洋与渔业局等18个部门和单位为成员单位。山东省应急指挥部由副省长任总指挥，国家海洋局北海分局、省应急办、省发改委等为成员单位。[①] 28日，山东省长姜大明到达青岛，召开会议对浒苔处置工作做出重要指导，强调应急处置工作要坚持"沉着应对、科学指挥、果断处理、央地配合、军地协同、抓住重点、务求全胜"的方针，明确7月15日前完成清理工作，为应急处置提出确切的时间表。7月1日，胡锦涛总书记也做批示，强调应对浒苔灾害要"加强领导、明确责任，依靠科学、有效治理，扎实工作、务见成效"。[②] 本次灾害应急工作中央高度重视，山东省、青岛市紧急部署，为短时间内将青岛近海浒苔处置完毕提供了组织保障。

（三）明确职责和分工

明确职责，合理分工，统一行动。6月25日，青岛市政府向社会发出《关于切实做好近海海域海藻清理工作的通知》，明确全市各部门在浒苔处置中的职责。海洋与渔业部门调配渔船和打捞工具等资源，提高浒苔清理效率；城建部门负责组织协调岸边清理和后续处置工作；交通部门负责调剂运力；海事部门做好外海浒苔堵截工作；经贸部门做好船舶燃油补给工作；气象部门做好天气和海浪预报工作；环保部门加强前海一线排污入海的监测

①　青岛市政府应急管理办公室、青岛市档案馆编著：《青岛建置以来重大突发事件与应对》，第87页。
②　青岛史志办公室编：《青岛年鉴（2009）》，青岛年鉴社，2009年，第367页。

监管，并加强浒苔对环境影响的研究；新闻宣传部门做好正确的舆论引导工作；双拥部门协调请求驻青部队支援；科技部门尽快形成科学结论和治本方法；各船只所有单位充分利用各自的船舶资源，参与和协助浒苔清理工作；沿海各区市抓紧组织对辖区内浒苔进行集中清理，确保海岸线和海水浴场清洁。通知同时要求，各级各部门各有关单位要立即行动，广泛动员，共同做好海岸浒苔处置工作。总之，做到动员一切可以动员的力量，全面参与，全力以赴做好浒苔清理工作。

（四）调动各方力量

为了在较短时间内清理干净青岛近海浒苔，保障奥帆赛顺利举行，山东省应急指挥部和青岛市应急指挥部紧密合作，在中央政府的统一领导和支持下，在海上和陆上开展综合处置。

国家发改委积极协调国家有关部门和中央直属企业全力支援青岛，中海油、中石油、中石化等企业紧急调集施工船、急需物资设备器材和油品供应；交通运输部启动跨区域应急预案，紧急从辽宁、江苏、上海、广东等九省市调用1.8万米围油栏支援青岛；科技部、中科院、国家海洋局、农业部渔业局分别派出专家组，与山东省、青岛市的专家组成应急专家委员会，实施重点攻关，解决治理与防控技术难题；邻近省份海洋部门负责人和海洋专家来青现场协调指导，调配本省力量打捞上游海域浒苔；福建、浙江、上海、江苏等省市，开展应急监视监测，组织上游浒苔打捞和拦截工作，减轻漂移浒苔北上对青岛的压力。

在海上，由海洋、海事、港航、气象等部门及沿海区市政府组成海域打捞组，组建了一支由1500多艘渔船、8000多名渔民组成的海上打捞船队，采取"拦"、"围"、"清"相结合的办法，大型拖网船、中型攻兜网船和小型手抄网船相补充，进行了大规模海上打捞作业。同时，山东省海洋部门组织威海、烟台、日照、潍坊、东营、滨州等沿海地市920艘大型捕捞渔船、1万多名渔民组成联合船队，在外海进行拦截打捞。

在岸边，以青岛市建设、交通等部门以及市南区、崂山区政府为主，组成陆上清运组，负责上岸浒苔的清理运输工作。军队是此次浒苔处置的主力军，北海舰队每天派出数千名官兵参与浒苔"清剿"，截至7月5日，北海舰队出动兵力16771人次、车辆801台次、各型舰艇38艘次。该舰队还发挥其技术优势，配合地方部门审核"海上围油栏打桩方案"，改装成功4艘每小时可清理30吨浒苔的"吞吐船"。① 济南军区某集团军紧急赴青投入浒苔清理战役，成为岸上浒苔清理的主力军。山东省交通部门也调集全省1459名人员和600多部车辆运输车队相继投入到清运工作中。为集中存放大批上岸浒苔，专门安排人员寻找浒苔堆场。最终，形成了发挥举国体制优势，党、政、军、民协调联动的处置浒苔局面。

（五）采取多种方式清理浒苔

在打捞浒苔方面，采取了"拦"、"围"、"清"相结合的方式。"拦"，即在奥帆赛场外围海域，建立了大马力拖网船防线、移动式拖网船防线、小型攻兜网船和手抄网船防线等三道拦截防线，有效减轻对奥帆赛场的压力。青岛海事局与中海油、日照港、航务二公司等联合进行了围油栏的合围。"围"，即在奥帆赛场50km²海域外侧，设立77km的固定式围网和32km的围油栏，

---

① 宋学春、李德：《北海舰队1.6万多人次清除浒苔》，《人民日报》2008年7月6日，第1版。

实行奥帆赛场海域全封闭管理，有效减少由外向内漂入浒苔的数量。在固定围网设置中，城阳区积极发挥群众智慧，昼夜组织生产流网12万米。"清"，即在奥帆赛场50km²的海域内，实施地毯式清理，确保"日清日洁"。青岛全市调集运输和装载车辆，在省内城市和驻青军队的支持下，组成了由1000台各种运输、装载车辆的运输车队和3000人参加的清运队伍，开辟了37条浒苔运输专运通道，保障日清日洁。在卸载方面，为解决海上运输时间长、卸载效率慢的难题，青岛市崂山区创新"网包卸载法"，每船的卸载时间从20分钟缩短为2分钟，每天每船卸载次数由3次增加为5次，卸载效率大为提高。北海舰队试验泥驳船舱结合离心式水泵新技术，青岛警备区采用登陆艇螺旋吸泵把浒苔分离排海的办法，打捞效率提高20倍以上。① 清理方式和卸载方式的改进，提高了清理效率，为奥运会的顺利举办提供了基本保障。

在这次浒苔处置过程中，社会各界表现出极大热情，以各种方式参与浒苔清理，仅青岛市红十字会就有会员和志愿者2250人投入到抗击浒苔行动中。② 同时，许多单位和个人自发送来清理工具、食品和生活物品，为一线处置人员提供了强大的物质保障和精神支持。在整个浒苔处置过程中，累计出动人员约63万人次，机械车辆约3万台次，船只约8.5万艘次，打捞浒苔79万吨。③ 本次浒苔处置由党、政、军、民、学、商、工等以单位组织或社会组织形式参与，体现了新世纪应对灾害的社会动员的广泛性。

---

① 青岛市政府应急管理办公室、青岛市档案馆编著：《青岛建置以来重大突发事件与应对》，第87—88页。
② 蔡勤禹、王付欣、刘云飞：《青岛红十字运动史》，第198页。
③ 青岛市政府应急管理办公室、青岛市档案馆编著：《青岛建置以来重大突发事件与应对》，第91页。

二、建立多重保障体系

应对大型海洋灾害，处置大面积的海上浒苔，不仅需要各方协同，合作进行，还需要诸多方面的保障工作，方能使应对工作顺利进行。在这次处置浒苔过程中，在指挥、监测、科技、后勤四个方面，开展了卓有成效的保障服务，为在规定时间完成浒苔清理奠定了基础。

（一）指挥保障体系

浒苔灾情发生后，6月26日和27日，青岛市和山东省分别成立了应急指挥部，指挥部实行准军事化管理。省指挥部由山东省一名副省长任总指挥，国家海洋局一名副局长和青岛市一名副市长任副总指挥，国家海洋局北海分局、省应急办、省发改委、省海洋与渔业厅等单位和部门负责人为成员，下设综合组、打捞一组、打捞二组、技术组、观测监视组等6个工作组。青岛应急指挥部由市长任总指挥，指挥部分为海上打捞、陆地清运、专家研究、媒体宣传、奥帆场地、后勤保障等7个工作组，分别由市委常委和副市长负责。省、市指挥部实行联席会议制度，每天晚上在应急工作指挥部听取浒苔监测及漂移预测、天气预报汇报，总结当天海域打捞、陆上清运、科学研究、后勤保障等方面的进展情况，集中研究面临的困难和问题，及时做出决策；指挥部下属的各个工作组连续工作、高效运转，确保了各项决策迅速落实。[①]对海上围栏打捞、陆域清理转运等进展情况，每天一调度，确保具体任务安排当天完成。高效运转的指挥保障体系推动了处置浒

---

① 青岛市政府应急管理办公室、青岛市档案馆编著：《青岛建置以来重大突发事件与应对》，第88页。

苔工作的有序快捷开展。

（二）通讯与监测保障体系

高效的通讯系统在此次事件中发挥了不可替代的作用。青岛市在指挥通讯上统一使用了卫星通讯系统800兆数字集群终端，实现虚拟组网与动态重组，使无线指挥调度系统变得更加灵活方便，更加适合应急活动的要求。800兆数字集群成为此次事件处置中的应急联动平台，实现了市指挥部、海域打捞组及各海区打捞船队间的高效联络。

在监测方面，国家海洋局通过飞机航拍、船舶巡航、卫星遥感等相结合的手段，对漂浮浒苔分布范围、移动趋势及消长情况进行跟踪监测，7架海监飞机先后从大连、天津、连云港和深圳转场青岛投入灾情监视监测。青岛市建立了集海洋监控、环境评价、灾害预报等多项功能于一体的海洋陆海空立体动态监视监测监控系统，将卫星遥感、航空监测、船舶巡察、岸台监视等多种先进监控手段和数值模拟预测技术引入灾害处置中，及时掌握浒苔分布区域，并结合潮时、流向、风向等海况因素，科学预测发展趋势和漂移动向，为实施处置决策提供了科学的监测信息。

在处置过程中，利用有缆水下潜器实地摄像调查奥帆赛区及周边海域下沉浒苔情况，并跟踪监测海域水质。为防止死亡浒苔引发赤潮灾害，启动了赤潮监测预警，改造25艘赤潮消除备用船，储备1500吨赤潮消除黏土，专门开展了赤潮消除应急演练。在选择浒苔堆场的同时，采取了浒苔无害化处理办法及苔堆积场次生灾害的预防措施，采取了现场消毒、覆土搅拌、设置管道收集渗滤液和排空沼气等有效办法，预防对环境和土壤的污染。

（三）科技保障机制

浒苔灾害暴发后，国家、省、市有关部门紧急行动，组织专家学者攻关。科技部、中科院、山东省科技厅启动了浒苔研究科技专项，成立了科学应对浒苔灾害专家委员会，预测和研究浒苔漂移路径，监测监视奥帆赛场和临近海域水质，设计奥帆赛期间应急方案，提出了浒苔堆积场预防次生灾害措施。中科院黄海所、中科院海洋所、中国海洋大学、国家海洋局一所等有关科研单位向科技部申报并启动了国家科技支撑计划"浒苔大规模暴发应急处置关键技术研究与应用"项目，重点研究浒苔大规模暴发的生物学基础和生态过程、浒苔大规模暴发的监测与预警技术、浒苔快速高效清除技术及其工程化配套设施和浒苔无害化处理及资源化利用技术。

国家海洋局召开了国内海洋科研多个学科专家座谈会，分析研究浒苔产生的原因、发展趋势和具体处置办法。山东省启动防治浒苔科技专项，集中全省海洋科技力量，围绕浒苔分布、生长机理、处置技术、开发利用等四个方面进行研究，为科学解决浒苔问题提供了一整套切实可行的技术方案。[①]

科技工作者还采用先进设备探测对下沉浒苔可能引发的次生灾害进行了多种方式预测，利用有缆水下潜器对奥帆赛区及周边海域下沉浒苔情况实施了3次实地摄像调查，初步探明了浒苔下沉原因，排除了发生次生灾害的可能性。[②]

---

① 廖洋、高焱：《"浒苔大规模暴发应急处置关键技术研究与应用"通过验收》，《科学时报》2011年6月17日，第2版。
② 青岛市政府应急管理办公室、青岛市档案馆编著：《青岛建置以来重大突发事件与应对》，第89页。

在处置浒苔技术方面，科技工作者通过改进打捞浒苔工具来提高效率。最初浒苔清理工具只有手抄网和耙子，作业效率低下。山东省、青岛市海洋与渔业部门组织成功研制使用了攻兜网、对船浮拖网、围网、叉网、螺旋离心泵等新型打捞工具，实现了由人工打捞方式向准机械化打捞方式的转变，打捞效率提高近60倍。鼓励企业参与浒苔综合利用的技术创新，开发出了食品添加剂、海藻液、海藻肥等一系列产品，研制了浒苔大规模快速烘干的技术和设备。政府还组成考察团，专门到经常暴发绿潮灾害的法国、德国等欧洲国家考察。法国布雷斯特市以其40多年与浒苔灾害斗争的经验，向青岛介绍了沙滩清理机清理、农田自然降解法、制作肥料法等浒苔处理方法。[①] 在学习他们的处置经验的同时，引进浒苔海上打捞、岸上收集、快速脱水等先进技术和设备。

科技工作者的参与为科学监测与预警提供了科学根据，打捞浒苔技术的改进提高了打捞效率。

（四）服务保障机制

做好海陆安全保障。因为海上打捞的船成百上千，而奥帆赛场又临近繁忙的青岛港主航道，当时正值多雾季节，为避免过往商船与打捞渔船发生碰撞，海事部门专门对航道进行了临时调整，增设了航标，通报航道调整信息，专门安排海巡船在航道附近引导航行。为避免作业渔船在前海抛锚时对海底光缆设施造成损害，青岛市发布了禁止抛锚区通告，安排船只在附近海域进行警戒。为防止前海一线车辆拥堵，交警部门对前海一线进行了交

---

① 胡玥姣：《处置浒苔青岛向法国取经》，《齐鲁晚报》2009年7月12日，第14版。

通管制，专门安排警力在重要路段、重点区域进行交通疏导，并开辟了浒苔运输绿色通道。在事件处置后期，为杜绝海上过往船只对围合区围栏和围网的损害，并防止可能发生的恶意破坏，海警对围合区进行日夜不间断监控。

做好医疗保障。为保证渔民安全，渔业部门为作业渔民配发了气胀式救生衣，卫生部门组织医护人员到海上建立了"海上流动医院"。青岛市红十字会在沿海一线设立6处初级救护点，为清理浒苔群众服务达千余人次。[①] 为预防意外，警方加大了海边警力，120救护车开到海边，消防部门也处于随时待命状态。

做好加油补给保障。对运输车辆和作业船只设立定点加油、流动加油和海上加油补给方式，中石油、中石化安排9座加油站和5辆油罐车，确保油料及时足量供应。[②] 周到的后勤服务保障为战胜浒苔灾害奠定了良好基础。

（五）信息公开机制

公开信息，晓谕民众，可以极大地稳定人心。由于这次浒苔灾害直接关系到未来的奥帆赛能否顺利举行，国内外媒体对此十分关注。青岛市在第一时间及时、通畅地进行信息公开：一是建立了浒苔灾害处置新闻发布会制度，每两天举行一次新闻发布会，通报最新抗击灾害工作进展等情况，解疑释惑；二是建立境外媒体采访制度和电话及时答复制度，中共青岛市委宣传部、市海洋与渔业局设立了热线电话，及时回应包括境外媒体在内各方面的询问和采访要求；三是专门邀请有关海洋专家介绍浒苔的特

---

① 蔡勤禹、王付欣、刘云飞：《青岛红十字运动史》，第198页。
② 青岛市政府应急管理办公室、青岛市档案馆编著：《青岛建置以来重大突发事件与应对》，第91页。

性、来源、发生机理以及处置进展情况，用事实说话、用数据说话，客观、权威地回答境内外媒体的提问；四是青岛市海洋与渔业局每天发布水质监测报告，奥帆委等部门加强信息沟通，建立了每日通气会制度，对浒苔治理工作进展及赛前训练有关情况进行通报；五是设立了服务热线，听取各帆船队的赛前训练要求。及时、客观、公开、透明的信息发布，向市民及各有关方面传递信息，使公众了解浒苔处置情况及后期的治理，稳定了人心。

上述多种保障体系和保障机制，涉及多个部门和行业，大家积极行动，勇担责任，协同合作，保证了处置浒苔工作的胜利完成。

概言之，2008年浒苔灾害给青岛市带来了前所未有的巨大挑战，但通过从中央到地方的上下协同应急处置，战胜了这次巨大灾害，并迅速恢复社会和经济秩序，确保了奥帆赛第一次在中国如期举办。应当说，在整个浒苔处置中，取得了许多有益经验：建立公开透明的信息发布制度，减少国内外民众对奥运会帆船赛能否顺利举办的疑虑和担忧；建立高效的应急管理保障系统是成功处置突发事件的重要基础；建立立体化的预警预报体系是成功处置突发事件的有效办法；有力的科技支撑体系是成功处置突发事件的有力保证；完善的服务保障体系是处置突发事件的必要条件；广泛的社会动员是处置突发事件的有效保证；军地结合是处置突发事件的优势所在。这些经验是宝贵的财富，将为今后处置包括浒苔在内的其他突发事件提供很好的借鉴。

结　语

通过对近代以来中国海洋灾害应对体制与机制变迁的研究，我们可以梳理出近代以来中国海洋灾害应对的发展线索与脉络。

第一，晚清是中国海洋灾害应对从传统向现代转型的时期。晚清时期是中国现代化启动阶段，与之相伴随的是海洋灾害应对体制和运行机制开始从传统向近代转型。在应对海洋灾害体制方面，受西方思想影响，政策制定上从传统的荒政体制"以救为主"转向"建设与救济并举"，机构设置上应对灾害职责的划分更精细。同时，随着清政府权力的弱化，抗灾救灾更趋社会化，救灾体制从传统以政府为主转变为以政府为主、民间为辅。

晚清时期海洋灾害预防机制呈现出传统与现代交织的特点：一方面传统巫术禳灾和修堤筑塘在继续；另一方面出现新变化，一些沿海城市在租界内设立气象观察所，一定程度上改变了传统上对海洋灾害的经验性判断，科学的预报已露端倪，应对海洋灾害的关口前移。电报技术的应用使灾害信息传播速度加快。

晚清时期更侧重于海洋灾害发生后的抗灾救灾，尤其在突发重大海洋灾害时，政府的赈济与安辑仍发挥作用，同时，民间组织进入海洋灾害应对体系中。渔民和沿海民众以妈祖信仰和各种海神崇拜作为精神上的应对手段，从渔帮到渔会，顺应时代趋势，通过互助性组织来实现互帮互助，并在常年与海洋灾害的斗争中总结出一些应对措施。随着晚清政府的整合与控制能力减弱，抗灾救灾越来越依赖士绅力量，出现应对海洋灾害的社会化趋势。

上述变化标志着近代应对海洋灾害体制机制变革的开始。不过，晚清在海洋灾害预测预警准确性、应对措施有效性、制度常设性方面存在着显著不足，这是由农业社会技术和体制的时代局限造成的。

第二，民国时期，中国初步建立了现代海洋灾害应对体制和机制。民国时期在应对海洋灾害方面的现代化成果表现在以下几个方面：在体制层面，从中央到地方建立专门赈灾机构，逐步形成管理科层制，初步建立起应对海洋灾害专业化的垂直领导决策体制。在技术层面，现代技术得以应用于海洋灾害的预防和处置中，如中央气象研究所的建立，与沿海主要城市气象服务机构连成一体，使得对台风、海上大风等海洋灾害的预报能力显著提升；一些观象台成立海洋科，为应对海洋灾害提供科技支撑；沿海省市铁路的修建，提升了处置海洋灾害的速度和能力。在法制保障机制层面，一些专门针对海洋灾害的法规和适用于海洋灾害的许多防灾救灾法规颁布，使海洋灾害应对逐步走向制度化与法制化。在灾害信息沟通机制层面，现代电报技术和电话的应用使灾害信息传播的速度加快，报纸的增多和广播的出现使传播手段多样化，灾害信息传播内容增多，为更快速有效地应对海洋灾害提供了可能。

此外，社会民间组织进一步深入到海洋灾害应对中，比如慈善组织积极参与海洋救灾；新兴学术团体致力于关注和探讨海洋灾害；合作制度传入中国，各种形式渔业合作社发挥抗灾救灾职能；渔户协作修建海塘、海堤等。应对海洋灾害主体呈现出多元化的特点。当然，传统的海神信仰仍然给沿海民众以应对海洋灾害的精神力量。传统与现代交织仍是民国时期民间应对海洋灾害的特点。

不可否认，民国时期现代海洋灾害应对体制机制虽已初步建立，但由于政治的纷扰和国家的动荡，降低了应对成效，海洋灾害损失仍然很大。

第三，新中国成立后到改革开放前是现代海洋灾害应对体制和机制调整与发展的时期。这一时期，随着高度集中高度垄断的管理体制确立，政府日渐全能化，海洋灾害应对体制由多元化的动员模式，逐步变为以各级政府全权负责的救灾模式。在管理科研层面，随着国家海洋局的成立，海洋灾害预报预警的组织管理加强，海洋科学研究机构成立。在海洋灾害预防机制方面，五六十年代大兴水利建设的热潮，一些入海河流堤坝的加固、大量海岸工程的修建，使海洋减灾工程在应对海洋灾害中发挥持久作用。在信息沟通机制方面，报纸和广播日益普及，成为人们获取海洋灾害信息的主要途径，但是信息不透明，制约了公众对灾情的全面了解。应对海洋灾害的法制保障则没有明显发展。这一时期防灾意识仍较低，技术有限和物质匮乏，靠人海战术抗灾，再加上趋向封闭性减灾，海洋灾害损失仍很严重。

民间社会应对海洋灾害在建国初期表现为在自力更生原则下，实行自救、自助、助人，慈善组织等自主性民间组织解散，半公有性质的合作社，如渔业生产合作社以及人民公社，代之成为地方抗灾救灾主体。随着 60 年代社会更深度地同构于国家，社会结构充分单位化，社会的边界严重收缩，乃至几乎消失，海神信仰等民间信仰被彻底批判，社会信仰与国家意识形态同质化，民间的活性几近被淹没。

第四，改革开放后，现代综合性海洋灾害应对体制和机制逐步确立。改革开放以来，我国海洋灾害应对体制和机制进行了全面改革。在海洋灾害应对体制方面，改变了新中国成立后的集权模式，确立了集权和分权相结合的制度。特别是2003年抗击"非典"疫情使中国应对突发事件机制有了飞跃。在海洋灾害应对机制方面，建立起政府为首的突发海洋灾害协调联动机制，从中央到地方由应急办公室协调政府和各部门、民间组织展开海洋灾害应对处置工作。2018年应急管理部成立，将十几个相关业务部门统一到一个部门进行组织管理，打破了应急管理上的条块分割。从国家海洋局到沿海省市编制了各层次突发性海洋灾害应急预案，从过去的经验性应对走向理性制度化应对。积极构建海洋灾害保障机制，包括法律保障、资金保障、物资保障、技术保障、心理保障、社会保障等等，一些保障措施填补了以往空白。工程性和非工程性防灾机制获得长足发展，修建防潮海堤和海塘，在沿海建立了三级海洋预报系统，实行四级预警制度，海洋灾害信息传播趋向公开透明。国际合作机制快速发展，海洋减灾从封闭走向开放。总之，我国海洋灾害应对机制从长期以来被动应对发展到事前、事发、事中、事后的全程综合性应对，现代综合性应对海洋灾害机制初步确立。

改革开放以来，社会结构向多样性与自主性方向发展，社会自身的自主意识、平等意识蓬勃发展，曾被压抑的社会创造力爆发。社会以各种方式和途径参与海洋灾害应对，各种慈善组织、志愿性组织等社会团体直接参与海洋环境保护和海洋灾害的预防、宣传和抗灾救灾工作；市场经济促生各种类型合作组织和经营性公司，在灾害面前它们直接参与抗灾救灾，互助合作；国际志愿组织进入中国参与海洋生态保护和海洋灾害防治，民间应对海洋灾害走向开放的国际合作之路。民间社会日益成为一支重要力量，与政府力量协作、配合、互补，建构起全新的中国海洋灾害立体化的综合应对机制。

参考文献

一、档案

青岛市档案馆藏:《调查本市灾害详细情表》,档案号:B0023-001-00611。

青岛市档案馆藏:《即墨县公署呈青岛特别市乡区行政筹备事务局》,档案号:B0023-002-00403。

青岛市档案馆藏:《关于派员勘沧口楼山后村受风雨灾害情形》,档案号:B0023-001-01954。

青岛市档案馆藏:《公务员扣薪助赈办法》,档案号:B0038-001-00958。

青岛市档案馆编:《青岛市重大气象灾害文献选编》,内部印刷,1998年。

青岛市档案馆编:《胶澳开埠十七年:〈胶澳发展备忘录〉全译》,中国档案出版社,2007年。

天津市档案馆藏:《天津航业公司为租用破冰船施行救助事致上海华通轮船公司函》,档案号:J168-250。

天津市档案馆藏:《董浩云就"马拉"轮救助"瑞康"费用交涉等事致张知煜函》,档案号:J168-250。

天津市档案馆藏:《董浩云为"瑞康"轮冰阻无法进港装货事致华北煤业公司驻津办事处函》,档案号:J168-254。

天津市档案馆藏:《天津航业公司关于大沽口冰情报告》,档案号:J168-261。

天津市档案馆藏:《董浩云为办理"昌安"共同海损事致上海泰昌祥函》,档案号:J168-569。

天津市档案馆编:《天津地区重大自然灾害实录》,天津人民出版社,2005年。

二、资料汇编

池子华、郝如一主编：《中国红十字会历史编年（1904—2004）》，安徽人民出版社，2005年。

池子华主编：《中国红十字运动大事编年》，合肥工业大学出版社，2018年。

国家海洋局编：《黄渤海冰情资料汇编》（第一卷），海洋出版社，1972年。

国家海洋局编：《黄渤海冰情资料汇编》（第二卷），海洋出版社，1974年。

张宏声主编：《国家海洋局大事记（2004—2013）》，海洋出版社，2015年。

陆人骥编：《中国历代灾害性海潮史料》，海洋出版社，1984年。

民政部政策研究室编：《民政工作文件汇编》（二）（内部资料），1984年。

民政部法制办公室编：《民政工作文件选编（1996年）》，中国社会出版社，1997年。

民政部法规办公室编：《中华人民共和国民政工作文件汇编（1949—1999）》（中），中国法制出版社，2001年。

《中华民国法规大全》（一），商务印书馆，1936年。

杨文鹤主编：《国家海洋局大事记（1963—1987）》（内部资料），1990年。

杨华庭、田素珍、叶琳等主编：《中国海洋灾害四十年资料汇编（1949—1990）》，海洋出版社，1994年。

于福江等：《中国风暴潮灾害史料集（1949—2009）》，海洋出版社，2015年。

中华人民共和国内务部农村福利司编：《建国以来灾情和救灾工作史料》，法律出版社，1958年。

中国红十字会总会编：《中国红十字会历史资料选编（1904—1949）》，南京大学出版社，1993年。

中共中央党史和文献研究院编：《习近平关于总体国家安全观论

述摘编》，中央文献出版社，2018年。

中共中央党史和文献研究院编：《中国共产党一百年大事记（1921年7月—2021年6月）》，人民出版社，2021年。

三、方志、年鉴、研究报告

河北省地方志编纂委员会编：《河北省志·海洋志》，河北人民出版社，1994年。

国家海洋局海洋发展战略研究所课题组编：《中国海洋发展报告（2010）》，海洋出版社，2010年。

彭建梅、刘佑平主编：《2012年度中国慈善捐助报告》，中国社会出版社，2013年。

彭建梅主编：《2013年度中国慈善捐助报告》，企业管理出版社，2014年。

钱塘江志编委会编：《钱塘江志》，方志出版社，1998年。

束家鑫主编：《上海气象志》，上海社会科学院出版社，1997年。

山东省水利史志编辑室编：《山东水利志稿》，河海大学出版社，1993年。

山东省地方史志编纂委员会编：《山东省志·气象志》，山东人民出版社，1994年。

浙江省气象志编纂委员会编：《浙江省气象志》，中华书局，1999年。

中国海洋年鉴编纂委员会编：《中国海洋年鉴》，海洋出版社，1992—2020年。

《中国环境年鉴》编辑委员会编：《中国环境年鉴》，中国环境科学出版社，1992—1998年。

《中国环境年鉴》编辑委员会编：《中国环境年鉴》，中国环境年鉴社，1999—2017年。

中华人民共和国自然资源部：《中国海洋灾害公报（1989—2020年）》，https://www.mnr.gov.cn/sj/sjfw/hy/gbgg/zghyzhgb/。

中华人民共和国国家统计局、中华人民共和国民政部编：《中国灾情报告（1945—1995）》，中国统计出版社，1995年。

中民慈善捐助信息中心：《2012年度中国慈善捐助报告》，中国社会出版社，2013年。

四、报刊

《北辰杂志》	《上海工务》
《大公报》	《申报》
《东方杂志》	《圣教》
《复兴月刊》	《水利特刊》
《航业月刊》	《顺天时报》
《红十字月刊》	《万国公报》
《江苏建设》	《新闻报》
《江苏研究》	《兴华周刊》
《江苏月报》	《益世报》
《交通杂志》	《浙江省建设月刊》
《气象杂志》	《中国红十字会月刊》
《青岛新民报》	《中国气象学会会刊》
《人民日报》	

五、著作

张家诚、李文范：《地学基本数据手册》，海洋出版社，1986年。

汪家伦：《古代海塘工程》，水利电力出版社，1988年。

孟昭华、彭传荣：《中国灾荒史（现代部分）1949—1989》，水利电力出版社，1989年。

张文彩编著：《中国海塘工程简史》，科学出版社，1990年。

国家科委全国重大自然灾害综合研究组编：《中国重大自然灾害及减灾对策（年表）》，海洋出版社，1995年。

龚书铎主编：《中国社会通史·民国卷》，山西教育出版社，1996年。

冯柳堂：《中国历代民食政策史》，商务印书馆影印，1998年。

郑肇经：《中国水利史》，商务印书馆，1998年。

张家诚等：《中国气象洪涝海洋灾害》，湖南人民出版社，1998年。

夏东兴、武桂秋、杨鸣主编：《山东海洋灾害研究》，海洋出版社，1999年。

孙立平、晋军等：《动员与参与——第三部门募捐机制个案研究》，浙江人民出版社，1999年。

宋正海、高建国等：《中国古代自然灾异·动态分析》，安徽教育出版社，2002年。

宋正海、高建国等：《中国古代自然灾异·相关性年表总汇》，安徽教育出版社，2002年。

〔法〕魏丕信：《十八世纪中国的官僚制度与荒政》，徐建青译，江苏人民出版社，2003年。

孙柏秋主编：《百年红十字》，安徽人民出版社，2003年。

郭绪印：《老上海的同乡团体》，文汇出版社，2003年。

薛澜、张强、钟开斌：《危机管理——转型期中国面临的挑战》，清华大学出版社，2003年。

秦启文、李天安：《突发事件的管理与应对》，新华出版社，2004年。

李文海：《历史并不遥远》，中国人民大学出版社，2004年。

孙绍骋：《中国救灾制度研究》，商务印书馆，2004年。

蔡勤禹：《民间组织与灾荒救治——民国华洋义赈会研究》，商务印书馆，2005年。

康沛竹：《中国共产党执政以来防灾救灾的思想与实践》，北京大学出版社，2005年。

于运全：《海洋天灾——中国历史时期的海洋灾害与沿海社会经济》，江西高校出版社，2005年。

周秋光、曾桂林：《中国慈善简史》，人民出版社，2006年。

孙湘平编著：《中国近海区域海洋》，海洋出版社，2006年。

《海魂——象山抗击八一台风50周年记》编委会编：《海魂——象山抗击八一台风50周年记》，海洋出版社，2006年。

孙善根：《民国时期宁波慈善事业研究》，人民出版社，2007年。

任云兰:《近代天津的慈善与社会救济》,天津人民出版社,2007年。

孙语圣:《1931·救灾社会化》,安徽大学出版社,2008年。

宋美云、周利成主编:《船王董浩云在天津》,天津人民出版社,2008年。

许小峰、顾建峰、李永平主编:《海洋气象灾害》,气象出版社,2009年。

朱凤祥:《中国灾害通史(清代卷)》,郑州大学出版社,2009年。

郑功成:《中国灾情论》,中国劳动社会保障出版社,2009年。

周执前:《国家与社会:清代城市管理机构与法律制度变迁研究》,巴蜀书社,2009年。

孙云潭:《中国海洋灾害应急管理研究》,中国海洋大学出版社,2010年。

姜平:《突发事件应急管理》,国家行政学院出版社,2011年。

朱庆林、郭佩芳、张越美编著:《海洋环境保护》,中国海洋大学出版社,2011年。

青岛市政府应急管理办公室、青岛市档案馆编著:《青岛建置以来重大突发事件与应对》,青岛出版社,2011年。

蔡勤禹、王永君主编:《山东红十字会百年史》,中国海洋大学出版社,2012年。

梁茂春:《灾害社会学》,暨南大学出版社,2012年。

梁玉波:《中国赤潮灾害调查与评价(1933—2009)》,海洋出版社,2012年。

王毓玳、吕瑾:《浙江灾政史》,杭州出版社,2013年。

赵朝峰:《新中国成立以来中国共产党的减灾对策研究》,北京师范大学出版社,2013年。

蔡勤禹、张家惠:《青岛慈善史》,中国社会科学出版社,2014年。

高鹏程:《近代红十字会与红卍字会比较研究》,合肥工业大学出版社,2015年。

蔡勤禹、王付欣、刘云飞:《青岛红十字运动史》,人民出版社,

2016年。

杨红星：《改革开放以来的红十字运动》（上），合肥工业大学出版社，2016年。

吴佩华：《中国红十字外交（1949—2014）》，合肥工业大学出版社，2018年。

蔡勤禹、王林、孔祥成主编：《中国灾害志·断代卷·民国卷》，中国社会出版社，2019年。

六、发表论文

高建国：《中国潮灾近五百年来活动图像的研究》，《海洋通报》1984年第2期。

刘安国：《山东沿岸历史风暴潮探讨》，《青岛海洋大学学报（自然科学版）》1989年第3期。

刘安国：《我国东海和南海沿岸的历史风暴潮探讨》，《青岛海洋大学学报（自然科学版）》1990年第3期。

曹必宏：《南京国民政府时期中央主管水利机关概述》，《民国档案》1990年第4期。

吴崇泽：《海洋地质灾害及其防治对策》，《海洋通报》1993年第4期。

张方俭、费立淑：《我国的海冰灾害及其防御》，《海洋通报》1994年第5期。

刘五书：《论民国时期的以工代赈救荒》，《史学月刊》1997年第2期。

杨剑利：《晚清社会灾荒救治功能的演变——以"丁戊奇荒"的两种赈济方式为例》，《清史研究》2000年第4期。

蔡勤禹、刘莎莎、孙瀚：《1939年青岛风暴潮灾害及其赈救述论》，《东方论坛》2010年第5期。

汪汉忠：《转折年代的苏北海堤工程——从"韩小堤"和"宋公堤"看历史转折的必然性》，《江苏地方志》2011年第4期。

朱力、谭贤楚：《我国救灾的社会动员机制探讨》，《东岳论丛》

2011年第6期。

邓美德：《论中国灾害教育》，《城市与减灾》2012年第5期。

尹盼盼、蔡勤禹：《社会组织应对突发性海洋灾害存在的问题、原因与对策》，《防灾科技学院学报》2013年第2期。

李康、蔡勤禹：《近代我国海潮灾害的时空特征与等级》，《防灾科技学院学报》2013年第2期。

高梦梦、蔡勤禹：《当代应对突发性海洋灾害的社会动员演变探究》，《海洋信息》2013年第2期。

支星、刘欧萱：《徐家汇观象台的历史地位及贡献》，《创新驱动发展 提高气象灾害防御能力——S17第五届气象科普论坛》，第30届中国气象学会年会论文集，2013年。

孙钦梅：《1922年潮汕"八·二风灾"之各方救助——民初国家与社会关系的一个侧面》，《沈阳师范大学学报（社会科学版）》2014年第3期。

蔡勤禹、高铭：《国家与社会视角下的中国灾害教育述论》，《东方论坛》2014年第5期。

蔡勤禹：《民国时期的海洋灾害应对》，《史学月刊》2015年第7期。

武浩、夏芸、许映军等：《2004年以来中国渤海海冰灾害时空特征分析》，《自然灾害学报》2016年第5期。

蔡勤禹、尹宝平：《1936年天津大沽口冰灾与救助》，《中国海洋大学学报（社会科学版）》2018年第1期。

蔡勤禹、姜欣：《合作化时期的台风灾害与应对——以浙江象山1956年"八一"台灾为例》，《中国高校社会科学》2019年第2期。

马英杰、赵敬如：《中国海洋环境保护法制的历史发展与未来展望》，《贵州大学学报（社会科学版）》2019年第3期。

金永明：《新中国在海洋法制与政策上的成就与贡献》，《毛泽东邓小平理论研究》2019年第12期。

蔡勤禹、华瑛：《中国海洋灾害研究70年》，《社会史研究》2020年第1期，社会科学文献出版社，2020年。

王宗灵、傅明珠、周健等：《黄海浒苔绿潮防灾减灾现状与早期防控展望》,《海洋学报》2020年第8期。

矫梅燕、雷小途等:《亚太防台减灾中国主要贡献概述》,《科学通报》2020年第9期。

蔡勤禹、姜志浩:《新中国成立以来我国应对重大灾害体制变迁考察》,《中国应急管理科学》2021年第3期。

钟超、石洪源、隋意等:《我国海岸侵蚀的成因和防护措施研究》,《海洋开发与管理》2021年第6期。

蔡勤禹、高铭:《中国近代应对海洋灾害机制变革研究——以江浙海塘修建为例》,《东方论坛》2022年第3期。

七、学位论文

李国林:《民国时期上海慈善组织研究(1912—1937)》,华东师范大学博士学位论文,2003年。

许立阳:《国际制度背景下的我国海洋环境法律制度建设研究》,中国海洋大学博士学位论文,2006年。

孙钦梅:《潮汕"八·二风灾"(1922)之救助问题研究》,华中师范大学硕士学位论文,2008年。

莫昌龙:《近代广东地方赈灾活动研究》,山东大学博士学位论文,2009年。

李冰:《清代海洋灾害与社会应对》,厦门大学博士学位论文,2010年。

温璐:《西北太平洋行动计划与区域海洋环境制度的建立》,南京大学硕士学位论文,2012年。

后　记

改革开放以来，我国向海发展，依海而兴，海洋经济获得突飞猛进发展。关心海洋，认识海洋，经略海洋，已经成为全民共识。加快建设海洋强国作为国家战略，正在砥砺前行。在海洋时代大潮激荡下，历史学者自20世纪80年代开始随着沿海开放的步伐，以海为题，研究海洋，形成了新兴的海洋史学。其中，海洋灾害史是海洋史学的一个分支，也是灾害史的一个重要领域。

十多年前，我的研究旨趣从陆地灾荒史转向海洋灾害史，以近代以来海洋灾害应对体制和机制为研究对象，研究成果陆续在《中国海洋大学学报》、《史学月刊》、《中国高校社会科学》、《东方论坛》、《海洋科学》等刊物发表。本书即是我对海洋灾害史研究成果的一次系统总结，一些成果在收入本书时，做了较大修改。

本书以时间为经，以专题为纬，对近代以来不同历史时期我国海洋灾害发展规律、应对海洋灾害体制和机制变迁，进行了梳理和总结，以期能够为中国海洋史研究贡献绵薄之力。在研究过程中，我指导的几届研究生做了大量工作，我与他们经常在一起围绕着某个问题，多次讨论，反复论证和修改。如今，他们都已经走上工作岗位，同样做出优异成绩。对以下参与研究的青年才俊表示衷心感谢。他们是：参与第一章的李康、景菲菲、徐佳，第二章的高铭、尹宝平、孙瀚，第三章的高梦梦、姜欣、姜志浩，第四章的高梦梦、尹盼盼、荆丕福、赵珍新，第五章的姜欣、姜志浩。王洪兵教授对第五章第三节做出贡献，一并致谢。

本书出版，得到中国海洋大学文科处的大力支持，本书责任编辑一丝不苟、严谨认真的精神令人敬佩，表示诚挚谢意！

蔡勤禹

2022年4月初稿，2023年3月定稿